JN273036

シリーズ・・・・・・・・・・
多変量データの
統計科学 1

藤越康祝
杉山髙一
狩野 裕
［編集］

# 多変量データ解析

杉山髙一
藤越康祝
小椋 透

［著］

朝倉書店

## まえがき

　本書はシリーズ〈多変量データの統計科学〉の中で『多変量データ解析』という題名で執筆したものである．今は統計計算ソフトが豊富で，データを入力すると高度の統計データ分析を行って数値結果が打ち出されてくる．データ分析をする方々の多くは，その数値結果をどのように読み，活用するか，また結果の信頼性・再現性はあるのかを知りたい．本書では，どの統計計算ソフトにも含まれている多変量データ解析法の中で，よく用いられる主成分分析，判別分析，重回帰分析，因子分析，正準相関分析について記述した．

　本書は多変量解析の研究者向けの書籍ではなく，多変量解析を仕事で活用している方々，実証研究で活用している方々を対象としたものである．多変量解析の研究者・専門家の書く本は，微分・偏微分，積分・多重積分，行列計算，…等々の数学が使われているのが普通である．確かに科学の言葉である数学を使って説明すると，簡潔に，明快に書くことができる．我々著者は数学をフルに活用して研究し，論文を書き，学会等で講演をしてきた．しかし本書では，この便利な数学を用いないで書くという方針で執筆した．和の記号$\Sigma$さえ，極力使わないで解説することを目指した．また，本文で行列による表現はしているが，行列演算は入れないようにして記述した．行列に関する知識を確認したい読者のために，巻末付録に行列および固有値の解説を設けている．結果としていろいろな説明で，少し冗長なところが出てくることになるが，仕方ないと思っている．一方で，数理統計学の理論的な流れを知りたいという方々のために，各章の最後の節で，やや高度な数学を用いた「数理的補足」を簡潔に追加しておいた．さらに詳しく知りたいという方々は，本シリーズの2巻以降の本を見ていただきたい．本書は多変量データの具体的な分析を通じて，それぞれの方法論が理解できるように，正しい使い方と数値結果の解釈などができるように記述したつもりで

ある．また，1980年以降，大きな脚光を浴びて様々なところで活用されている，情報量規準を用いたモデル選択にも照準を当て，限られたページ数の中でできる限り詳しく記述した．

1変量と違い多変量の場合は，変量のお互いの間に関連性があることが特徴である．変量という用語を用いたが，本書の本文では統計学的には「変量」と使うべきところも「変数」という用語を用いた．観測した変数の間の関連性は，それぞれの相関係数の値で知ることができる．9変数であれば36個の相関係数を，20変数であれば190個の相関係数を得る．多変量解析では，この相関係数の意味と再現性について理解しておくことが重要になる．第1章では相関係数について記述する．第2章では要因分析の方法として，最もよく用いられている主成分分析について述べる．主成分分析は多変数データのもつ情報を，意味のある少ない合成変数（主成分）に縮約することである．データ分析を通じて，それぞれの主成分はどのような情報を抽出したのか（どのような意味をもっているのか）を探ることになる．また，得られた主成分は互いに無相関であることも利点である．幾つかの群（グループ）のいずれかに属することが分かっているデータが一つあったとき，それがどの群に属するかを判別する問題が，第3章で説明する判別分析である．また，どの測定項目がそれぞれの群をよく識別しているかを探索するのにも，判別分析は使われる．第4章で解説する重回帰分析は，変数 $y$ を幾つかの測定項目から予測する際に用いられる．また，知りたい変数 $y$ を計測することが難しい際に，計測の容易な $y$ に関する情報をもった複数個の項目から推測するのにも使われる．第5章で扱う因子分析は，計測したそれぞれの変数が，幾つかの意味のある共通因子で説明できるかどうかを調べる際に用いる．第6章で述べる正準相関分析はお互いに関連している多変数の間の関連性を見出す分析法である．

本書は著者の一人，杉山髙一が1983年に書いた『多変量データ解析入門』を元にして，大幅に書き換えたものである．出版以来30年が経ち，その後の多変量解析の発展も踏まえて，藤越康祝，小椋透が加わり，3人が討議しながら記述したものである．本書でも「できる限り数学を使わないで書く」という方針は引き継がれている．また，仕事や実証研究で多変量データ解析を活用している方々を対象としている点も引き継いでいる．

本書の分析例で用いたデータは，朝倉書店ウェブサイト (http://www.asakura.

co.jp) の本書サポートページからダウンロードして利用することができる. ただし, 中学生の成績データは, 個人情報保護の観点から, 数値結果がほぼ同じになるように配慮して, 生データを少し加工してある. 手のデータと歯の咬耗度のデータは日本大学松戸歯学部名誉教授 (元学部長) の尾崎公先生の許可を得て, 掲載させていただいた. これらのデータを得るのに, 尾崎教授はたいへんな時間と労力を使われた貴重なもので, 尾崎公先生に心からの感謝を申し上げます. また着尺地と服地のデータを提供いただいた岩崎謙次先生, 筆跡データの提供をいただいた倉内秀文先生に心からの御礼を申し上げます.

　本書の出版に際して, 朝倉書店の編集部の方々にたいへんお世話になりました. 原稿をよく読み, 数々の貴重なコメントをいただきました. ここに記して感謝いたします.

　　2014 年 10 月

　　　　　　　　　　　　　　　　　　　杉山髙一・藤越康祝・小椋　透

# 目　次

1. **相関係数** ………………………………………………………… 1
   - 1.1 成績データの相関係数 ……………………………………… 1
   - 1.2 手のデータの相関係数 ……………………………………… 4
   - 1.3 相関係数の安定性 …………………………………………… 4
   - 1.4 分散と共分散 ………………………………………………… 7
   - 1.5 数理的補足——相関係数 …………………………………… 10

2. **主成分分析** ……………………………………………………… 13
   - 2.1 主成分分析とは ……………………………………………… 13
   - 2.2 共分散行列による主成分分析——手のデータ …………… 20
   - 2.3 相関行列による主成分分析 (1)——成績のデータ ……… 23
   - 2.4 相関行列による主成分分析 (2)——被服のデータ ……… 25
   - 2.5 因子負荷量——漢字テストの分析 ………………………… 30
   - 2.6 歯の咬耗度に基づく主成分分析 …………………………… 32
   - 2.7 主成分スコア低次元空間表現 ……………………………… 35
   - 2.8 主成分軸の回転 ……………………………………………… 37
   - 2.9 固有値の信頼区間 …………………………………………… 41
   - 2.10 固有ベクトルの信頼性 …………………………………… 45
   - 2.11 数理的補足——主成分分析 ……………………………… 48

3. **判別分析** ………………………………………………………… 54
   - 3.1 判別分析とは ………………………………………………… 54
   - 3.2 マハラノビスの距離 ………………………………………… 55

|  |  |  |
|---|---|---|
| 3.3 | 判別分析の考え方 | 58 |
| 3.4 | 2変量の判別分析 | 62 |
| 3.5 | 線形判別関数 | 70 |
| 3.6 | 多変量の判別分析——筆跡鑑定のデータ | 76 |
| 3.7 | 変数選択による判別分析——逐次法 (1) | 80 |
| 3.8 | 変数選択による判別分析——逐次法 (2) | 88 |
| 3.9 | 変数選択による判別分析——AIC 規準・誤判別確率 | 93 |
| 3.10 | 線形判別分析の頑健性 | 99 |
| 3.11 | 逐次法における規準値と AIC 規準 | 103 |
| 3.12 | 数理的補足——判別分析 | 105 |

## 4. 重回帰分析 ... 110

|  |  |  |
|---|---|---|
| 4.1 | 重回帰式とは | 110 |
| 4.2 | 1 変数の場合の回帰式 | 113 |
| 4.3 | 2 変数の回帰分析 | 115 |
| 4.4 | 残差分散, 重相関係数 | 121 |
| 4.5 | 回帰係数の信頼区間 | 128 |
| 4.6 | 多重共線性 | 130 |
| 4.7 | 説明変数の選択——逐次法 | 136 |
| 4.8 | 説明変数の選択——AIC と $C_p$ | 144 |
| 4.9 | 逐次法における規準値と AIC 規準 | 148 |
| 4.10 | 主成分回帰 | 151 |
| 4.11 | 偏相関係数 | 154 |
| 4.12 | 数理的補足——重回帰分析 | 157 |

## 5. 因子分析 ... 168

|  |  |  |
|---|---|---|
| 5.1 | 因子分析とは | 168 |
| 5.2 | 因子分析モデルと回転 | 174 |
| 5.3 | 推測法 | 177 |
| 5.4 | 白人の手のデータ | 181 |
| 5.5 | 数理的補足——因子分析 | 184 |

**6. 正準相関分析** ································································ 192
　6.1　正準相関とは ································································ 192
　6.2　正準相関——成績のデータ ···················································· 195
　6.3　寄与率と次元 ································································ 197
　6.4　正準相関分析——歯の咬耗度データ ············································ 199
　6.5　正準相関の安定性 ···························································· 202
　6.6　数理的補足——正準相関 ······················································ 203

**A.　行列・固有値** ································································ 208
　A.1　行　　　列 ·································································· 208
　A.2　多変量データと基礎統計量の行列表示 ·········································· 209
　A.3　行列式と逆行列 ······························································ 211
　A.4　固有値・固有ベクトル ························································ 212

**B.　多変量分布** ·································································· 215
　B.1　身長の分布と正規分布 ························································ 215
　B.2　2次元正規分布 ······························································ 217
　B.3　数理的補足——多変量正規分布 ················································ 219

文　　献 ·········································································· 223

索　　引 ·········································································· 227

# chapter 1

# 相 関 係 数

## 1.1 成績データの相関係数

多変量データの特徴は，変量 $x_1, x_2, \ldots, x_p$ が，互いに関連しあっていることである．$p$ 個の変量の間に関連性がないならば，それぞれの変量を別個に考察し分析すればよい．考えている変量の間に，関連性が全くないことはまれで，現実には変量が相互に関連しており，それらを同時に考察し分析しなければならない場合の方が多い．2 変量の間の関連性を表す尺度としては，**相関係数**がよく知られている．相関係数は 2 変量の間の**直線的な関連性**の強さを表す尺度であり，$-1$ から $1$ の間の値をとる．直線的な関連性が弱いときは，相関係数は $0$ に近い値をとり，直線的な関連性が強いときは，$1$ あるいは $-1$ に近い値をとる．

表 1.1 の相関係数は，中学 2 年生 166 人について，2 学期の 9 教科の評点 (以下「中学生成績データ」とよぶ) をもとに計算したものである [章末注参照]．

図 1.1 は社会の点数を横軸に，国語の点数を縦軸にとり，166 人の点数をプ

表 1.1 中学 2 年生の 9 教科の相関行列

|  | $x_1$ | $x_2$ | $x_3$ | $x_4$ | $x_5$ | $x_6$ | $x_7$ | $x_8$ | $x_9$ |
|---|---|---|---|---|---|---|---|---|---|
| 国語 $x_1$ | 1 | | | | | | | | |
| 社会 $x_2$ | .783 | 1 | | | | | | | |
| 数学 $x_3$ | .735 | .788 | 1 | | | | | | |
| 理科 $x_4$ | .715 | .833 | .822 | 1 | | | | | |
| 音楽 $x_5$ | .712 | .748 | .757 | .789 | 1 | | | | |
| 美術 $x_6$ | .689 | .619 | .588 | .603 | .659 | 1 | | | |
| 体育 $x_7$ | .430 | .198 | .165 | .116 | .304 | .438 | 1 | | |
| 技家 $x_8$ | .662 | .681 | .592 | .717 | .585 | .540 | .160 | 1 | |
| 英語 $x_9$ | .769 | .791 | .807 | .763 | .703 | .595 | .295 | .611 | 1 |

図 1.1 国語と社会の相関図

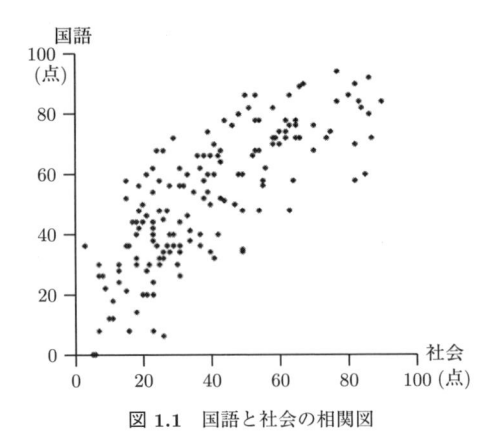

ロットしたものである．この場合のように，一方の値が増すときに他方の値も増すような関係が2変量間にあるときは，相関係数は正になる．標本の大きさを $N$ で表し，対になったデータを

| 標本番号 | 1 | 2 | 3 | $\cdots$ | $N$ |
|---|---|---|---|---|---|
| $x_1$ (国語) | $\begin{pmatrix} x_{11} \\ x_{21} \end{pmatrix}$ | $\begin{pmatrix} x_{12} \\ x_{22} \end{pmatrix}$ | $\begin{pmatrix} x_{13} \\ x_{23} \end{pmatrix}$ | $\cdots$ | $\begin{pmatrix} x_{1N} \\ x_{2N} \end{pmatrix}$ |
| $x_2$ (社会) | | | | | |

とすると，2変量 $x_1$ (国語) と $x_2$ (社会) との相関係数 $r$ は，

$$r = \frac{(x_{11}-\bar{x}_1)(x_{21}-\bar{x}_2) + \cdots + (x_{1N}-\bar{x}_1)(x_{2N}-\bar{x}_2)}{\sqrt{(x_{11}-\bar{x}_1)^2 + \cdots + (x_{1N}-\bar{x}_1)^2}\sqrt{(x_{21}-\bar{x}_2)^2 + \cdots + (x_{2N}-\bar{x}_2)^2}}$$

により計算される．ここで，$\bar{x}_1, \bar{x}_2$ はそれぞれ国語，社会の全体の平均値である．

「中学生成績データ」から

| 生徒番号 | 1 | 2 | $\cdots$ | 166 |
|---|---|---|---|---|
| $x_1$ (国語) | 52 | 38 | $\cdots$ | 60 |
| $x_2$ (社会) | 43 | 23 | $\cdots$ | 85 |

であるから，それぞれの教科の平均は

$$\bar{x}_1 = \frac{52 + 38 + \cdots + 60}{166} = 52.4, \quad \bar{x}_2 = \frac{43 + 23 + \cdots + 85}{166} = 39.4$$

となる．$x_1$ の偏差平方和を $a_{11}$，$x_2$ の偏差平方和を $a_{22}$，$x_1$ と $x_2$ との偏差積和

を $a_{12}$ で表すと

$$a_{11} = (52 - 52.4)^2 + (38 - 52.4)^2 + \cdots + (60 - 52.4)^2 = 78113$$
$$a_{22} = (43 - 39.4)^2 + (23 - 39.4)^2 + \cdots + (85 - 39.4)^2 = 76255$$
$$a_{12} = (52 - 52.4)(43 - 39.4) + (38 - 52.4)(23 - 39.4) + \cdots$$
$$+ (60 - 52.4)(85 - 39.4) = 60396$$

であり，相関係数 $r$ は

$$r = \frac{a_{12}}{\sqrt{a_{11}}\sqrt{a_{22}}} = \frac{60396}{\sqrt{78113}\sqrt{76255}} = 0.783$$

となる．

　ここで扱っている成績データの場合には，一方の値が増すと他方の値が減るような 2 変量間の関係，つまり負の相関関係のある教科はない．ほかの例では，経験年数と不良品の個数のように，経験年数が増すにつれて不良品の個数が減るような場合がある．これは図 1.2 のような関係であり，相関係数は負になる．

　相関係数は，2 変量間の直線的な関連性の強さがどの程度であるかを測っているのであって，たとえば図 1.3 のように曲線的な強い関連性があっても，そのような関連性には反応しない．図 1.3 の場合には相関係数を計算するとほぼ 0 になるのがわかる．

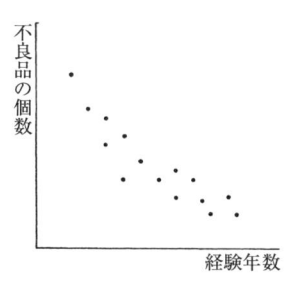

図 1.2　相関係数が負の場合の例

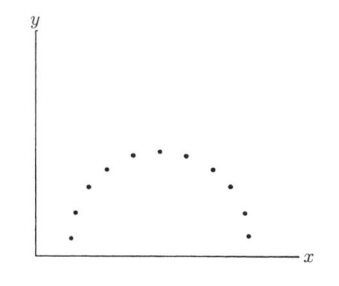

図 1.3　2 変量間の間に関連性はあるが相関係数は 0 の例

## 1.2　手のデータの相関係数

人間の手のひらの各部分の長さは，互いに関連している．白人男性33人を抽出して計測した手のデータ (以下「白人の手のデータ [hand.csv]」とよぶ) について考察する．計測は図1.4に示す17箇所である．

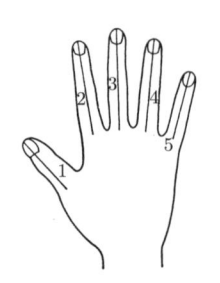

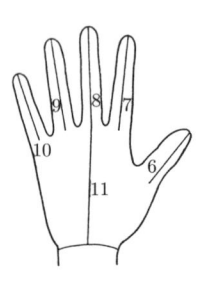

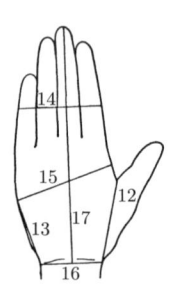

**図 1.4　手の測定箇所**
$1, 2, \ldots, 17$ の数字は $x_1, x_2, \ldots, x_{17}$ の計測箇所を示す．

標本に基づく平均，分散，相関行列は，p.5の表のようである．

人差し指 $x_7$ と中指 $x_8$ の相関係数は 0.919，中指 $x_8$ と薬指 $x_9$ の相関係数は 0.925 と高い．指の長さの相関係数は 0.6 から 0.9 の間であり，相関は比較的あるといえる．親指を除く指の横幅 $x_{14}$ と指の長さの相関は，0.4 前後で比較的弱い．

## 1.3　相関係数の安定性

中学2年生の9教科の成績を調べるため，A教育研究所が別の166人を抽出 (2回目に抽出した166人) したところ相関係数は表1.2のようであった．1.1節のデータを1回目の抽出と便宜的にみなし，その数字の一部を表1.2にまとめた．

1回目に抽出した標本による相関係数と，2回目に抽出した標本による相関係数とは同じでない．全国の中学2年生すべてを調査したときの相関係数を $\rho$ で表すと，表1.2の相関係数は，抽出した166人に基づく $\rho$ の推定値と考えられる．母集団の相関係数 $\rho$ の推定値 $r$ は，標本抽出のたびにいろいろな値を示す．

## 1.3 相関係数の安定性

### 白人男性 33 人による手のひら各部の平均, 分散

|  | 平均 | 分散 |  | 平均 | 分散 |
|---|---|---|---|---|---|
| $x_1$ (手のこう側の親指) | 59.3 | 15.9 | $x_{10}$ (手のひら側の小指) | 62.2 | 14.5 |
| $x_2$ ( 〃 人差し指) | 88.3 | 19.2 | $x_{11}$ (手のひらの縦) | 109.3 | 20.4 |
| $x_3$ ( 〃 中指) | 100.0 | 24.7 | $x_{12}$ (手首から親指のつけ根) | 61.9 | 18.1 |
| $x_4$ ( 〃 薬指) | 96.5 | 23.9 | $x_{13}$ (手首から小指の下) | 85.9 | 27.3 |
| $x_5$ ( 〃 小指) | 75.5 | 13.3 | $x_{14}$ (親指を除く指の横幅) | 81.2 | 16.3 |
| $x_6$ (手のひら側の親指) | 71.9 | 19.3 | $x_{15}$ (手の幅) | 92.1 | 22.5 |
| $x_7$ ( 〃 人差し指) | 74.8 | 20.3 | $x_{16}$ (手首) | 65.0 | 15.5 |
| $x_8$ ( 〃 中指) | 82.4 | 21.4 | $x_{17}$ (手首から中指のさき) | 191.5 | 67.4 |
| $x_9$ ( 〃 薬指) | 77.2 | 15.9 |  |  |  |

### 相関行列

|  | $x_1$ | $x_2$ | $x_3$ | $x_4$ | $x_5$ | $x_6$ | $x_7$ | $x_8$ | $x_9$ |
|---|---|---|---|---|---|---|---|---|---|
| $x_1$ |  |  |  |  |  |  |  |  |  |
| $x_2$ | .699 |  |  |  |  |  |  |  |  |
| $x_3$ | .674 | .889 |  |  |  |  |  |  |  |
| $x_4$ | .644 | .834 | .934 |  |  |  |  |  |  |
| $x_5$ | .615 | .748 | .653 | .696 |  |  |  |  |  |
| $x_6$ | .607 | .776 | .738 | .678 | .672 |  |  |  |  |
| $x_7$ | .746 | .859 | .793 | .763 | .677 | .876 |  |  |  |
| $x_8$ | .695 | .853 | .769 | .703 | .593 | .774 | .919 |  |  |
| $x_9$ | .627 | .862 | .756 | .725 | .637 | .688 | .861 | .925 |  |
| $x_{10}$ | .561 | .722 | .562 | .520 | .647 | .671 | .741 | .739 | .792 |
| $x_{11}$ | .459 | .629 | .650 | .557 | .439 | .469 | .489 | .504 | .515 |
| $x_{12}$ | .338 | .484 | .464 | .436 | .521 | .496 | .277 | .184 | .164 |
| $x_{13}$ | .473 | .498 | .578 | .600 | .516 | .395 | .497 | .434 | .445 |
| $x_{14}$ | .304 | .396 | .452 | .303 | .282 | .530 | .417 | .393 | .381 |
| $x_{15}$ | .272 | .455 | .473 | .359 | .302 | .483 | .404 | .447 | .514 |
| $x_{16}$ | .435 | .534 | .557 | .441 | .417 | .529 | .488 | .529 | .543 |
| $x_{17}$ | .664 | .848 | .813 | .718 | .600 | .718 | .801 | .859 | .833 |

|  | $x_{10}$ | $x_{11}$ | $x_{12}$ | $x_{13}$ | $x_{14}$ | $x_{15}$ | $x_{16}$ | $x_{17}$ |
|---|---|---|---|---|---|---|---|---|
| $x_{11}$ | .353 |  |  |  |  |  |  |  |
| $x_{12}$ | .289 | .519 |  |  |  |  |  |  |
| $x_{13}$ | .356 | .676 | .332 |  |  |  |  |  |
| $x_{14}$ | .408 | .571 | .364 | .418 |  |  |  |  |
| $x_{15}$ | .510 | .600 | .330 | .354 | .865 |  |  |  |
| $x_{16}$ | .449 | .696 | .455 | .596 | .804 | .801 |  |  |
| $x_{17}$ | .642 | .856 | .403 | .632 | .602 | .640 | .742 |  |

表 1.2 各教科間の相関係数

|  | 1回目に抽出した166人から | 2回目に抽出した166人から |
| --- | --- | --- |
| 国語と社会 | .783 | .841 |
| 国語と数学 | .735 | .730 |
| 国語と体育 | .430 | .384 |
| 社会と数学 | .788 | .749 |
| 社会と体育 | .198 | .391 |
| 数学と体育 | .165 | .170 |

抽出する標本 $N$ が大きければ大きいほど，推定値 $r$ は真の値 $\rho$ に近いことが期待される．このことは図 1.5 に示した $\rho=0$ の場合の $r$ の分布からも推察できよう．

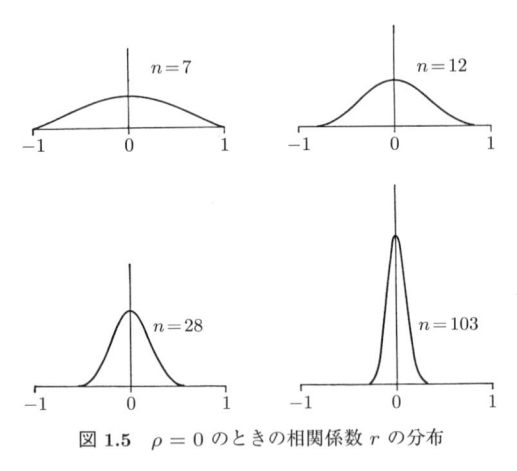

図 1.5 $\rho=0$ のときの相関係数 $r$ の分布

2変量がともに正規分布に従うとき，相関係数 $r$ の分布のよい近似値としては，フィッシャーによる次の結果がよく知られている．統計量

$$z = \frac{1}{2}\log\frac{1+r}{1-r} - \frac{1}{2}\log\frac{1+\rho}{1-\rho}$$

は

$$\text{平均} = \frac{\rho}{2(N-1)}, \quad \text{分散} = \frac{1}{N-3}$$

の正規分布で近似できる．統計量 $z$ の標準偏差 $1/\sqrt{N-3}$ は相関係数の安定の程度を知るひとつの目安になる．標準偏差の分母に $N$ があることから，標本数 $N$ が大きければ大きいほど，多変量解析で重要な役割を果たす相関係数 $r$ は安

定することがわかる．裏返せば，標本数 $N$ が小さいとき，相関係数は信頼できないことを意味する．

いま，$\rho = 0.5$ のとき，$r$ が確率 0.95 で区間 $(r_1, r_2)$ にある端点 $r_1, r_2$ の値を，上記の近似法を用いて求めると次のようになる．

| $N$ | $(r_1, r_2)$ | $N$ | $(r_1, r_2)$ |
|---|---|---|---|
| 10 | $(-0.162, 0.877)$ | 50 | $(0.262, 0.686)$ |
| 20 | $(0.087, 0.777)$ | 100 | $(0.339, 0.636)$ |
| 30 | $(0.178, 0.733)$ | 300 | $(0.411, 0.581)$ |

$N = 20$ のとき，$\rho = 0.5$ であるのに，データから計算して得られる $\rho$ の推定値 $r$ は，確率 0.95 で 0.087 と 0.777 の間にあることを意味している．$\rho$ を 0.3 あるいは 0.7 としても同様のことがいえる．これからわかるように標本が少ないとき相関係数は非常に不安定であり，このような小さな標本に基づいて多変量解析を行った場合の結果には，信頼をおくことができないことが推察されよう．つまり，同じ条件で同じことを再度繰り返したときに，同様な結果を得ることが期待できない．その意味で，結果の**再現性**が乏しいのである．

多変量解析では，相関係数 $r$ は非常に重要な役割を果たす．多変量解析の出発点となる数字の大部分を占める相関係数が信頼できないことは，とりもなおさず最終的に出てくる数字が信頼できないことを意味している．標本数 $N$ が小さいときは，相関行列あるいは共分散行列に基づく分析結果を読む場合には，出てくる数字の信頼性が乏しくなるので特に慎重である必要がある．

## 1.4 分散と共分散

標本の散らばりの大きさをみるのに，標本分散[*1)] あるいは標本標準偏差[*1)] を調べる．前に述べた「中学生成績データ」では，国語の平均点は 52.4 点であった．平均は 166 人の数値を代表する数値であるが，166 人の国語の点数がどのようなばらつきのようすをしているかは何も教えてくれない．平均 52.4 点のま

---

[*1)] 母集団での分散 (母分散) と標本から計算した標本分散とを区別してこのように書くことがあるが，どちらであるかが文章の前後関係から明らかなときは，単に分散と記す．標準偏差などについても同様である．

わりに，どのような広がりをもってデータが散らばっているかをみるのに分散の値は有用である．

標本の大きさ $N$ の国語の点を

$$x_{11}, x_{12}, \ldots, x_{1N}$$

で表すと，分散 $s_{11}$ は

$$s_{11} = \frac{1}{N-1}\left\{(x_{11}-\bar{x}_1)^2 + (x_{12}-\bar{x}_1)^2 + \cdots + (x_{1N}-\bar{x}_1)^2\right\}$$

と書ける．166 人の国語の点数は，$52, 38, \ldots, 60$ であるから，分散は

$$\frac{1}{165}\left\{(52-52.4)^2 + (38-52.4)^2 + \cdots + (60-52.4)^2\right\} = 470.56$$

となる．分散 $s_{11}$ の値は，別の 166 人を抽出すると異なった値になる．つまり，標本の抽出のたびに異なった値をとる確率変数である．全数調査したときの分散 (母分散) を $\sigma_{11}$ とすると，$s_{11}$ は抽出した 166 人による $\sigma_{11}$ の推定量である．$x_1$ が正規分布であることを仮定すると，標本分散 $s_{11}$ については，

$$\chi^2 = \frac{(N-1)s_{11}}{\sigma_{11}}$$

が自由度 $N-1$ の $\chi^2$ (カイ 2 乗) 分布に従うことを示すことができる．図 1.6 はいろいろな自由度に対する $\chi^2$ の分布図である．

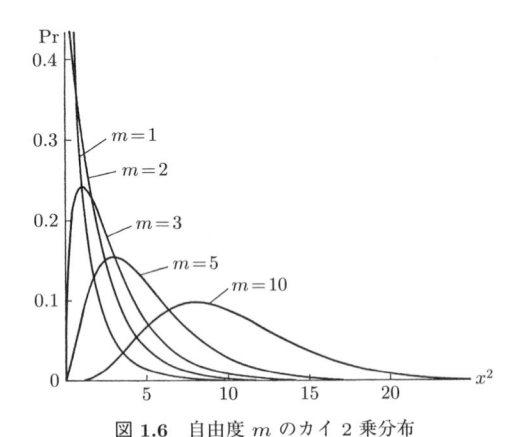

図 1.6 自由度 $m$ のカイ 2 乗分布

## 1.4 分散と共分散

変量 $x_1, x_2$ についての大きさ $N$ の標本を

$$\begin{bmatrix} x_{11} & x_{12} & \cdots & x_{1N} \\ x_{21} & x_{22} & \cdots & x_{2N} \end{bmatrix}$$

とすると，$x_1$ と $x_2$ の共分散 $s_{12}$ あるいは $s_{21}$ は

$$s_{12} = \frac{1}{N-1}\{(x_{11}-\bar{x}_1)(x_{21}-\bar{x}_2) + (x_{12}-\bar{x}_1)(x_{22}-\bar{x}_2) \\ + \cdots + (x_{1N}-\bar{x}_1)(x_{2N}-\bar{x}_2)\}$$

である．共分散 $s_{12}$ は母共分散 $\sigma_{12}$ の推定値であり確率変数である．一般に $(x_1, x_2)$ の分布が **2 変量正規分布** に従うとすると，平方和・積和行列は

$$(N-1)\begin{bmatrix} s_{11} & s_{12} \\ s_{21} & s_{22} \end{bmatrix}$$

であり，**ウィシャート分布**とよばれる分布に従う．2 変量の場合の正規分布をいくつか図 1.7 に示す．

一般に $p$ 個の変量 $x_1, x_2, \ldots, x_p$ についての大きさ $N$ の標本を

$$\begin{bmatrix} x_{11} & x_{12} & \cdots & x_{1N} \\ x_{21} & x_{22} & \cdots & x_{2N} \\ \vdots & \vdots & \cdots & \vdots \\ x_{p1} & x_{p2} & \cdots & x_{pN} \end{bmatrix}$$

とする．$x_i$ の分散は

$$s_{ii} = \frac{1}{N-1}\left\{(x_{i1}-\bar{x}_i)^2 + (x_{i2}-\bar{x}_i)^2 + \cdots + (x_{iN}-\bar{x}_i)^2\right\}$$

であり，$s_{ii}$ は母分散 $\sigma_{ii}$ の推定量である．$x_i$ と $x_j$ の共分散は

$$s_{ij} = \frac{1}{N-1}\{(x_{i1}-\bar{x}_i)(x_{j1}-\bar{x}_j) + (x_{i2}-\bar{x}_i)(x_{j2}-\bar{x}_j) \\ + \cdots + (x_{iN}-\bar{x}_i)(x_{jN}-\bar{x}_j)\}$$

であり，$s_{ij}$ は母共分散 $\sigma_{ij}$ の推定量であり確率変数である．一般に $(x_1, x_2, \ldots, x_p)$ の分布が $p$ 変量正規分布を仮定すると，平方和・積和行列は共分散行列の $(N-1)$ 倍で

$\sigma_{11}=1, \quad \sigma_{22}=1, \quad \sigma_{12}=0$

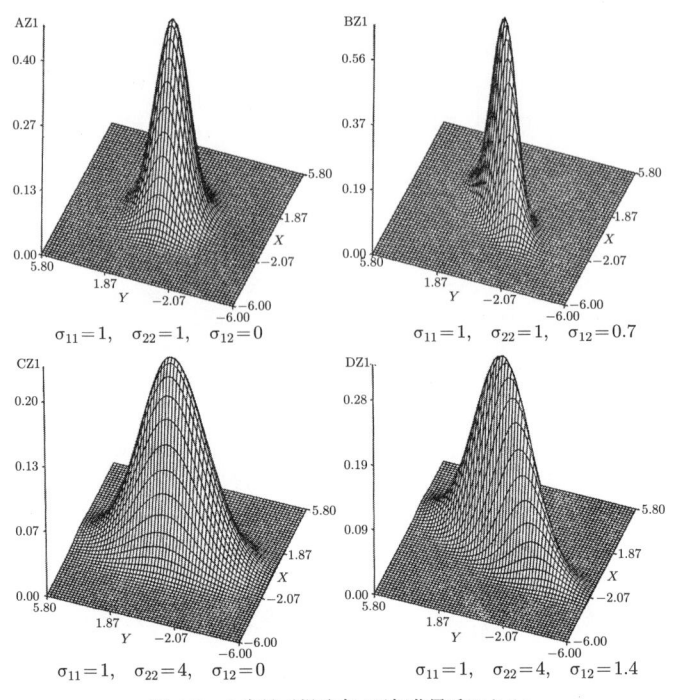

$\sigma_{11}=1, \quad \sigma_{22}=1, \quad \sigma_{12}=0.7$

$\sigma_{11}=1, \quad \sigma_{22}=4, \quad \sigma_{12}=0$

$\sigma_{11}=1, \quad \sigma_{22}=4, \quad \sigma_{12}=1.4$

図 1.7 2 変量正規分布 (川畑茂男氏による)

$$(N-1)\begin{bmatrix} s_{11} & s_{12} & \cdots & s_{1p} \\ s_{21} & s_{22} & \cdots & s_{2p} \\ \vdots & \vdots & \ddots & \vdots \\ s_{p1} & s_{p2} & \cdots & s_{pp} \end{bmatrix}$$

となり, $p$ 変量ウィシャート分布とよばれる分布に従う. ウィシャート分布は多変量解析を統計数理的に考察する際に重要な役割をする.

## 1.5　数理的補足 —— 相関係数

2つの変数 $x_1$ と $x_2$ について, ある集団からの大きさ $N$ の観測値

$$\begin{bmatrix} x_{11} \\ x_{21} \end{bmatrix}, \begin{bmatrix} x_{12} \\ x_{22} \end{bmatrix}, \ldots, \begin{bmatrix} x_{1N} \\ x_{2N} \end{bmatrix} \tag{1.1}$$

## 1.5 数理的補足——相関係数

が与えられているとする. $x_1$ の平均を $(x_{11}+\cdots+x_{1N})/N=\bar{x}_1$, $x_2$ の平均を $(x_{21}+\cdots+x_{2N})/N=\bar{x}_2$ とする. $x_1$ の平均のまわりの平方和 (偏差平方和) を $a_{11}$, $x_2$ の平均のまわりの平方和を $a_{22}$, $x_1$ と $x_2$ の平均のまわりの積和を $a_{12}$ とする. すなわち

$$a_{11} = (x_{11}-\bar{x}_1)^2 + (x_{12}-\bar{x}_1)^2 + \cdots + (x_{1N}-\bar{x}_1)^2$$
$$a_{22} = (x_{21}-\bar{x}_2)^2 + (x_{22}-\bar{x}_2)^2 + \cdots + (x_{2N}-\bar{x}_2)^2$$
$$a_{12} = (x_{11}-\bar{x}_1)(x_{21}-\bar{x}_2) + (x_{12}-\bar{x}_1)(x_{22}-\bar{x}_2)$$
$$+ \cdots + (x_{1N}-\bar{x}_1)(x_{2N}-\bar{x}_2)$$

である. $a_{11}, a_{22}, a_{12}$ をそれぞれ $(N-1)$ で除したものを, $s_{11}, s_{22}, s_{12}$ と表す. $s_{11}$ は $x_1$ の分散, $s_{22}$ は $x_2$ の分散, $s_{12}$ は $x_1$ と $x_2$ の共分散とよばれる.

相関係数 $r$ は

$$r = \frac{a_{12}}{\sqrt{a_{11}}\sqrt{a_{22}}} = \frac{s_{12}}{\sqrt{s_{11}}\sqrt{s_{22}}}$$

となる.

相関係数には次の性質がある.

(1) 相関係数のとりうる値は $-1$ から $1$ までであって

$$-1 \leq r \leq 1$$

を満たしている. $r=1$ あるいは $r=-1$ となる場合は, $x_1$ の平均からの偏差と $x_2$ の平均からの偏差が比例している場合, すなわち, 適当な定数 $c$ を用いて

$$x_{2j} - \bar{x}_2 = c(x_{1j} - \bar{x}_1) \quad (j=1,\ldots,N)$$

となる場合である.

(2) 相関係数は単位の変換に関して不変であるが, この性質は次のように述べられる. 変換 $u_{1j}=ax_{1j}+b$ $(a>0)$ を用いて, データ $x_{11},x_{12},\ldots,x_{1N}$ を変換したものを $u_{11},u_{12},\ldots,u_{1N}$ とする. 同様に, 変換 $u_{2j}=cx_{2j}+d$ $(c>0)$ を用いて, データ $x_{21},x_{22},\ldots,x_{2N}$ を変換したものを $u_{21},u_{22},\ldots,u_{2N}$ とする. このとき, 変換されたデータ

$$\begin{bmatrix} u_{11} \\ u_{21} \end{bmatrix}, \begin{bmatrix} u_{12} \\ u_{22} \end{bmatrix}, \ldots, \begin{bmatrix} u_{1N} \\ u_{2N} \end{bmatrix}$$

の相関係数 $\tilde{r}$ はもとのデータの相関係数 $r$ と一致している.

相関係数は**直線的な関連**を表す尺度といわれるが, この1つの理由は次のように説明される. データ (1.1) に対して, 直線

$$x_{2j} = a + bx_{1j}$$

を当てはめることを考える. 係数 $a, b$ は, $x_{2j}$ と当てはめ値 (予測値) $\hat{x}_{2j} = a + bx_{1j}$ との差の 2 乗の合計, すなわち, 残差平方和

$$Q = (x_{21} - a - bx_{11})^2 + (x_{22} - a - bx_{12})^2 + \cdots + (x_{2N} - a - bx_{1N})^2$$

が最小になるように決める. このような $a, b$ は

$$a = \bar{x}_2 - b\bar{x}_1, \quad b = \frac{s_{12}}{s_{11}}$$

で与えられる. また, このとき, 残差平方和は

$$Q = s_{22}(1 - r^2)$$

となる. この結果より, $|r|$ が 1 に近づくことと, データが直線 $x_{2j} = a + bx_{1j}$ のまわりに近づくことは同値であるといえる.

注：本文中の「中学生成績データ」は実際に行われた調査の結果であるが, 個人情報保護の観点から公開を控える. かわりに模擬データ「seiseki1.csv」を朝倉書店ホームページよりダウンロードして利用することができる. データセットが異なることから, 本書での計算結果がそのまま再現できるわけではない点に留意されたい.

# chapter 2

# 主 成 分 分 析

## 2.1 主成分分析とは

考察の対象としている変数[*1)]の間には相関関係があるのが普通である．私達は，相互に関連しているいくつかの変数を同時に取り扱うことになる．平均値は別にして，共分散行列で考えると，9変数であれば

$x_1$ の分散, $x_2$ の分散, $\cdots$, $x_9$ の分散　　　　　　　　　　　　　　9個
$x_1$ と $x_2$ の相関係数, $x_1$ と $x_3$ の相関係数, $\cdots$, $x_1$ と $x_9$ の相関係数　　8個
$x_2$ と $x_3$ の相関係数, $\cdots$, $x_2$ と $x_9$ の相関係数　　　　　　　　　　7個
$\vdots$　　　　　　　　　　　　　　　　　　　　　　　　　　　　　　　　$\vdots$
$x_8$ と $x_9$ の相関係数　　　　　　　　　　　　　　　　　　　　　　　　1個
$9+8+7+\cdots+1=45$

合わせて45の数値を考察することになる．20変数であれば210個になり，変数が多い場合は，互いに従属的な関係にある多次元的な情報を，そのままで考察することは容易でない．そこで，データのもっている多次元的特性をなるべく損なわないように，しかもできるかぎり少ない次元に (できれば散布図などを可視的に描くことのできる2次元あるいは3次元に) 要約して，考察を進めたい．幾何学的にいえば，$p$ 次元空間の $N$ 個の点 (標本) を，それらの点の散布の有り様ができるかぎり保たれるように，$p$ より低い $m$ 次元空間に写すことを考える．つまり，データ全体の雰囲気を視覚的にとらえやすいように，より低次元の空間内に，データの配置換えを行うことを考えるのである．もちろん，そのような低次

---

[*1)] 前章では特に確率変数であることを示唆するために変量という用語を用いたが，この章以降は変数という用語をおもに用いることにする．

元化に伴い, もとのデータのもっている情報は若干失われることになるが, その際に生じる情報の損失をできるかぎり少なくおさえることを目指すことになる.

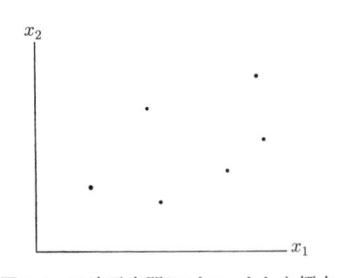

図 2.1　2 次元空間にプロットした標本

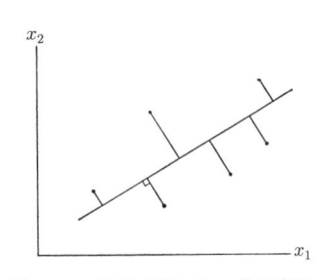

図 2.2　2 次元空間から 1 次元空間へ配置換えの図

図 2.1 に示すようないちばん簡単な場合, つまり 2 次元空間内の点として表示されるような 2 変数のデータを例にとって考えてみよう. はじめにデータ全体が最も変動している (分散が最大になる) 方向を示す直線を, 別ないい方をすれば, 図 2.2 に示すように, データから直線に垂直に下ろした線分の長さの平方和

$$d_1^2 + d_2^2 + d_3^2 + d_4^2 + d_5^2 + d_6^2$$

を最小にするような直線を決める. このような直線の上に写した点が, 2 次元空間における点の散布の有り様をいちばんよく保つことになっている. この直線が**第 1 主成分**であり, **第 2 主成分**はこの第 1 主成分に直交する直線である. い

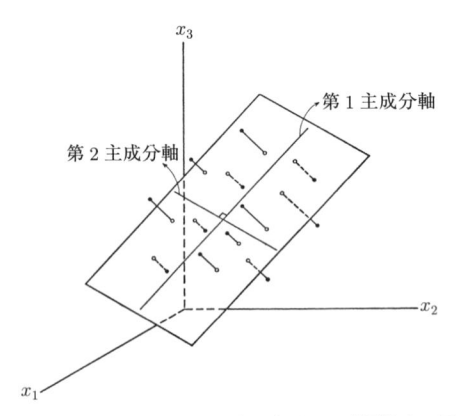

図 2.3　3 次元空間から 2 次元空間への配置換えの図

## 2.1 主成分分析とは

まの場合は, 2 次元で考えているから, 第 2 主成分は 1 通りに決まってしまう.

3 変数 $x_1, x_2, x_3$ で考えると, $N$ 個のデータは 3 次元空間の $N$ 個の点として表示される. 2 次元の場合と考え方は同じで, $N$ 個の点の散布の有り様がいちばんよく保たれている, つまり, 図 2.3 に示すように $N$ 個の点を直線の上に写したときに, その点の散らばりが最大となる直線が, 第 1 主成分の軸である. 次いで, そのような軸に直交する直線のなかで, 上と同じ考え方で, $N$ 個の点を直線に写したときの点の散らばりが最大となる直線が, 第 2 主成分の軸である. 3 次元空間であるから, 第 1 主成分の軸と第 2 主成分の軸にともに直交する直線は, ただ 1 通りに定まってしまう. この直線が第 3 主成分の軸である. 同様にして, $p$ 変数の場合には, $p$ 個の主成分がつぎつぎに求まることになる.

これまでの議論から明らかなように, 第 1 主成分は分散が最大であり, 第 2 主成分は 2 番目に大きな分散を, 第 3 主成分は 3 番目に大きな分散を, $\cdots$, もつことになる. ここでは, 情報という言葉を, 分散の大きさの意味で用いることにする. 分散の大きな順に第 $m$ 主成分までとると, $m$ 個の主成分を選ぶという条件のもとでは, これらはもとの変数のもつ情報の損失が最小になっている.

**主成分分析法**とは, $p$ 変数 $x_1, x_2, \ldots, x_p$ のもつ情報を, 次の 2 つの性質を満足する $m$ 個の変数 $y_1$ (第 1 主成分), $y_2$ (第 2 主成分), $\ldots, y_m$ (第 $m$ 主成分) に要約する手法といえる. $N$ 個のデータに基づいて計算した主成分を

$$y_1 = h_{11}x_1 + h_{21}x_2 + \cdots + h_{p1}x_p$$

$$y_2 = h_{12}x_1 + h_{22}x_2 + \cdots + h_{p2}x_p$$

$$\vdots$$

$$y_j = h_{1j}x_1 + h_{2j}x_2 + \cdots + h_{pj}x_p$$

$$\vdots$$

$$y_m = h_{1m}x_1 + h_{2m}x_2 + \cdots + h_{pm}x_p \quad (m \leq p)$$

と表すことにする. ここで, それぞれの主成分の係数の平方和は

$$h_{1j}^2 + h_{2j}^2 + \cdots + h_{pj}^2 = 1 \quad (j = 1, 2, \ldots, m)$$

であり, この主成分は次の性質を満たしている.

(1) $y_j$ と $y_{j'}$ ($j \neq j' : j, j' = 1, 2, \ldots, m$) の相関係数は, すべて 0 である.

(2) $y_1$ の分散は $x_1, x_2, \ldots, x_p$ のあらゆる 1 次式のなかで最大である. 以下同様にして, $y_m$ の分散は $y_1, y_2, \ldots, y_{m-1}$ のすべてと無相関な 1 次式のなかで最大である.

第 $j$ 主成分 $y_j$ の分散を $\ell_j$ で表すことにする. この $\ell_j$ は主成分分析では**固有値** (あるいは**固有根**) とよぶ. 主成分 $y_j$ の係数の列 $(h_{1j}, h_{2j}, \ldots, h_{pj})$ を**固有ベクトル**という.

固有値 $\ell_1, \ell_2, \ldots, \ell_p$ をすべて加え合わせたものは, $x_1$ の分散, $x_2$ の分散, $\ldots$, $x_p$ の分散の合計に等しい. これを**総分散** (全分散) とよぶことにすると, 主成分 $y_j$ の分散 $\ell_j$ に対する割合を**寄与率**という. たとえば, 主成分 $y_j$ の寄与率は

$$\frac{\ell_j}{総分散}$$

と書ける. また, $m$ 個の主成分の**累積寄与率**は,

$$\frac{\ell_1 + \ell_2 + \cdots + \ell_m}{総分散}$$

である.

1 章でも利用した「中学生成績データ」の一部と平均および分散を示す.

| 生徒番号 | $x_1$ 国語 | $x_2$ 社会 | $x_3$ 数学 | $x_4$ 理科 | $x_5$ 音楽 | $x_6$ 美術 | $x_7$ 体育 | $x_8$ 技家 | $x_9$ 英語 |
|---|---|---|---|---|---|---|---|---|---|
| 1 | 52 | 43 | 80 | 74 | 37 | 50 | 44 | 69 | 32 |
| 2 | 38 | 23 | 46 | 60 | 69 | 72 | 54 | 66 | 12 |
| ⋮ | ⋮ | ⋮ | ⋮ | ⋮ | ⋮ | ⋮ | ⋮ | ⋮ | ⋮ |
| 166 | 60 | 85 | 88 | 82 | 59 | 78 | 85 | 47 | 83 |
| 平均 | 52.4 | 39.4 | 45.4 | 50.1 | 42.6 | 62.5 | 57.8 | 47.1 | 39.0 |
| 分散 | 470.6 | 459.4 | 583.6 | 462.1 | 531.9 | 300.1 | 708.3 | 500.7 | 874.7 |

このデータに主成分分析を行うと, 次ページのような数値結果を得る.

共分散行列の第 1 列をみると, 国語 $x_1$ の分散は 470.6, 国語 $x_1$ と社会 $x_2$ の共分散は 363.8, $\cdots$, 国語 $x_1$ と英語 $x_9$ の共分散は 493.6 であるのがわかる. 第 2 列をみると, 社会 $x_2$ の分散は 459.4, 社会 $x_2$ と数学 $x_3$ の共分散は 407.8, $\cdots$, 社会 $x_2$ と英語 $x_9$ の共分散は 501.6 であり, 以下同様である. この共分散行列を用いて, 第 $j$ 主成分

共分散行列

|     | $x_1$ | $x_2$ | $x_3$ | $x_4$ | $x_5$ | $x_6$ | $x_7$ | $x_8$ | $x_9$ |
|-----|-------|-------|-------|-------|-------|-------|-------|-------|-------|
| $x_1$ | 470.6 |       |       |       |       |       |       |       |       |
| $x_2$ | 363.8 | 459.4 |       |       |       |       |       |       |       |
| $x_3$ | 384.9 | 407.8 | 583.6 |       |       |       |       |       |       |
| $x_4$ | 333.5 | 383.8 | 426.9 | 426.1 |       |       |       |       |       |
| $x_5$ | 356.2 | 369.9 | 421.6 | 391.1 | 531.9 |       |       |       |       |
| $x_6$ | 259.0 | 229.7 | 245.9 | 224.5 | 263.3 | 300.1 |       |       |       |
| $x_7$ | 248.2 | 113.2 | 106.3 |  66.2 | 186.7 | 201.8 | 708.3 |       |       |
| $x_8$ | 321.4 | 326.6 | 320.3 | 344.7 | 301.7 | 209.4 |  95.3 | 500.7 |       |
| $x_9$ | 493.6 | 501.6 | 576.5 | 485.3 | 479.9 | 304.7 | 232.3 | 404.6 | 874.7 |

| 主成分 | $y_1$ | $y_2$ | $y_3$ | $y_4$ | $y_5$ |
|--------|-------|-------|-------|-------|-------|
| 固有値 | 3237.1 | 700.6 | 261.0 | 208.8 | 124.4 |
| 固有ベクトル | | | | | |
| $x_1$ (国語) | .338 | .120 | .093 | .114 | .492 |
| $x_2$ (社会) | .339 | −.121 | .034 | .000 | .157 |
| $x_3$ (数学) | .377 | −.174 | −.307 | −.151 | −.034 |
| $x_4$ (理科) | .337 | −.207 | .100 | −.177 | −.211 |
| $x_5$ (音楽) | .349 | −.003 | −.005 | −.668 | −.332 |
| $x_6$ (美術) | .227 | .153 | .171 | −.251 | .661 |
| $x_7$ (体育) | .172 | .926 | .013 | .028 | −.248 |
| $x_8$ (技家) | .298 | −.126 | .783 | .347 | −.260 |
| $x_9$ (英語) | .472 | −.040 | −.494 | .550 | −.105 |
| 寄与率 | .662 | .143 | .053 | .043 | .025 |

$$y_j = h_{1j}x_1 + h_{2j}x_2 + \cdots + h_{pj}x_p \quad (j=1,2,\ldots,p)$$

を計算する. 第 1 主成分 $y_1$ の分散 $\ell_1$ は, いちばん大きな固有値 3237.1 である. 第 2 主成分 $y_2$ の分散 $\ell_2$ は, 2 番目に大きな固有値 700.6 であり, 以下同様に $\ell_3$ は 261.0, $\ell_4$ は 208.8, $\ell_5$ は 124.4 であるのがわかる. ここでは 5 番目に大きな固有値までしか打ち出していない. 第 1 主成分 $y_1$ の係数 $(h_{11}, h_{21}, \ldots, h_{p1})$ は, 固有ベクトルの第 1 列目

$$(.338, .339, .377, .337, .349, .227, .172, .298, .472)$$

である. 第 2 主成分 $y_2$ の係数 $(h_{12}, h_{22}, \ldots, h_{p2})$ は第 2 列目

$$(.120, -.121, -.174, -.207, -.003, .153, .926, -.126, -.040)$$

である. 同様に第 3 列目は第 3 主成分 $y_3$ を決める係数であり, 第 4 列目, 第 5

列目はそれぞれ第 4 主成分 $y_4$, 第 5 主成分 $y_5$ を決める係数である.

各変数の分散をみると, $x_1$ の分散は 470.6, $x_2$ の分散は 459.4, ⋯, $x_9$ の分散は 874.7 である. それらをすべて加え合わせたもの

$$470.6 + 459.4 + \cdots + 874.7$$

が分散の合計であり, 4891.4 になる. これが 9 変数 $x_1, x_2, \ldots, x_9$ のもっている**情報量**のすべてである. 第 1 主成分の情報量は 3237.1 であり, その全体のなかでの割合

$$\frac{3237.1}{4891.4} = 0.662$$

が寄与率である. 寄与率を % に直し, 第 1 主成分のもっている情報量は 66.2% であるというように表現することもある.

第 2 主成分の寄与率は

$$\frac{700.6}{4891.4} = 0.143$$

であり. 第 1 主成分と第 2 主成分のそれぞれの寄与率を加え合わせた

$$0.662 + 0.143 = 0.805$$

は第 2 主成分までの累積寄与率である. 第 3 主成分の寄与率は 0.053 であり, 第 3 主成分までの累積寄与率は 0.858, すなわち 85.8% であるのがわかる. 第 3 主成分までで, もとの 9 変数のもっている情報量の 85.8% を抽出している. この 3 つの主成分では説明しきれない情報量が

$$100 - 85.8 = 14.2(\%)$$

あり, この情報量は第 4 主成分から第 9 主成分までの 6 つの主成分がもっている. もとの 9 変数で考えていくかわりに, 第 3 主成分までの 3 変数で考えることにすれば, 考えやすくたいへん好都合だが, 14% ほどの情報の損失を, その代償として支払うことになる. また, これらの主成分は互いに共通の情報をもっていない, 無相関なものであることも, 得られた主成分で考察を進めていく際に好都合な点である.

変換する前のもとの変数 $x_1$ は国語の点であり, $x_2$ は社会の点, ⋯, $x_9$ は英語の点と, それぞれの変数の意味がはっきりしていた. 私達が考察の対象としている第 1 主成分, 第 2 主成分, 第 3 主成分はどのような意味があるのであろう

か．それを類推するには，たとえば第 1 主成分

$$y_1 = 0.338x_1 + 0.339x_2 + 0.377x_3 + 0.337x_4 + 0.349x_5$$
$$+ 0.227x_6 + 0.172x_7 + 0.298x_8 + 0.472x_9$$

において $x_i$ の係数の大きさをみればよい．主成分分析では変数 $x_i$ の係数が大きければ大きいほど，その変数の $y_1$ への貢献度は高いと解釈する．英語 $x_9$ の係数が 0.472 と大きく，体育 $x_7$ の係数が 0.172 と小さい．美術 $x_6$ の係数は 0.227，技家 $x_9$ の係数は 0.298 で，その他は 0.34 前後の値であり，符号はすべて正である．これは筆記試験の学力を計った総合点の因子と考えられる．第 1 主成分 $y_1$ は全体の情報量の 66% を握っている．この係数は固有ベクトルの第 1 列目をみればよい．第 2 主成分は固有ベクトルの第 2 列目より

$$y_2 = 0.120x_1 - 0.121x_2 - 0.174x_3 - 0.207x_4 - 0.003x_5$$
$$+ 0.153x_6 + 0.926x_7 - 0.126x_8 - 0.040x_9$$

であり，体育 $x_7$ の係数が 0.926 と著しく大きく，$y_2$ は体育の因子といえる．この主成分は全体の 14% の情報を握っているが，体育のみの因子であり，総合特性値とは考えられない．総合特性値として意味のあるのは第 1 主成分である．

第 1 主成分 $y_1$ の係数をよくみると体育の係数が 0.172 と小さいが，その他の係数は 0.34 前後であり

$$y' = 0.34(x_1 + x_2 + x_3 + x_4 + x_5 + x_6 + x_8 + x_9)$$

という 8 教科の合計点に 0.34 を掛けたものによく似ている．$y'$ は 0.34 という係数を無視すれば，体育を除いた合計点である．このことから，第 1 主成分 $y_1$ は体育を除いた合計点の因子と考えてよいであろう．この合計点は，9 教科のもっている情報量の約 2/3 をもっていることになる．その意味で合計点というのは，1 次元の尺度に直して考える限りにおいて，その子の学力を，ある程度は表現していることになる．また別の見方をすれば，合計点だけで判定をすると，その子の学力に関してもっている情報の約 1/3 は，全く評価していないことになる．体育は別に考えるとして，8 教科の合計点で序列を行うならば，その子の学力の約 2/3 をみて，序列を決めていることになる．その際に，残りの約 1/3 の学力は全く考慮しないのである．合計点というひとつだけの数字に学力という

ものを縮約すると，序列をつけることが容易にできる利点はあるが，また失うものもかなりあることに気づく．一般に，各教科の合計点

$$x_1 + x_2 + \cdots + x_p$$

での序列は，平均点

$$\frac{x_1 + x_2 + \cdots + x_p}{p}$$

での序列と同じである．

## 2.2 共分散行列による主成分分析——手のデータ

白人男性33人について，手の各部分を計測した(1.2節)．計測値は「白人の手のデータ」である．変数は図1.4のように対応させた．ここで$x_{17}$は$x_8 + x_{11}$とほぼ同じになるが，これはデータ計測のチェックのために測った．計測単位はmmである．ここでは指の長さを測った$x_1$から$x_5$と，手のひらの各部を測った$x_{11}$から$x_{16}$の11変数を取り上げて，主成分分析を行う．図2.4はヒストグラムの一部である．

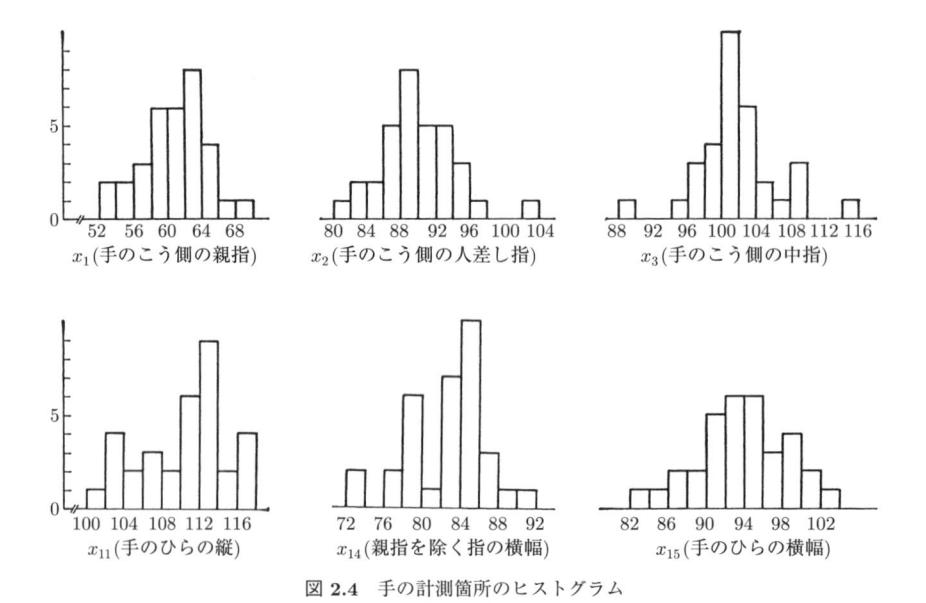

図 2.4 手の計測箇所のヒストグラム

## 2.2 共分散行列による主成分分析——手のデータ

白人男性 33 人による共分散行列

|         | $x_1$  | $x_2$  | $x_3$  | $x_4$  | $x_5$  | $x_{11}$ |
|---------|--------|--------|--------|--------|--------|----------|
| $x_1$   | 15.905 |        |        |        |        |          |
| $x_2$   | 12.208 | 19.167 |        |        |        |          |
| $x_3$   | 13.353 | 19.323 | 24.655 |        |        |          |
| $x_4$   | 12.558 | 17.854 | 22.672 | 23.883 |        |          |
| $x_5$   | 8.993  | 11.917 | 11.797 | 12.383 | 13.258 |          |
| $x_{11}$| 8.271  | 12.448 | 14.573 | 12.292 | 7.229  | 20.417   |
| $x_{12}$| 5.735  | 9.021  | 9.808  | 9.080  | 8.080  | 9.990    |
| $x_{13}$| 9.863  | 11.396 | 14.998 | 15.313 | 9.813  | 15.958   |
| $x_{14}$| 4.893  | 7.010  | 9.070  | 6.027  | 4.152  | 10.417   |
| $x_{15}$| 5.150  | 9.458  | 11.160 | 8.342  | 5.217  | 12.865   |
| $x_{16}$| 6.834  | 9.208  | 10.907 | 8.484  | 5.984  | 12.396   |

|         | $x_{12}$ | $x_{13}$ | $x_{14}$ | $x_{15}$ | $x_{16}$ |
|---------|----------|----------|----------|----------|----------|
| $x_{12}$| 18.133   |          |          |          |          |
| $x_{13}$| 7.397    | 27.309   |          |          |          |
| $x_{14}$| 6.257    | 8.828    | 16.314   |          |          |
| $x_{15}$| 6.675    | 8.789    | 16.595   | 22.547   |          |
| $x_{16}$| 7.630    | 12.283   | 12.805   | 14.996   | 15.530   |

11 変数に基づく共分散行列は,上記のようになる.

指の長さの分散の大きさの順序は,大きい順から中指 $x_3$ (24.7), 薬指 $x_4$ (23.9), 人差し指 $x_2$ (19.2), 親指 $x_1$ (15.9), 小指 $x_5$ (13.3) であり,それぞれの指の長さの平均値の大きさの順序,中指 (100.0), 薬指 (96.5), 人差し指 (88.3), 小指 (75.5), 親指 (59.3) と,ほぼ同じである.変動係数

$$\frac{\text{標準偏差}}{\text{平均}} \times 100(\%)$$

を計算してみると,それぞれの変動係数は次の表のようになる.

| 親指  | 人差し指 | 中指  | 薬指  | 小指  |
|-------|----------|-------|-------|-------|
| 6.7%  | 5.0%     | 5.0%  | 5.1%  | 4.8%  |

親指が多少大き目であるが,その他の 4 本の指ではほとんど違いはない.変動係数は個体差を示す指標のひとつであり,指の長さの個体差はほぼ同じと考えられる.手のひらの各部分の分散は,指の長さの分散に比べて小さい.データ数が 33 と少ないのが気になるが,11 変数について共分散行列に基づく主成分分析を行うと,次の結果を得る.

| 主成分 | $y_1$ | $y_2$ | $y_3$ | $y_4$ | $y_5$ |
|---|---|---|---|---|---|
| 固有値 | 128.70 | 31.65 | 16.37 | 13.38 | 8.17 |
| 固有ベクトル | | | | | |
| $x_1$ (手のこう側の親指) | .247 | −.229 | −.071 | .141 | .702 |
| $x_2$ ( 〃 人差し指) | .336 | −.223 | −.255 | .083 | −.027 |
| $x_3$ ( 〃 中指) | .395 | −.238 | −.180 | .207 | −.311 |
| $x_4$ ( 〃 薬指) | .366 | −.358 | −.086 | .177 | −.314 |
| $x_5$ ( 〃 小指) | .234 | −.217 | −.085 | −.158 | .373 |
| $x_{11}$ (手のひらの縦) | .326 | .167 | .234 | −.183 | −.334 |
| $x_{12}$ (手首から親指のつけ根) | .224 | .007 | −.205 | −.886 | −.014 |
| $x_{13}$ (手首から小指の下) | .343 | −.017 | .836 | −.001 | .079 |
| $x_{14}$ (親指を除く指の横幅) | .234 | .470 | −.121 | .105 | .143 |
| $x_{15}$ (手首) | .281 | .545 | −.267 | .209 | −.040 |
| $x_{16}$ (手首から中指のさき) | .272 | .345 | .040 | .010 | .178 |
| 寄与率 | .593 | .146 | .075 | .062 | .038 |
| 累積寄与率 | .593 | .739 | .814 | .876 | .913 |

第1主成分は

$$y_1 = 0.247x_1 + 0.336x_2 + 0.395x_3 + 0.366x_4 + 0.234x_5 + 0.326x_{11}$$
$$+ 0.224x_{12} + 0.343x_{13} + 0.234x_{14} + 0.281x_{15} + 0.272x_{16}$$

であり,これは手の大きさの因子である.第2主成分は

$$y_2 = -0.229x_1 - 0.223x_2 - 0.238x_3 - 0.358x_4 - 0.217x_5 + 0.167x_{11}$$
$$+ 0.007x_{12} - 0.017x_{13} + 0.470x_{14} + 0.545x_{15} + 0.345x_{16}$$

であり,指の長さと手のひらの幅に関する型の因子である.指の長さに比べて手のひらの幅が広ければ大きめの値をとり,手のひらの幅が狭ければ小さめの値をとる.総合特性値は第2主成分までで,第3主成分以下は固有値も小さく,固有ベクトルの数値からも総合特性値とは考えられない.

オーストラリア原住民41人について同様の計算をしたところ,次ページのような固有値,固有ベクトルを得た.

第1主成分の係数は,すべて正であり,係数は白人の場合の第1主成分の係数とほぼ等しく,同じ大きさの因子と考えられる.固有値は白人の場合の128.7に比べて大きく189.9であり,寄与率は73.3%にもなっている.第2主成分は白人の場合と同じく,型の因子であるが,固有値は白人の場合の31.7に比べて

オーストラリア原住民による主成分分析の数値結果

| 主成分 | $y_1$ | $y_2$ | $y_3$ | $y_4$ | $y_5$ |
|---|---|---|---|---|---|
| 固有値 | 189.85 | 18.70 | 13.50 | 10.35 | 7.44 |
| 固有ベクトル | | | | | |
| $x_1$ (手のこう側の親指) | .247 | .008 | −.007 | .315 | −.608 |
| $x_2$ ( 〃   人差し指) | .351 | −.282 | −.142 | .180 | .239 |
| $x_3$ ( 〃   中指) | .451 | −.370 | −.107 | −.587 | .014 |
| $x_4$ ( 〃   薬指) | .396 | −.279 | .276 | .148 | −.047 |
| $x_5$ ( 〃   小指) | .275 | −.292 | .257 | .126 | .075 |
| $x_7$ (手のひらの縦) | .299 | .215 | −.425 | .212 | −.450 |
| $x_{12}$ (手首から親指のつけ根) | .190 | .098 | .007 | .565 | .481 |
| $x_{13}$ (手首から小指の下) | .249 | .250 | −.647 | −.156 | .288 |
| $x_{14}$ (親指を除く指の横幅) | .250 | .340 | .331 | −.287 | −.130 |
| $x_{15}$ (手首) | .305 | .540 | .286 | −.118 | .145 |
| $x_{16}$ (手首から中指のさき) | .193 | .308 | .189 | .028 | .095 |
| 寄与率 | .733 | .072 | .052 | .040 | .029 |
| 累積寄与率 | .733 | .805 | .857 | .897 | .926 |

18.7 (寄与率 7.2%) とかなり小さくなっている.

## 2.3 相関行列による主成分分析 (1) ── 成績のデータ

抽出した主成分がどれほどの情報をもっているかは,その主成分の分散の大きさで判定した.分散の大きい方の主成分をいくつか取り上げて,重要な役割を果たしている因子としたのである.主成分の分散は,もとの変数の分散の大きさに依存している.2.1 節で述べた「中学生成績データ」について,それぞれの分散は

| 科目 | $x_1$ (国語) | $x_2$ (社会) | $x_3$ (数学) | $x_4$ (理科) | $x_5$ (音楽) | $x_6$ (美術) | $x_7$ (体育) | $x_8$ (技家) | $x_9$ (英語) |
|---|---|---|---|---|---|---|---|---|---|
| 分散 | 470.6 | 459.4 | 583.6 | 462.1 | 531.9 | 300.1 | 708.3 | 500.7 | 874.7 |

であった.主成分分析では,分散の大きさが各教科の重みになっていることから,ここでは英語が大きな重みを,次に体育が大きな重みをもっていることになる.美術の重みは 300 で,ほかに比べて小さい.この各教科の重みを等しくする

目的で, 分散の大きさを揃えること (標準化. 2.4 節参照) をよく行う. 変数 $x_i$ を標準化して

$$z_{ij} = \frac{x_{ij} - \bar{x}_i}{\sqrt{s_{ii}}} \quad (i = 1, 2, \ldots, p)$$

とおきかえると ($\bar{x}$ は $x_i$ の平均, $s_{ii}$ は $x_i$ の分散), $z_1, z_2, \ldots, z_p$ の共分散行列は

$$\begin{bmatrix} 1 & r_{12} & r_{13} & \cdots & r_{1p} \\ r_{21} & 1 & r_{23} & \cdots & r_{2p} \\ r_{31} & r_{32} & 1 & \cdots & r_{3p} \\ \vdots & \vdots & \vdots & \ddots & \vdots \\ r_{p1} & r_{p2} & r_{p3} & \cdots & 1 \end{bmatrix}$$

という相関行列に等しい. このような操作で, それぞれの教科の重みを等しくできる. 中学 2 年生 166 人の 9 教科の成績の平均, 標準偏差および相関行列は次のようになる.

| 科目 | $x_1$ (国語) | $x_2$ (社会) | $x_3$ (数学) | $x_4$ (理科) | $x_5$ (音楽) | $x_6$ (美術) | $x_7$ (体育) | $x_8$ (技家) | $x_9$ (英語) |
|---|---|---|---|---|---|---|---|---|---|
| 平均 | 52.4 | 39.4 | 45.4 | 50.1 | 42.6 | 62.5 | 57.8 | 47.1 | 39.0 |
| 標準偏差 | 21.7 | 21.4 | 24.2 | 21.5 | 23.1 | 17.3 | 26.6 | 22.4 | 29.6 |

中学 2 年生の成績の相関行列

| | $x_1$ | $x_2$ | $x_3$ | $x_4$ | $x_5$ | $x_6$ | $x_7$ | $x_8$ | $x_9$ |
|---|---|---|---|---|---|---|---|---|---|
| 国語 $x_1$ | 1 | | | | | | | | |
| 社会 $x_2$ | .783 | 1 | | | | | | | |
| 数学 $x_3$ | .735 | .788 | 1 | | | | | | |
| 理科 $x_4$ | .715 | .833 | .822 | 1 | | | | | |
| 音楽 $x_5$ | .712 | .748 | .757 | .789 | 1 | | | | |
| 美術 $x_6$ | .689 | .619 | .588 | .603 | .659 | 1 | | | |
| 体育 $x_7$ | .430 | .198 | .165 | .116 | .304 | .438 | 1 | | |
| 技家 $x_8$ | .662 | .681 | .592 | .717 | .585 | .540 | .160 | 1 | |
| 英語 $x_9$ | .769 | .791 | .807 | .763 | .703 | .595 | .295 | .611 | 1 |

この相関行列を出発点として主成分分析を行うと, 次のような数値結果を得る.

中学 2 年生 166 人のデータによる主成分分析の数値結果

| 主成分 | $y_1$ | $y_2$ | $y_3$ | $y_4$ | $y_5$ |
|---|---|---|---|---|---|
| 固有値 | 6.044 | 1.085 | .480 | .402 | .298 |
| 固有ベクトル | | | | | |
| $x_1$ (国語) | .362 | .154 | .056 | .212 | .294 |
| $x_2$ (社会) | .368 | −.150 | −.046 | .112 | .089 |
| $x_3$ (数学) | .358 | −.183 | −.372 | .048 | .074 |
| $x_4$ (理科) | .366 | −.255 | −.013 | −.060 | −.255 |
| $x_5$ (音楽) | .353 | .003 | −.236 | −.327 | −.669 |
| $x_6$ (美術) | .315 | .299 | .188 | −.753 | .424 |
| $x_7$ (体育) | .145 | .860 | −.028 | .291 | −.258 |
| $x_8$ (技家) | .314 | −.154 | .831 | .218 | −.170 |
| $x_9$ (英語) | .358 | −.037 | −.273 | .360 | .336 |
| 寄与率 | .672 | .121 | .053 | .045 | .033 |

第 1 主成分 $y_1$ の寄与率は 67% であり，それらの係数は体育 $x_7$ を除いては，ほぼ同じ数値である．各教科の点数の散らばりを等しくすると，体育以外の教科の合計点が，よりはっきりと第 1 主成分に現れる．

$$y_1 = 0.362 \left( \frac{x_1 - 52.4}{21.7} \right) + 0.368 \left( \frac{x_2 - 39.4}{21.4} \right) + 0.358 \left( \frac{x_3 - 45.4}{24.2} \right)$$
$$+ 0.366 \left( \frac{x_4 - 50.1}{21.5} \right) + 0.353 \left( \frac{x_5 - 42.6}{23.1} \right) + 0.315 \left( \frac{x_6 - 62.5}{17.3} \right)$$
$$+ 0.145 \left( \frac{x_7 - 57.8}{26.6} \right) + 0.314 \left( \frac{x_8 - 47.1}{22.4} \right) + 0.358 \left( \frac{x_9 - 40.0}{29.6} \right)$$

第 2 主成分は体育 $x_7$ の係数が 0.860 と大きく，体育の因子である．固有値は 1.085 であり，1 教科のもっている情報の大きさ 1 にほぼ等しい．共分散行列で分析を行った場合と同じく，この場合も総合特性値は第 1 主成分だけである．

## 2.4 相関行列による主成分分析 (2) ── 被服のデータ

男物着尺地について，その特性を調べるため，いくつかの特性値を測定した．データは「男物着尺地のデータ [kijaku.csv]」であり，測定項目は次の 12 項目である．

| | |
|---|---|
| $x_1$ | 目付け ($g/cm^2$)——$1cm^2$ 当たりの布の重さ |
| $x_2$ | 厚さ (m) |
| $x_3$ | 圧縮率 (%)——布の厚さの方向に一定の圧力を加えたときのもとの布の厚さに対する変化率で, つぶれやすい布は大きな値, つぶれにくい布は 0 に近い値をとる. |
| $x_4$ | たて方向伸長力 (g)——たて方向に布を 5% 伸ばすのに必要な力で, 伸びにくい布ほど大きな値をとる. |
| $x_5$ | よこ方向伸長力 (g) |
| $x_6$ | たて糸を折り曲げたときの曲げ反発性 (g)——弾力性に富むはね返りの大きい生地ほど大きな値をとる. |
| $x_7$ | よこ糸を折り曲げたときの曲げ反発性 (g) |
| $x_8$ | たて方向静摩擦力 (g) |
| $x_9$ | よこ方向静摩擦力 (g) |
| $x_{10}$ | たて方向動摩擦力 (g) |
| $x_{11}$ | よこ方向動摩擦力 (g)——布地の表面に錘をおいて, その錘を引張る力で, 表面の凹凸状態などによって変化する. 錘が動き始めるときが静摩擦力で, 錘が一定速度で動いているときが動摩擦力である. |
| $x_{12}$ | 通気性 ($cc/cm^2/sec$)——布を通過する空気の量で, ガーゼのような布では大きな値になる. |

このような計測項目の単位が, ($g/cm^2$), (m), (%), (g), ($cc/cm^2/sec$) と異なるときは, 共分散行列に基づいて主成分分析を行っても, 意味がない. たとえば, $x_i$ を cm で測定するか, mm で測定するかで, その分散には 100 倍のひらきが生じ, データを表す単位として mm を用いたか, cm を用いたかによって, 数値結果は大きく異なることになる. つまり, 固有値も固有ベクトルも計測単位に大きく依存する. これを避けるために, それぞれの計測単位を無単位にする操作 (標準化)

$$z_{ij} = \frac{x_{ij} - x_i の平均}{x_i の標準偏差} = \frac{x_{ij} - \bar{x}_i}{\sqrt{s_{ii}}} \quad (j = 1, 2, \ldots, N)$$

を行う. 分子の単位が cm ならば, 分母の単位も cm であり, $z_{ij}$ は無単位である. 明らかに, 変数 $z_i$ の分散は 1 である.

変数 $z_1, z_2, \ldots, z_p$ による共分散行列は, 前も述べたように, 相関行列そのものである. 男物着尺地 146 点による相関行列は次のようになる.

## 2.4 相関行列による主成分分析 (2) —— 被服のデータ

男物着尺地の相関行列

|        | $x_1$  | $x_2$  | $x_3$  | $x_4$  | $x_5$  | $x_6$ | $x_7$ |
|--------|--------|--------|--------|--------|--------|-------|-------|
| $x_1$  | 1      |        |        |        |        |       |       |
| $x_2$  | .379   | 1      |        |        |        |       |       |
| $x_3$  | .020   | .602   | 1      |        |        |       |       |
| $x_4$  | .158   | −.389  | −.261  | 1      |        |       |       |
| $x_5$  | .168   | .104   | −.051  | −.136  | 1      |       |       |
| $x_6$  | .322   | .490   | .255   | −.031  | −.132  | 1     |       |
| $x_7$  | .310   | .523   | .205   | −.184  | .438   | .453  | 1     |
| $x_8$  | .335   | .229   | .331   | −.142  | .030   | .076  | .124  |
| $x_9$  | .293   | .354   | .436   | −.198  | .008   | .120  | .134  |
| $x_{10}$ | .403 | .275   | .287   | −.077  | .109   | .071  | .248  |
| $x_{11}$ | .304 | .318   | .437   | −.183  | .054   | .051  | .172  |
| $x_{12}$ | −.683 | .011  | .090   | −.187  | −.250  | .028  | −.012 |

|        | $x_8$  | $x_9$  | $x_{10}$ | $x_{11}$ | $x_{12}$ |
|--------|--------|--------|----------|----------|----------|
| $x_8$  | 1      |        |          |          |          |
| $x_9$  | .821   | 1      |          |          |          |
| $x_{10}$ | .655 | .687   | 1        |          |          |
| $x_{11}$ | .678 | .865   | .805     | 1        |          |
| $x_{12}$ | −.409 | −.395 | −.427    | −.387    | 1        |

主成分分析の計算結果は次のようになる.

男物着尺地による主成分分析の数値結果

| 主成分 | | $y_1$ | $y_2$ | $y_3$ | $y_4$ | $y_5$ |
|---|---|---|---|---|---|---|
| 固有値 | | 4.352 | 2.057 | 1.682 | 1.249 | .668 |
| 固有ベクトル | | | | | | |
| $x_1$ | (目付け) | .273 | .120 | .492 | .229 | .341 |
| $x_2$ | (厚さ) | .286 | −.456 | .069 | .077 | .227 |
| $x_3$ | (圧縮率) | .256 | −.317 | −.296 | .096 | −.129 |
| $x_4$ | (伸長力たて) | −.115 | .331 | .261 | .432 | −.651 |
| $x_5$ | (伸長力よこ) | .086 | −.032 | .386 | −.682 | −.178 |
| $x_6$ | (曲反発たて) | .149 | −.383 | .236 | .489 | −.042 |
| $x_7$ | (曲反発よこ) | .205 | −.378 | .375 | −.188 | −.392 |
| $x_8$ | (静摩擦たて) | .379 | .189 | −.173 | .001 | −.019 |
| $x_9$ | (静摩擦よこ) | .415 | .132 | −.238 | .009 | −.031 |
| $x_{10}$ | (動摩擦たて) | .390 | .179 | −.058 | −.048 | −.251 |
| $x_{11}$ | (動摩擦よこ) | .411 | .144 | −.214 | −.056 | −.152 |
| $x_{12}$ | (通気性) | −.239 | −.414 | −.342 | −.011 | −.342 |
| 寄与率 | | .363 | .171 | .140 | .104 | .056 |

第1主成分は摩擦力の係数が,

$$0.379(x_8),\ 0.415(x_9),\ 0.390(x_{10}),\ 0.411(x_{11})$$

と大きく,この主成分は摩擦力に関する因子である.

第2主成分の係数の大きいものは,

$$-0.456(x_2),\ -0.317(x_3),\ 0.331(x_4),\ -0.383(x_6),\ -0.378(x_7),\ -0.414(x_{12})$$

であり,これは紙のような特性をもった因子である.

第3主成分の係数の大きいものは,

$$0.492(x_1),\ 0.386(x_5),\ 0.375(x_7),\ -0.342(x_{12})$$

であり,よこ糸のかたさに関する因子である.

第1主成分として摩擦力の因子が出たのは,12変数のなかに摩擦力の変数が4つ入っており,それらの相関係数が

|       | $x_8$ | $x_9$ | $x_{10}$ | $x_{11}$ |
|-------|-------|-------|----------|----------|
| $x_8$    | 1     |       |          |          |
| $x_9$    | .821  | 1     |          |          |
| $x_{10}$ | .655  | .687  | 1        |          |
| $x_{11}$ | .678  | .865  | .805     | 1        |

であることによる.各変数間の相関係数は比較的大きく,4変数は一団となっている.このようなときは,その4変数の特性が主成分として出てくることが考えられる.逆に相関行列をみた時点で,重要な主成分として摩擦力が出てくることが予想できる.

主成分分析の結果は,変数としてどのようなものをもってくるかに依存する.分析結果を読むときは,分析した人がどのような考え方で,たくさんありうる変数のなかから,そのような変数の組合せを選んだかについて考えてみることが重要である.

次に重みつき主成分分析を考えよう.計測した12の特性値は,その特性によって7つに分けられる.

## 2.4 相関行列による主成分分析 (2) ―― 被服のデータ

| | | | |
|---|---|---|---|
| 1: 目付け | $x_1$ | 4倍の重み | $2X_1$ |
| 2: 厚さ | $x_2$ | 4倍の重み | $2X_2$ |
| 3: 圧縮率 | $x_3$ | 4倍の重み | $2X_3$ |
| 4: 伸長力 | $x_4, x_5$ | 2倍の重み | $\sqrt{2}X_4, \sqrt{2}X_5$ |
| 5: 反発性 | $x_6, x_7$ | 2倍の重み | $\sqrt{2}X_6, \sqrt{2}X_7$ |
| 6: 摩擦力 | $x_8, x_9, x_{10}, x_{11}$ | 1倍の重み | $X_8, X_9, X_{10}, X_{11}$ |
| 7: 通気性 | $x_{12}$ | 4倍の重み | $2X_{12}$ |

相関行列による主成分分析では12変数のうち摩擦力が4つ, 反発性, 伸長力がそれぞれ2つを占めており, 目付け, 厚さ, 圧縮率, 通気性はそれぞれ1つであることから, ある意味では摩擦力に4倍, 伸長力, 反発性のそれぞれに2倍の重みがかかっているとも考えられる. そこで, それら7つの特性値を平等に扱うため, 目付け ($x_1$), 厚み ($x_2$), 圧縮率 ($x_3$), 通気性 ($x_{12}$) の分散をそれぞれ4.0に, 伸長力 ($x_4, x_5$), 反発性 ($x_6, x_7$) の分散をそれぞれ2.0に, 摩擦力の分散をそれぞれ1.0にする.

このときの固有値, 固有ベクトル, 寄与率は次のようになる.

| 主成分 | $y_1$ | $y_2$ | $y_3$ | $y_4$ | $y_5$ | $y_6$ |
|---|---|---|---|---|---|---|
| 固有値 | 9.609 | 6.779 | 3.362 | 2.606 | 1.574 | 1.401 |
| 固有ベクトル | | | | | | |
| $x_1$ (目付け) | .463 | .427 | .262 | .239 | .079 | .217 |
| $x_2$ (厚さ) | .511 | −.351 | .240 | .031 | .166 | .317 |
| $x_3$ (圧縮率) | .376 | −.458 | −.425 | .113 | −.512 | .221 |
| $x_4$ (伸長力たて) | −.101 | .255 | .046 | .438 | −.679 | −.203 |
| $x_5$ (伸長力よこ) | .102 | .103 | .216 | −.699 | −.397 | .050 |
| $x_6$ (曲反発たて) | .220 | −.125 | .348 | .392 | .070 | −.376 |
| $x_7$ (曲反発よこ) | .250 | −.099 | .416 | −.267 | −.180 | −.462 |
| $x_8$ (静摩擦たて) | .183 | .055 | −.276 | −.047 | .129 | −.298 |
| $x_9$ (静摩擦よこ) | .207 | .014 | −.303 | −.045 | .139 | −.281 |
| $x_{10}$ (動摩擦たて) | .196 | .073 | −.214 | −.078 | .066 | −.336 |
| $x_{11}$ (動摩擦よこ) | .203 | .021 | −.301 | −.080 | .085 | −.286 |
| $x_{12}$ (通気性) | −.311 | −.612 | .212 | .075 | .033 | −.204 |
| 寄与率 | .343 | .242 | .120 | .093 | .056 | .050 |

この主成分分析では, 摩擦力の因子は第3主成分に出てくる. この例にみられるように, 変数に重みをつけると結果が変わってくる. このほかにも, 重みのつけ方は考えられよう. どのような重みのつけ方が妥当かは, 計算結果をみて

判断するのではなく，主成分分析で知りたいことは何か，結果をどう利用するかという目的にのっとって，当該分野の専門家が決めることになる．

## 2.5 因子負荷量——漢字テストの分析

主成分
$$y_j = h_{1j}x_1 + h_{2j}x_2 + \cdots + h_{pj}x_p$$
をよく説明している変数は，$x_i$ の係数の絶対値 $|h_{ij}|$ の大きいものであった．主成分 $y_j$ の標本分散(固有値)を $\ell_j$ で表すと，相関行列から分析を行った場合の $y_j$ と $x_i$ の相関係数は
$$r(y_j, x_i) = \sqrt{\ell_j}h_{ij}$$
である．これらは次のように表せる．

表 2.1 因子負荷量

|     | $y_1$ | $y_2$ | $\cdots$ | $y_p$ |
|-----|-------|-------|----------|-------|
| $x_1$ | $\sqrt{\ell_1}h_{11}$ | $\sqrt{\ell_2}h_{12}$ | $\cdots$ | $\sqrt{\ell_p}h_{1p}$ |
| $x_2$ | $\sqrt{\ell_1}h_{21}$ | $\sqrt{\ell_2}h_{22}$ | $\cdots$ | $\sqrt{\ell_p}h_{2p}$ |
| $\vdots$ | $\vdots$ | $\vdots$ | $\ddots$ | $\vdots$ |
| $x_p$ | $\sqrt{\ell_1}h_{p1}$ | $\sqrt{\ell_2}h_{p2}$ | $\cdots$ | $\sqrt{\ell_p}h_{pp}$ |

主成分 $y_j$ と相関の強い変数 $x_i$ ほど，係数の絶対値 $|h_{ij}|$ は大きい．主成分 $y_j$ と変数 $x_i$ の相関係数を，主成分 $y_j$ の $x_i$ に関する**因子負荷量** (factor loading) という．

共分散行列から分析を行った場合の因子負荷量は
$$r(y_j, x_i) = \frac{\sqrt{\ell_j}h_{ij}}{\sqrt{s_{ii}}}$$
である．ここで，$s_{ii}$ は変数 $x_i$ の標本分散である．

この節では，中学 1 年生 155 人に，小学 4 年配当漢字 ($x_1$)，小学 5 年配当漢字 ($x_2$)，小学 6 年配当漢字 ($x_3$) のテストを行った数値結果に基づいて説明を行う．平均点と分散，標準偏差，相関係数は次の通りである．

## 2.5 因子負荷量——漢字テストの分析

平均点と分散

|  | 平均 | 分散 (標準偏差) |
|---|---|---|
| $x_1$ (小学 4 年配当漢字) | 47.3 | 799.1 (28.3) |
| $x_2$ (小学 5 年配当漢字) | 46.1 | 721.8 (26.7) |
| $x_3$ (小学 6 年配当漢字) | 40.8 | 433.4 (20.8) |

相関係数

|  | $x_1$ | $x_2$ | $x_3$ |
|---|---|---|---|
| $x_1$ | 1 | | |
| $x_2$ | .916 | 1 | |
| $x_3$ | .900 | .890 | 1 |

固有値, 固有ベクトル, 寄与率は次のようになる.

中学 1 年生の漢字テストによる主成分分析の数値結果

| 主成分 | $y_1$ | $y_2$ | $y_3$ |
|---|---|---|---|
| 固有値 | 2.804 | .113 | .083 |
| 固有ベクトル | | | |
| $x_1$ (小学 4 年配当漢字) | .580 | .269 | .769 |
| $x_2$ (小学 5 年配当漢字) | .578 | .530 | $-.621$ |
| $x_3$ (小学 6 年配当漢字) | .574 | $-.804$ | $-.152$ |
| 寄与率 | .935 | .038 | .028 |

第 1 主成分は標準化した変数 $z_i$ を用いてかくと

$$y_1 = 0.580z_1 + 0.578z_2 + 0.574z_3$$

であり, 係数はほぼ等しく, この主成分の寄与率は 93.5% である. 第 2 主成分, 第 3 主成分の寄与率は, それぞれ 3.8%, 2.8% と非常に小さい. 第 1 主成分 $y_1$ の因子負荷量は, 固有値が 2.804 であるから,

$$r(y_1, x_1) = \sqrt{2.804} \times 0.580 = 0.971 : y_1 \text{と} x_1 \text{の相関係数}$$
$$r(y_1, x_2) = \sqrt{2.804} \times 0.578 = 0.968 : y_1 \text{と} x_2 \text{の相関係数}$$
$$r(y_1, x_3) = \sqrt{2.804} \times 0.574 = 0.961 : y_1 \text{と} x_3 \text{の相関係数}$$

である. 4 年配当漢字の試験結果も, 5 年配当漢字の試験結果も, 6 年配当漢字の試験結果も第 1 主成分との相関係数は 0.96 以上であり, 非常に大きい. 主成分 $y_1$ は, $x_1, x_2, x_3$ によって, よく説明されているといえる.

第 2 主成分 $y_2$ の固有値は 0.113 と小さく,

$$r(y_2, x_1) = \sqrt{0.113} \times 0.269 = 0.090 : y_2 \text{と} x_1 \text{の相関係数}$$
$$r(y_2, x_2) = \sqrt{0.113} \times 0.530 = 0.178 : y_2 \text{と} x_2 \text{の相関係数}$$
$$r(y_2, x_3) = \sqrt{0.113} \times (-0.804) = -0.270 : y_2 \text{と} x_3 \text{の相関係数}$$

である.各主成分 $y_i$ の因子負荷量は

|     | $y_1$ | $y_2$  | $y_3$  |
| --- | ----- | ------ | ------ |
| $x_1$ | .971 | .090  | .221  |
| $x_2$ | .968 | .178  | $-.179$ |
| $x_3$ | .961 | $-.270$ | $-.044$ |

である.第 2 主成分 $y_2$ と $x_j$ の相関係数はどれも小さく,$y_2$ との相関は弱い.第 3 主成分 $y_3$ も同様であり,上記のような因子負荷量を得る.

## 2.6 歯の咬耗度に基づく主成分分析

人の上下顎 28 本の歯の咬耗度は 1 から 5 の 5 段階に分類される.歯種が異なれば,その形あるいは咬合の状態が異なるので,咬耗を一様に分類することは困難であるが,その分類の基準をおおざっぱに説明すると

 分類 1 はエナメル質の磨耗の局面が狭い範囲で独立している場合
 分類 2 はエナメル質の大部分が磨耗している場合
 分類 3 は象牙質の磨耗が進んで部分的に露出している場合
 分類 4 は象牙質のかなりの部分が広くあるいは強く磨耗している場合
 分類 5 は欠如している場合

である.上記の分類に,どのような数値を割当てるかは,分析する目的によって異なる.このようなカテゴリカルデータに,数値を割当てることはむずかしい問題であり,つねに議論のあるところであろう.多変量解析による分析結果が,その数量化に依存するのはいうまでもない.ここでは分類 1 には 1.0 を,2 には 2.0 を,3 には 3.0 を,4,5 には 4.0 という数値を割当てることにする.

ここで用いるデータは「歯の咬耗度データ [teeth.csv]」の 20 歳から,49 歳までの 115 人である.28 本の歯と変数との関係は図 2.5 のようである.相関行列は表 2.2 に示す.

相関行列に基づく主成分分析の計算結果は p.35 のようになる.この数値結果から,各主成分の意味あいについて考えてみよう.

 (1) 第 1 主成分の係数は,28 変数について,ほぼ同じであり,咬耗の大きさを表す因子と考えられる.

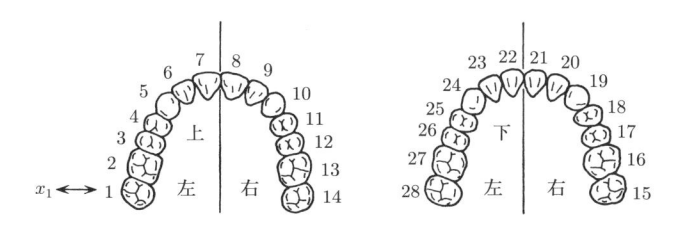

図 2.5 歯と変数名との対応
1, 2, ..., 28 の数字は, $x_1, x_2, \ldots, x_{28}$ の計測箇所を示す.

(2) 第 2 主成分は, 係数の符号に注目すると, 前歯と臼歯とを区別する因子といえる. 係数の大きさをみると, それぞれ同符号のなかでは前歯ほど, そして小臼歯よりも大臼歯の方が (奥の方の歯ほど) 値が大きくなっている.
(3) 第 3 主成分は, 符号に関しての特徴は顕著でないが, 係数の大きさに関しては, きわめて目立った性質がある. それは上下顎歯とも犬歯の係数が負で, しかもほかの歯の係数よりも総じて大きい.
(4) 第 4 主成分は, 上顎歯の符号は正で, 下顎歯の符号は負であることから臼歯に関する上顎歯と下顎歯の咬耗の違いの因子である.

これらのことから第 1 主成分は年齢の因子である. 第 2 主成分は前歯と臼歯の咬耗度の相違に関する因子, 第 3 主成分は犬歯の咬耗度を表す因子であり, 第 4 主成分は上顎歯と下顎歯の咬み合わせの特性による咬耗度の相違に関する因子である. 以上の第 4 主成分までの累積寄与率は 57% である.

次に年齢の変数 $x_{29}$ (表 2.2 では変数 $y$ で示す) を加えた 29 変数に, 主成分分析を適用してみる. 固有ベクトルの数値は, 28 変数の場合とほとんど同じであり, 第 1 主成分と $x_{29}$ (年齢) との因子負荷量が 0.86 になることから, 第 1 主成分が年齢を表す因子であることがわかる.

歯の咬耗の程度に対して, 年齢すなわち時間の経過と密接な関係のある第 1 主成分が, 28 次元空間を最も説明する力をもっている. さらに, 前歯と臼歯とは何らかの意味で違った咬耗の仕方をする. この第 2 主成分と $x_{29}$ (年齢) との相関が 0.18 程度であることから, 時間的なものも多少は関係しているのかもしれない. さらに犬歯はほかのものとはかなり異質の咬耗の仕方をする. また上顎と下顎では臼歯の咬耗の程度に差があるといえる.

**表 2.2 歯の咬耗度の相関行列**

| | $x_1$ | $x_2$ | $x_3$ | $x_4$ | $x_5$ | $x_6$ | $x_7$ | $x_8$ | $x_9$ | $x_{10}$ | $x_{11}$ | $x_{12}$ | $x_{13}$ | $x_{14}$ | $x_{15}$ | $x_{16}$ | $x_{17}$ | $x_{18}$ | $x_{19}$ | $x_{20}$ | $x_{21}$ | $x_{22}$ | $x_{23}$ | $x_{24}$ | $x_{25}$ | $x_{26}$ | $x_{27}$ | $x_{28}$ | $y$ |
|---|---|---|---|---|---|---|---|---|---|---|---|---|---|---|---|---|---|---|---|---|---|---|---|---|---|---|---|---|---|
| $x_1$ | 1 | | | | | | | | | | | | | | | | | | | | | | | | | | | | |
| $x_2$ | .65 | 1 | | | | | | | | | | | | | | | | | | | | | | | | | | | |
| $x_3$ | .61 | .56 | 1 | | | | | | | | | | | | | | | | | | | | | | | | | | |
| $x_4$ | .48 | .46 | .65 | 1 | | | | | | | | | | | | | | | | | | | | | | | | | |
| $x_5$ | .41 | .44 | .43 | .50 | 1 | | | | | | | | | | | | | | | | | | | | | | | | |
| $x_6$ | .40 | .46 | .52 | .49 | .46 | 1 | | | | | | | | | | | | | | | | | | | | | | | |
| $x_7$ | .46 | .48 | .55 | .45 | .51 | .67 | 1 | | | | | | | | | | | | | | | | | | | | | | |
| $x_8$ | .46 | .43 | .50 | .46 | .46 | .60 | .81 | 1 | | | | | | | | | | | | | | | | | | | | | |
| $x_9$ | .38 | .43 | .47 | .46 | .38 | .74 | .57 | .60 | 1 | | | | | | | | | | | | | | | | | | | | |
| $x_{10}$ | .45 | .46 | .48 | .49 | .67 | .56 | .53 | .46 | .49 | 1 | | | | | | | | | | | | | | | | | | | |
| $x_{11}$ | .60 | .54 | .61 | .57 | .45 | .52 | .50 | .41 | .41 | .55 | 1 | | | | | | | | | | | | | | | | | | |
| $x_{12}$ | .58 | .50 | .70 | .55 | .38 | .53 | .48 | .43 | .43 | .48 | .65 | 1 | | | | | | | | | | | | | | | | | |
| $x_{13}$ | .52 | .51 | .43 | .42 | .30 | .39 | .30 | .29 | .28 | .32 | .40 | .49 | 1 | | | | | | | | | | | | | | | | |
| $x_{14}$ | .64 | .48 | .56 | .44 | .39 | .39 | .46 | .44 | .39 | .40 | .49 | .53 | .46 | 1 | | | | | | | | | | | | | | | |
| $x_{15}$ | .40 | .29 | .42 | .45 | .45 | .37 | .41 | .42 | .31 | .38 | .43 | .37 | .30 | .49 | 1 | | | | | | | | | | | | | | |
| $x_{16}$ | .38 | .33 | .35 | .29 | .29 | .31 | .30 | .30 | .28 | .22 | .34 | .36 | .34 | .37 | .49 | 1 | | | | | | | | | | | | | |
| $x_{17}$ | .53 | .47 | .61 | .54 | .39 | .52 | .50 | .45 | .42 | .43 | .55 | .50 | .36 | .41 | .52 | .39 | 1 | | | | | | | | | | | | |
| $x_{18}$ | .55 | .54 | .60 | .52 | .44 | .58 | .57 | .53 | .47 | .51 | .52 | .55 | .36 | .47 | .44 | .34 | .67 | 1 | | | | | | | | | | | |
| $x_{19}$ | .48 | .44 | .52 | .57 | .72 | .49 | .57 | .50 | .38 | .63 | .45 | .42 | .28 | .44 | .35 | .21 | .50 | .57 | 1 | | | | | | | | | | |
| $x_{20}$ | .45 | .43 | .56 | .53 | .51 | .71 | .67 | .59 | .58 | .56 | .52 | .53 | .29 | .39 | .34 | .21 | .54 | .62 | .65 | 1 | | | | | | | | | |
| $x_{21}$ | .42 | .40 | .52 | .49 | .41 | .69 | .65 | .60 | .56 | .53 | .49 | .53 | .32 | .37 | .36 | .18 | .47 | .53 | .50 | .72 | 1 | | | | | | | | |
| $x_{22}$ | .38 | .38 | .50 | .41 | .34 | .57 | .57 | .49 | .54 | .44 | .48 | .43 | .26 | .37 | .29 | .09 | .45 | .51 | .43 | .66 | .73 | 1 | | | | | | | |
| $x_{23}$ | .42 | .43 | .54 | .47 | .40 | .64 | .57 | .54 | .65 | .51 | .53 | .48 | .33 | .47 | .37 | .26 | .48 | .60 | .49 | .72 | .65 | .64 | 1 | | | | | | |
| $x_{24}$ | .43 | .42 | .45 | .50 | .62 | .54 | .54 | .49 | .48 | .71 | .53 | .41 | .27 | .41 | .38 | .20 | .48 | .51 | .70 | .63 | .49 | .50 | .54 | 1 | | | | | |
| $x_{25}$ | .48 | .42 | .58 | .47 | .32 | .48 | .44 | .43 | .35 | .42 | .54 | .53 | .35 | .40 | .37 | .24 | .56 | .62 | .44 | .53 | .44 | .46 | .53 | .50 | 1 | | | | |
| $x_{26}$ | .52 | .42 | .57 | .47 | .31 | .44 | .45 | .47 | .39 | .50 | .55 | .48 | .29 | .41 | .43 | .32 | .58 | .60 | .40 | .48 | .41 | .41 | .51 | .50 | .69 | 1 | | | |
| $x_{27}$ | .43 | .37 | .51 | .38 | .22 | .32 | .34 | .30 | .27 | .32 | .44 | .44 | .23 | .47 | .44 | .57 | .44 | .43 | .29 | .30 | .29 | .24 | .34 | .28 | .37 | .46 | 1 | | |
| $x_{28}$ | .46 | .35 | .51 | .47 | .47 | .29 | .43 | .43 | .30 | .41 | .46 | .39 | .31 | .44 | .58 | .50 | .53 | .45 | .43 | .34 | .35 | .29 | .38 | .40 | .45 | .51 | .54 | 1 | |
| $y$ | .68 | .59 | .73 | .57 | .57 | .57 | .64 | .59 | .51 | .59 | .62 | .63 | .49 | .70 | .58 | .41 | .65 | .70 | .56 | .57 | .57 | .50 | .57 | .54 | .56 | .56 | .53 | .59 | 1 |

（$x_1$〜$x_7$：左右対称の位置にある上顎歯／$x_8$〜$x_{14}$：同位置にあって咬み合う上顎歯と下顎歯／$x_{15}$〜$x_{21}$：左右対称の位置にある下顎歯）

| 主成分 | 第1主成分 $y_1$ | 第2主成分 $y_2$ | 第3主成分 $y_3$ | 第4主成分 $y_4$ |
|---|---|---|---|---|
| 固有値 | 10.29 (37%) | 2.55 (9%) | 1.81 (6%) | 1.43 (5%) |
| 固有ベクトル | | | | |
| 第2大臼歯 $x_1$ | .18 | .22 | .02 | .25 |
| 第1大臼歯 $x_2$ | .19 | .07 | .02 | .33 |
| 第2小臼歯 $x_3$ | .22 | .12 | .16 | .08 |
| 第1小臼歯 $x_4$ | .20 | .13 | $-.08$ | .11 |
| 犬歯 $x_5$ | .16 | $-.12$ | $-.52$ | .05 |
| 側切歯 $x_6$ | .23 | $-.17$ | .10 | .10 |
| 中切歯 $x_7$ | .22 | $-.21$ | $-.03$ | .00 |
| 中切歯 $x_8$ | .18 | $-.15$ | $-.10$ | .01 |
| 側切歯 $x_9$ | .21 | $-.10$ | .10 | $-.07$ |
| 犬歯 $x_{10}$ | .20 | $-.13$ | $-.32$ | .02 |
| 第1小臼歯 $x_{11}$ | .20 | .11 | .03 | .01 |
| 第2小臼歯 $x_{12}$ | .20 | .13 | .15 | .24 |
| 第1大臼歯 $x_{13}$ | .10 | .21 | .04 | .51 |
| 第2大臼歯 $x_{14}$ | .19 | .18 | $-.03$ | .09 |
| 第2大臼歯 $x_{15}$ | .15 | .19 | $-.19$ | $-.27$ |
| 第1大臼歯 $x_{16}$ | .09 | .40 | $-.17$ | $-.02$ |
| 第2小臼歯 $x_{17}$ | .18 | .16 | .19 | $-.09$ |
| 第1小臼歯 $x_{18}$ | .20 | .04 | .14 | $-.12$ |
| 犬歯 $x_{19}$ | .19 | $-.16$ | $-.32$ | .01 |
| 側切歯 $x_{20}$ | .24 | $-.23$ | .08 | $-.04$ |
| 中切歯 $x_{21}$ | .21 | $-.26$ | .12 | .03 |
| 中切歯 $x_{22}$ | .17 | $-.26$ | .26 | $-.08$ |
| 側切歯 $x_{23}$ | .22 | $-.14$ | .17 | $-.08$ |
| 犬歯 $x_{24}$ | .21 | $-.19$ | $-.24$ | $-.08$ |
| 第1小臼歯 $x_{25}$ | .16 | .05 | .27 | $-.30$ |
| 第2小臼歯 $x_{26}$ | .18 | .15 | .15 | $-.35$ |
| 第1大臼歯 $x_{27}$ | .15 | .33 | $-.03$ | $-.19$ |
| 第2大臼歯 $x_{28}$ | .15 | .23 | $-.22$ | $-.31$ |

## 2.7 主成分スコア低次元空間表現

これまで,主成分を求め,主としてその係数の大きさや関係をみてきた.ここでは,主成分の値そのものに注目する.変数 $x_1, x_2$ の主成分を $y_1, y_2$ とし,各主成分は平均が0になるように

$$y_1 = h_{11}(x_1 - \bar{x}_1) + h_{21}(x_2 - \bar{x}_2), \quad y_2 = h_{12}(x_1 - \bar{x}_1) + h_{22}(x_2 - \bar{x}_2)$$

として定義されているとしよう.第 $j$ 番目の個体の観測値 $(x_{1j}, x_{2j})$ に対して,主成分の値

$$y_{1j} = h_{11}(x_{1j} - \bar{x}_1) + h_{21}(x_{2j} - \bar{x}_2), \quad y_{2j} = h_{12}(x_{1j} - \bar{x}_1) + h_{22}(x_{2j} - \bar{x}_2)$$

が求められる.このとき,$y_{1j}$ は第 $j$ 番目の標本の第 1 主成分スコアとよばれ,$y_{2j}$ は第 $j$ 番目の標本の第 2 主成分スコアとよばれる.

第 $j$ 番目のデータと主成分スコアは,$x_{1j}, x_{2j}, y_{1j}, y_{2j}$ である.

主成分スコアは $p$ 変量の場合にも同様に定義される.主成分分析においては,最初の数個の主成分に注目して分析される.主成分スコアについても,第 1 主成分スコアを数直線上にプロットしたり,第 1 主成分スコアと第 2 主成分スコアを用いて,各標本を 2 次元空間にプロットして,データの背後にある傾向を探るのに利用される.

前節では,歯の咬耗度データに対して,上下 28 本の歯についての主成分が求められた.ここでは,上下の類似性を考慮して,上の歯 14 本を取り上げ,主成分スコアを調べる.まず,標本相関行列を用いて主成分分析をみておこう.第 4 主成分までの固有値,寄与率,固有ベクトルを表 2.3 に与えている.

第 4 主成分までの累積寄与率は 0.683 であるが,第 5 主成分から第 14 成分までの個々の主成分の寄与率は小さく,第 1 主成分の係数はすべて正で,0.177〜0.303 の値である.第 2 主成分をみると,$x_5$〜$x_{10}$ に対する係数はマイナスで,その他の変数の係数はプラスになっていて,前歯の部分と奥歯の部分との違いを表している.第 3 主成分に関しては,$x_5$ と $x_{10}$ の係数の絶対値がほかと比べ大きな値になっている.これらの解釈は上下 28 本の歯についての主成分の解釈ときわめて類似したものになっている.

次に,各個人の主成分スコアを計算し,第 1 主成分と第 2 主成分を用いて 2 次元にプロットすると図 2.6 のようになる.図においては,○を 35 歳未満のデータ,●を 35 歳以上のデータとしている.35 歳未満のデータと 35 歳以上のデータとでは,35 歳以上のデータが右寄りにあるが,両者はそれぞれ同じような分布をしている点が興味深い.また,第 1 主成分が年代と深くかかわっていることも指摘される.

表 2.3 歯の咬耗度データ:相関行列の固有値,固有ベクトル,寄与率

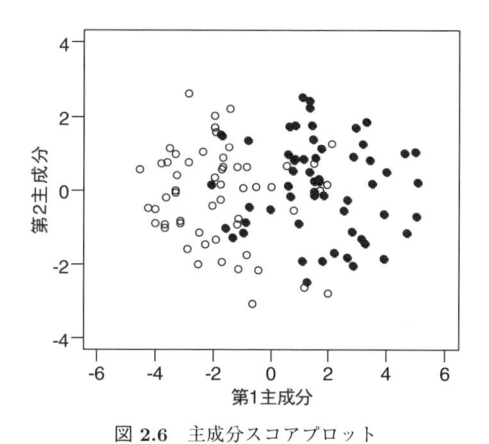

| 主成分 | $y_1$ | $y_2$ | $y_3$ | $y_4$ |
|---|---|---|---|---|
| 固有値 | 5.939 | 1.600 | 1.149 | .867 |
| 固有ベクトル | | | | |
| $x_1$ | .253 | .297 | .119 | .412 |
| $x_2$ | .283 | .107 | .069 | .404 |
| $x_3$ | .297 | .208 | .039 | −.346 |
| $x_4$ | .282 | .187 | −.212 | −.150 |
| $x_5$ | .213 | −.242 | −.575 | .323 |
| $x_6$ | .303 | −.231 | .162 | −.157 |
| $x_7$ | .284 | −.388 | .200 | −.011 |
| $x_8$ | .243 | −.415 | .303 | .137 |
| $x_9$ | .290 | −.238 | .269 | −.111 |
| $x_{10}$ | .271 | −.215 | −.497 | .048 |
| $x_{11}$ | .265 | .186 | −.288 | −.284 |
| $x_{12}$ | .291 | .247 | .056 | −.366 |
| $x_{13}$ | .177 | .391 | .171 | .382 |
| $x_{14}$ | .258 | .191 | .107 | .035 |
| 寄与率 | .424 | .114 | .082 | .062 |
| 累積寄与率 | .424 | .539 | .621 | .683 |

図 2.6 主成分スコアプロット

## 2.8 主成分軸の回転

　地方銀行の経営状態をさぐるための指標を,決算報告書のなかの従業員1人当たり営業純益,預金原価,従業員1人当たり資金量などからつくりたい.それ

らの項目は，あるものは強くあるものは弱く互いに関連しあっている．上場されている地方銀行 48 行について，56 年 3 月期のデータから主成分分析を行ったところで次のような数値結果を得た．

地方銀行の決算報告書による主成分分析の数値結果

| 主成分 | $y_1$ | $y_2$ | $y_3$ | $y_4$ | $y_5$ |
|---|---|---|---|---|---|
| 固有値 | 5.2566 | 2.5145 | 1.5537 | 1.5164 | 1.2509 |
| 固有ベクトル | | | | | |
| $x_1$ | .120 | .149 | .176 | .463 | .320 |
| $x_2$ | .256 | −.359 | −.188 | .319 | .196 |
| $x_3$ | −.393 | −.054 | .087 | .071 | −.074 |
| $x_4$ | −.287 | .240 | .215 | −.325 | .149 |
| $x_5$ | −.197 | .312 | .254 | .166 | .155 |
| $x_6$ | .014 | −.342 | .070 | −.022 | .614 |
| $x_7$ | −.191 | .221 | .320 | .383 | −.243 |
| $x_8$ | .393 | −.055 | .254 | .058 | −.093 |
| $x_9$ | .336 | .248 | .150 | .221 | −.104 |
| $x_{10}$ | .109 | .300 | .208 | −.313 | .434 |
| $x_{11}$ | .250 | .293 | −.314 | −.209 | .125 |
| $x_{12}$ | −.222 | −.462 | .219 | −.063 | −.133 |
| $x_{13}$ | .257 | −.090 | .243 | −.440 | −.264 |
| $x_{14}$ | −.037 | .250 | −.548 | .083 | −.154 |
| $x_{15}$ | −.387 | .020 | −.271 | .012 | .194 |
| 寄与率 | .3504 | .1676 | .1036 | .1011 | .0804 |

取り上げたのは次の 15 変数であり，相関行列により分析した．

地方銀行の経営状態をさぐるための指標

| $x_1$ | 資金量伸び率 (5 年間) | $x_9$ | 預金金利ざや |
|---|---|---|---|
| $x_2$ | 従業員 1 人当たり資金量 | $x_{10}$ | 純現金保有率 |
| $x_3$ | 預金原価 | $x_{11}$ | 支払準備率 |
| $x_4$ | 人件費比率 | $x_{12}$ | 定期性預金比率 |
| $x_5$ | 物件費比率 | $x_{13}$ | 自己資本比率 |
| $x_6$ | 従業員 1 人当たり人件費 | $x_{14}$ | 切手手形保有率 |
| $x_7$ | 貸出金利回り | $x_{15}$ | 損益分岐点比率 |
| $x_8$ | 従業員 1 人当たり営業純益 | | |

固有ベクトルの数値をみて，各主成分の意味づけができにくいことがある．その際に行う方法のひとつは，2 つの主成分のはる 2 次元空間のなかで，適当な直

## 2.8 主成分軸の回転

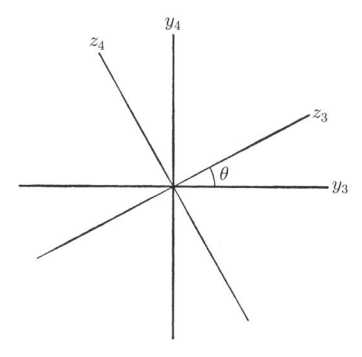

図 2.7 主成分 $y_3, y_4$ 平面を $\theta$ だけ回転して得られた主成分 $z_3, z_4$

交回転を行うことにより，意味づけしやすい主成分をみつけることである．主成分分析の特徴は，得られた主成分が互いに無相関なことである．固有値をみると，第 3 主成分の固有値 1.5537 と第 4 主成分の固有値 1.5164 は非常に近い値である．このようなときは図 2.7 のような回転

$$z_3 = (\cos\theta)y_3 + (\sin\theta)y_4, \quad z_4 = (-\sin\theta)y_3 + (\cos\theta)y_4$$

により，変換された $z_3$ と $z_4$ の相関係数は高々 $-0.0121$ であり，ほとんど無視できる．表 2.4 は，$y_3, y_4$ 平面での座標軸の回転角度 $\theta$ に対し，得られた新しい主成分 $z_3$ と $z_4$ の相関係数を計算したものである．

そのときの主成分 $z_3, z_4$ の係数の一部を記すと，表 2.5 のようになる．表をよくみると，主成分の係数の大きさも，符号の位置も変わっている．表 2.4 でみたように，$z_3$ と $z_4$ の相関係数はほぼ 0 であるから，$y_3$ と $y_4$ の主成分でみたよりも，$\theta$ を適当に決めたときの $z_3, z_4$ でみた方が意味づけしやすいならば，それで

表 2.4 回転によって得られた新しい主成分 $z_3$ と $z_4$ の相関係数

| 角度 ($\theta$) | $z_3$ と $z_4$ の相関係数 | 角度 ($\theta$) | $z_3$ と $z_4$ の相関係数 |
|---|---|---|---|
| 5 | $-.0021$ | 50 | $-.0120$ |
| 10 | $-.0042$ | 55 | $-.0114$ |
| 15 | $-.0061$ | 60 | $-.0105$ |
| 20 | $-.0078$ | 65 | $-.0093$ |
| 25 | $-.0093$ | 70 | $-.0078$ |
| 30 | $-.0105$ | 75 | $-.0061$ |
| 35 | $-.0114$ | 80 | $-.0042$ |
| 40 | $-.0120$ | 85 | $-.0021$ |
| 45 | $-.0121$ | | |

表 2.5 主成分 $y_3, y_4$ 平面を，$\theta$ だけ直交回転して得られた新しい主成分 $z_3, z_4$ の係数

| $y_3$ | $y_4$ | $\theta = 10°$ | | $\theta = 20°$ | | $\theta = 30°$ | | $\theta = 40°$ | |
|---|---|---|---|---|---|---|---|---|---|
| | | $z_3$ | $z_4$ | $z_3$ | $z_4$ | $z_3$ | $z_4$ | $z_3$ | $z_4$ |
| .176 | .463 | .253 | .425 | .323 | .375 | .384 | .313 | .432 | .242 |
| −.188 | .319 | −.129 | .347 | −.067 | .364 | −.003 | .370 | .061 | .365 |
| .087 | .071 | .098 | .055 | .106 | .037 | .111 | .018 | .113 | −.001 |
| .215 | −.325 | .155 | −.357 | .091 | −.379 | .023 | −.389 | −.044 | −.387 |
| .254 | .166 | .279 | .119 | .295 | .069 | .303 | .017 | .301 | −.036 |
| .070 | −.022 | .065 | −.034 | .058 | −.044 | .050 | −.054 | .040 | −.062 |
| .320 | .383 | .381 | .322 | .431 | .251 | .468 | .172 | .491 | .088 |
| .254 | .058 | .260 | .013 | .258 | −.032 | .249 | −.077 | .232 | −.119 |
| .150 | .221 | .186 | .192 | .217 | .157 | .241 | .117 | .257 | 0.73 |
| .208 | −.313 | .150 | −.344 | .088 | −.365 | .024 | −.375 | −.042 | −.373 |
| −.314 | −.209 | −.345 | −.151 | −.366 | −.089 | −.376 | −.024 | −.374 | .042 |
| .219 | −.063 | .204 | −.100 | .184 | −.134 | .158 | −.164 | .127 | −.189 |
| .243 | −.440 | .163 | −.475 | .078 | −.496 | −.010 | −.502 | −.097 | −.493 |
| −.548 | .083 | −.525 | .177 | −.486 | .265 | −.433 | .346 | −.366 | .416 |
| −.271 | .012 | −.265 | .059 | −.250 | .104 | −.228 | .146 | −.200 | .184 |

| $\theta = 50°$ | | $\theta = 60°$ | | $\theta = 70°$ | | $\theta = 80°$ | | $\theta = 90°$ | |
|---|---|---|---|---|---|---|---|---|---|
| $z_3$ | $z_4$ | $z_3$ | $z_4$ | $z_3$ | $z_4$ | $z_3$ | $z_4$ | $z_3$ | $z_4$ |
| .467 | .163 | .489 | .079 | .495 | −.007 | .486 | −.093 | .463 | −.176 |
| .124 | .349 | .183 | .322 | .236 | .286 | .282 | .240 | .319 | .188 |
| .111 | −.021 | .105 | −.040 | .097 | −.058 | .085 | −.074 | .071 | −.087 |
| −.111 | −.373 | −.174 | −.348 | −.232 | −.313 | −.283 | −.268 | −.325 | −.215 |
| .290 | −.088 | .271 | −.137 | .243 | −.182 | .207 | −.221 | .166 | −.254 |
| .028 | −.068 | .016 | −.072 | .004 | −.073 | −.009 | −.073 | −.022 | −.070 |
| .499 | .001 | .492 | −.185 | .469 | −.169 | .433 | −.248 | .383 | −.320 |
| .208 | −.157 | .177 | −.191 | .141 | −.219 | .101 | −.240 | .058 | −.254 |
| .266 | .027 | .267 | −.019 | .259 | −.065 | .244 | −.109 | .221 | −.150 |
| −.106 | −.360 | −.167 | −.337 | −.223 | −.302 | −.272 | −.259 | −.313 | −.208 |
| −.362 | .106 | −.338 | .167 | −.304 | .223 | −.260 | .273 | −.209 | .314 |
| .092 | −.208 | .055 | −.221 | .016 | −.227 | −.024 | −.226 | −.063 | −.219 |
| −.181 | −.469 | −.260 | −.430 | −.330 | −.379 | −.391 | −.315 | −.440 | −.243 |
| −.288 | .473 | −.202 | .516 | −.109 | .543 | −.013 | .554 | .083 | .548 |
| −.165 | .215 | −.125 | .241 | −.081 | .259 | −.035 | .269 | .012 | .271 |

考えてさしつかえない．

　2番目に大きい固有値は 2.5145, 3 番目に大きい固有値は 1.5537 であり，このときは回転による新たな主成分 $z_2$ と $z_3$ の間には，回転の角度によっては，無視できない大きさの相関が生じる．固有値の差が大きければ大きいほど，回転による相関は大きくなる．表 2.6 に $z_2$ と $z_3$ の相関係数を示す．

表 2.6 $y_2, y_3$ 平面での座標回転によって得られた新しい主成分 $z_2$ と $z_3$ の相関係数

| 角度 ($\theta$) | $z_2$ と $z_3$ の相関係数 | 角度 ($\theta$) | $z_2$ と $z_3$ の相関係数 |
|---|---|---|---|
| 5 | $-.0422$ | 50 | $-.2328$ |
| 10 | $-.0828$ | 55 | $-.2227$ |
| 15 | $-.1206$ | 60 | $-.2060$ |
| 20 | $-.1544$ | 65 | $-.1830$ |
| 25 | $-.1830$ | 70 | $-.1544$ |
| 30 | $-.2060$ | 75 | $-.1206$ |
| 35 | $-.2227$ | 80 | $-.0828$ |
| 40 | $-.2328$ | 85 | $-.0422$ |
| 45 | $-.2362$ | | |

一般に, 母集団固有値が等しければ, 対応する固有ベクトルは一意に定まらないで, 直交変換の自由性があることが知られている. したがって, 標本固有値がそれほど変わらなければ, 対応する固有ベクトルに上のような変換を施しても, 主成分としての性質がほぼ保たれることになる.

3つの主成分を取り上げて直交回転を考えると, $\theta_1, \theta_2, \theta_3$ の3つの角度を決めることになる. 3つ以上の主成分の場合には角度の値の組合せが多すぎて, 2つの主成分の際に行ったような回転は困難である. このときはバリマックス法が用いられる. バリマックス法の基本的な考え方は, 0に近い係数と1あるいは $-1$ に近い係数に分離することであり, それによって主成分に寄与している変数を, より明確にしようということである.

## 2.9 固有値の信頼区間

共分散行列の第 $j$ 番目に大きい固有値 $\ell_j$ は, 第 $j$ 主成分 $y_j$ の分散であった. 固有値 $\ell_j$ は $N$ 個の標本の組を抽出するたびに, 異なった値になる. それらは, 母集団での固有値 $\lambda_j$ の推定値である. 母固有値 $\lambda_j$ の信頼区間は, どのように求めればよいであろうか. 多変量正規分布の前提のもとに, 個々の $\ell_j$ の分布を求め, それから信頼区間を得るのは容易なことではない. 実用上は 2 桁程度の精度があれば十分であり, この節では, 主成分分析において重要な役割をする大きい方の固有値について, それが保証されるような信頼区間を考える. いちばん大きい固有値 $\ell_1$ の立方根 $\ell_1^{1/3}$ は, 分布の裾では正規分布による近似がよく, 累積密度関数において期待する精度を得ることが知られている (Konishi and

Sugiyama, 1981). 例として, 2変量正規分布の前提のもとで, $n = 20$ と $40$ の場合で, 母集団の固有値が $\lambda_1 = 2, \lambda_2 = 1$ として, 最大固有値 $\ell_1$ の近似の精度を考える. 分布の裾の方での近似のよさをみるため, 種々の $\ell_0$ に対して $\ell_1 \geq \ell_0$ となる確率を, 表 2.7 に与えている. 大きい方の固有値 $\ell_1$ について

$$z = \frac{\sqrt{n}(\ell_1^{1/3} - \lambda_1^{1/3})}{(\sqrt{2}/3)\lambda_1^{1/3}}$$

は平均 0, 分散 1 の標準正規分布で近似できる (Konishi and Sugiyama, 1981). ここで $n$ は標本数 $N$ から 1 を引いたものである. この近似は, 母集団の第 $j$ 固有値がその前後の固有値 $\lambda_{j-1}, \lambda_{j+1}$ と等しくないとして提案されたものである. これを表 2.7 では, 立方根近似として記してある. 以前から知られている近似として,

$$z = \frac{\sqrt{n}(\ell_j - \lambda_j)}{\sqrt{2}\lambda_j}$$

がある (Girshick, 1939). これを表 2.7 では, **Girshick** 近似としている. ほとんどの本は, この近似式を載せている.

表 2.7 近似分布と正確な分布による分布関数の比較 ($p = 2$)

| | $n = 20$ | | | | $n = 40$ | | |
|---|---|---|---|---|---|---|---|
| $\ell_0$ | exact | 立方根近似 | Girshick 近似 | $\ell_0$ | exact | 立方根近似 | Girshick 近似 |
| 3.0 | .9146 | .9151 | .9431 | 2.8 | .9437 | .9444 | .9632 |
| 3.2 | .9465 | .9462 | .9711 | 3.0 | .9739 | .9739 | .9873 |
| 3.3 | .9675 | .9668 | .9865 | 3.2 | .9887 | .9886 | .9964 |
| 3.6 | .9807 | .9800 | .9942 | 3.4 | .9954 | .9953 | .9991 |
| 3.8 | .9888 | .9882 | .9978 | | | | |

表 2.7 をみると, $p = 2$ のときは, 立方根近似は, 標本数 $N$ が 21 ($n = 20$) と少ないときでも, ほぼ 3 桁の精度がある. 標本数 $N$ が 41 ($n = 40$) のときは, より精度がよくなっている. Girshick 近似より, 立方根近似の方が真の値 (exact) に近いことがわかる. 正規近似の精度は

$$\frac{\lambda_2}{\lambda_1 - \lambda_2}$$

の値の大きさに依存する. 一般にこの値が小さくなればなるほど精度はよくなることが知られている.

多変量解析では, 正確な分布や近似分布の研究が, これまでに多くの人によっ

て研究されてきた. 正確な確率密度関数の式 (Sugiyama, 1967) が, 数学的にはきれいに表現できるのだが, 実際に計算するとなると大型の超高速電子計算機を使っても, 膨大な時間がかかるという問題点がある. それでも数値計算ができる場合はよいのだが, 現実には, 計算が不可能な場合が多い. このことが多変量解析における, 近似分布の研究の重要性を増すことになっているのである. ある統計量を考えたとき, その近似分布はいろいろと考えられるが, 望ましいのは簡潔な表現で使いやすく精度のよいものであろう. ここでは, 統計学でよく出てきて使い慣れている標準正規分布による近似式をもう少し詳しく述べる.

2 次元 ($p=2$) のときは, 立方根近似は精度がよいことを示した. 以下は, 次元 $p$ が増えたときの近似について記述する. 母集団設定は, 10 次元 ($p=10$) で, $\lambda_1=100, \lambda_2=64, \lambda_3=36, \lambda_4=16, \lambda_5=1,\ldots,\lambda_{10}=1$ の場合について述べる.

主成分分析では, 大きい方の固有値 $\ell_i$ の期待値は, 母集団 (真の) 固有値 $\lambda_i$ より大きめに出てくることが知られている. 最大根 $\ell_1$ の期待値の近似は,

$$\lambda_1 + \frac{\lambda_1}{n}\left(\frac{\lambda_2}{\lambda_1-\lambda_2} + \frac{\lambda_3}{\lambda_1-\lambda_3} + \frac{\lambda_4}{\lambda_1-\lambda_4} + \cdots + \frac{\lambda_p}{\lambda_1-\lambda_p}\right)$$

になる. 上記の母集団設定で, $n=100$ の場合は

$$\lambda_1 = 100, \quad \frac{\lambda_1}{n}\left(\frac{\lambda_2}{\lambda_1-\lambda_2}\right) = 1.778,$$

$$\frac{\lambda_1}{n}\left(\frac{\lambda_3}{\lambda_1-\lambda_3}\right) = 0.563, \quad \frac{\lambda_1}{n}\left(\frac{\lambda_4}{\lambda_1-\lambda_4}\right) = 0.190,\ldots$$

となる. $p$ 項まで計算する式であるが, 最初の 3 項ほどの計算で十分であり, あまり先まで計算する必要はない. 実際には, 最大根 $\ell_1$ の期待値は 102.53 になる. 修正立方根近似は,

$$\frac{\sqrt{100}(\ell_1^{1/3} - 102.53^{1/3})}{(\sqrt{2}/3) \times 102.53^{1/3}}$$

となり, 平均 0, 分散 1 の標準正規分布で近似できる (Sugiyama et al., 2013). このときの近似の場合を調べた結果を表 2.8 で示す. 表 2.8 から, 修正立方根近似が良いことがわかる.

共分散行列を出発点として, 中学生の成績を分析した例 (2.1 節) に基づいて説明する. 中学 2 年生全員を調べたときの最大固有値 (母集団での固有値) を $\lambda_1$

表 2.8 近似分布と正確な分布による $\ell_1$ の分布関数の比較 ($p = 10$, $n = 100$)

| exact | 立方根近似 | 修正立方根近似 | Girshick 近似 |
|---|---|---|---|
| .900 | .9154 | .8928 | .9288 |
| .950 | .9583 | .9448 | .9697 |
| .975 | .9792 | .9714 | .9875 |

とすると,標本の大きさ $n + 1 = 166$, $\ell_1 = 3237$ であるから,修正しない場合の立方根近似式を使うと $\lambda_1$ の片側 95% 信頼区間は,

$$\frac{3237}{\left(1 + (1/3)\sqrt{2/165} \times 1.645\right)^3} < \lambda_1$$

となる.ここで 1.645 は標準正規分布の上側 5% 点である.これより $\lambda_1$ の片側 95% 信頼区間,$2715 < \lambda_1$ を得る.つまり,固有値 $\lambda_1$ が 2715 より大きい値をとる確率は 0.95 である.

主成分分析では,多くの場合,大きい方のいくつかの固有値を問題にする.その意味で,最大根だけでなく,2 番目の近似式を知りたい.第 2 固有値 $\ell_2$ の立方根は,

$$\frac{\sqrt{n-1}\,(\ell_2^{1/3} - \lambda_2^{1/3})}{(\sqrt{2}/3)\lambda_2^{1/3}}$$

が平均 0, 分散 1 の標準正規分布で近似する.最大根の場合と同様に,$\lambda_2$ を $\ell_2$ の期待値で修正した値

$$\lambda_2 + \frac{\lambda_2}{n}\left(\frac{\lambda_1}{\lambda_2 - \lambda_1} + \frac{\lambda_3}{\lambda_2 - \lambda_3} + \frac{\lambda_4}{\lambda_2 - \lambda_4} + \cdots + \frac{\lambda_p}{\lambda_2 - \lambda_p}\right)$$

を用いた修正立方根近似を考える.このとき,

$$\lambda_2 = 64, \quad \frac{\lambda_2}{n}\left(\frac{\lambda_1}{\lambda_2 - \lambda_1}\right) = -1.778,$$

$$\frac{\lambda_2}{n}\left(\frac{\lambda_3}{\lambda_2 - \lambda_3}\right) = 0.823, \quad \frac{\lambda_2}{n}\left(\frac{\lambda_4}{\lambda_2 - \lambda_4}\right) = 0.213, \ldots$$

となり,$\ell_2$ の期待値は 63.26 である.これらの近似式の精度を調べたものが,表 2.9 である.

真の値 (exact) に近いのは修正立方根近似であり,次に立方根近似, Girshick 近似となる.

この節での議論は,共分散の固有値に関するもので,これらの結果を相関行列の固有値に適用してはいけない.

表 2.9 近似分布と正確な分布による分布関数 $\ell_2$ の比較 ($p = 10$, $n = 100$)

| exact | 立方根近似 | 修正立方根近似 | Girshick 近似 |
|---|---|---|---|
| .900 | .8858 | .9017 | .8735 |
| .950 | .9388 | .9487 | .9354 |
| .975 | .9696 | .9730 | .9684 |

## 2.10 固有ベクトルの信頼性

標本から計算した第 1 主成分を

$$y_1 = h_{11}x_1 + h_{21}x_2 + \cdots + h_{p1}x_p$$

と書くことにする.この係数 $(h_{11}, h_{21}, \ldots, h_{p1})$ は, $x_1, x_2, \ldots, x_p$ のあらゆる 1 次式のなかで, $y_1$ の分散が最大になるように,データから決めた.これは $y_1$ の分散である固有値 $\ell_1$ に対応する固有ベクトルであり, $N$ 個の標本の組を抽出するたびに,異なった値をとる.次に第 1 主成分 $y_1$ とは無相関という条件のもとで,分散が最大になるような 1 次式

$$y_2 = h_{12}x_1 + h_{22}x_2 + \cdots + h_{p2}x_p$$

で第 2 主成分 $y_2$ を決める.以下同様な考え方で第 3 主成分 $y_3$, 第 4 主成分 $y_4, \cdots$ を決めることは前に述べた.実際のデータ分析では,主成分の係数の大きさをみて,その主成分がどのような意味をもつ要因であるかを類推した.もしこの係数が標本抽出のたびに大きく変わるならば,類推した主成分の意味づけは全く無意味になる.このような観点から,この係数の信頼性は重要な問題である.

まずはじめに, 2 変量 $x_1, x_2$ に 2 変量正規分布を前提として,固有ベクトルの分布を考える.標本から計算した第 1 主成分 $y_1$ と第 2 主成分 $y_2$ をそれぞれ

$$y_1 = a_1x_1 + a_2x_2, \quad y_2 = b_1x_1 + b_2x_2 \tag{2.1}$$

と書くことにする. $h_{ij}$ という記号のかわりに,しばらくは $a, b$ の記号を用いて係数を表す.固有ベクトル,つまり係数 $(a_1, a_2), (b_1, b_2)$ は

$$\begin{bmatrix} a_1 & b_1 \\ a_2 & b_2 \end{bmatrix} = \begin{bmatrix} \cos\theta & -\sin\theta \\ \sin\theta & \cos\theta \end{bmatrix} \tag{2.2}$$

と表される．この第 1 主成分，第 2 主成分は図 2.8 にみられるような座標軸の回転にほかならない．座標軸の回転の角度 $\theta$ は確率変数であり，その分布は母集団の角度 $\phi$ と，母集団での固有値，つまり第 1 主成分の母分散 $\lambda_1$ と第 2 主成分の母分散 $\lambda_2$ に依存して決まる．この場合の数値計算に便利な分布表現は，Sugiyama (1971) のなかに与えられている．

いま考えやすくするために，母集団の座標軸の回転の角度 $\phi$ を 0 とする．つまり，母集団での第 1 主成分 $y_1$ と第 2 主成分 $y_2$ は，それぞれ

$$y_1 = x_1 + 0 \cdot x_2$$
$$y_2 = 0 \cdot x_1 + x_2 \quad (2.3)$$

であるとする．母集団における係数が 0 のとき，$N$ 個の標本から計算した $a_2 = \sin\theta$ は，どのような値をとるかを調べる．関係式 (2.2) から $a_2 = -b_1$ ゆえ，$a_2$ の変動のようすをみることは，$b_2$ の変動のようすをみることと同じである．角度 $\theta$ の分布は，$y_1$ の分散 $\lambda_1$ と $y_2$ の分散 $\lambda_2$ とに依存すると述べたが，正確には $\lambda_1$ と $\lambda_2$ の比に依存する．そこで $\lambda_1 + \lambda_2$ を 100 として，係数 $a_2$ の両側 5% 点を計算したのが表 2.10 である．標本の大きさを $N$ とすると，表のなかの $n$ は，$n = N - 1$ である．標本の大きさが 41，すなわち $n = 40$ のとき，$(\lambda_1, \lambda_2) = (80, 20)$ とみると，$a_2 = \sin\theta$ の両側 5% 点は $-0.218$ と $0.218$ であることがわかる．表 2.10 のなかでは，プラス，マイナスの記号は省略してある．母集団の角度 $\phi$ を 0 としたが 0 でない場合も同様である．両側 1% 点も

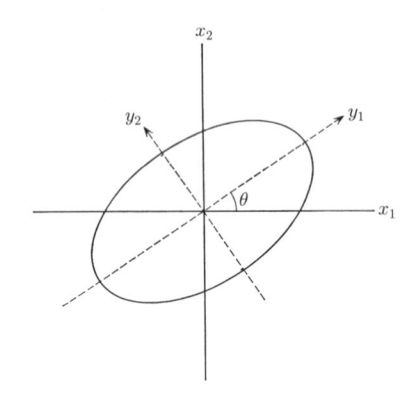

図 **2.8** 変数 $x_1, x_2$ と主成分 $y_1, y_2$ との関係

## 2.10 固有ベクトルの信頼性

**表 2.10** 第 1 主成分の $x_2$ の母係数が 0 のとき, 標本から計算した係数 $a_2 = \sin\theta$ の両側 5% 点 (± 記号は省略), $n = N - 1$

| $n$ | $\lambda_1 + \lambda_2 = 100$ とした場合の $\lambda_1$ の値 | | | | | | | |
|---|---|---|---|---|---|---|---|---|
| | 90 | 85 | 80 | 75 | 70 | 65 | 60 | 55 |
| 2 | .882 | .943 | .969 | .981 | .988 | .992 | .994 | .996 |
| 4 | .570 | .757 | .880 | .943 | .972 | .985 | .992 | .995 |
| 6 | .403 | .570 | .743 | .876 | .946 | .676 | .989 | .994 |
| 8 | .322 | .456 | .618 | .789 | .910 | .965 | .986 | .994 |
| 10 | .275 | .387 | .528 | .702 | .864 | .951 | .982 | .993 |
| 12 | .243 | .340 | .463 | .627 | .812 | .933 | .978 | .992 |
| 14 | .220 | .307 | .416 | .566 | .758 | .913 | .974 | .992 |
| 16 | .203 | .282 | .380 | .517 | .707 | .889 | .969 | .991 |
| 18 | .189 | .262 | .352 | .477 | .661 | .863 | .964 | .990 |
| 20 | .178 | .245 | .329 | .445 | .619 | .835 | .958 | .990 |
| 22 | .168 | .232 | .310 | .418 | .583 | .807 | .951 | .989 |
| 24 | .160 | .220 | .294 | .395 | .551 | .778 | .944 | .988 |
| 26 | .153 | .210 | .280 | .375 | .523 | .750 | .937 | .988 |
| 28 | .147 | .202 | .268 | .358 | .498 | .723 | .928 | .987 |
| 30 | .141 | .194 | .257 | .343 | .476 | .697 | .919 | .986 |
| 32 | .136 | .187 | .248 | .330 | .457 | .672 | .910 | .985 |
| 34 | .132 | .181 | .239 | .318 | .440 | .649 | .900 | .984 |
| 36 | .128 | .175 | .232 | .307 | .424 | .627 | .889 | .983 |
| 38 | .124 | .170 | .225 | .298 | .410 | .607 | .878 | .983 |
| 40 | .121 | .165 | .218 | .289 | .397 | .558 | .867 | .982 |
| 42 | .118 | .161 | .212 | .281 | .385 | .570 | .856 | .981 |
| 44 | .115 | .157 | .207 | .274 | .374 | .554 | .844 | .980 |
| 46 | .112 | .153 | .202 | .267 | .364 | .538 | .832 | .979 |
| 48 | .109 | .150 | .197 | .260 | .355 | .524 | .819 | .978 |
| 50 | .107 | .146 | .193 | .254 | .346 | .511 | .807 | .977 |
| 55 | .102 | .139 | .183 | .241 | .327 | .481 | .776 | .974 |
| 60 | .097 | .113 | .175 | .230 | .311 | .455 | .746 | .971 |
| 65 | .093 | .127 | .168 | .220 | .297 | .433 | .717 | .968 |
| 70 | .090 | .123 | .161 | .211 | .285 | .414 | .690 | .965 |
| 75 | .087 | .118 | .155 | .203 | .274 | .397 | .664 | .961 |
| 80 | .084 | .114 | .150 | .197 | .264 | .381 | .639 | .957 |
| 85 | .081 | .111 | .145 | .190 | .256 | .368 | .617 | .953 |
| 90 | .079 | .107 | .141 | .185 | .248 | .356 | .596 | .949 |
| 95 | .077 | .104 | .137 | .179 | .240 | .345 | .577 | .945 |
| 100 | .075 | .102 | .133 | .174 | .234 | .334 | .559 | .940 |
| 110 | .071 | .097 | .127 | .166 | .222 | .317 | .527 | .930 |
| 120 | .068 | .093 | .121 | .159 | .212 | .301 | .499 | .919 |
| 140 | .063 | .086 | .112 | .146 | .195 | .276 | .454 | .895 |
| 160 | .059 | .080 | .105 | .136 | 182 | .257 | .418 | .868 |
| 200 | .053 | .071 | .093 | .122 | .162 | .228 | .366 | .809 |

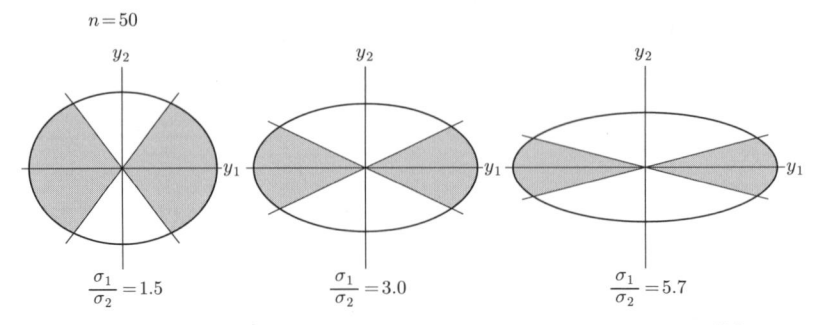

**図 2.9** $p = 2$, $n = 50$ のとき, $(\sigma_1, \sigma_2) = (60, 40), (75, 25), (85, 15)$ の場合に, 確率 0.95 で第 1 軸の動く範囲

Sugiyama (1971) の数表から求めることができる. 図 2.9 は, $\sigma_1$ と $\sigma_2$ の比を変えたときに第 1 主成分が動く 95%範囲を示したものである. 3 変量の場合についても同様の考察ができる (詳しくは Sugiyama (1983) を参照).

## 2.11 数理的補足——主成分分析

### 主成分の導出——分散最大化

主成分分析は多くの変数 $x_1, x_2, \ldots, x_p$ の変動や相関関係を少数個の合成変数で説明するための方法である. 合成変数は, 変数の 1 次式で分散を最大化することによって求められる. このとき, 各変数の係数を $c$ 倍すると, 1 次式の分散は $c^2$ 倍になり, また, 分散は 1 次式に定数を加えても不変であることから, 一般性を失うことなく 1 次式として

$$y = h_1 x_1 + h_2 x_2 + \cdots + h_p x_p$$

を考え, $h_1^2 + h_2^2 + \cdots + h_p^2 = 1$ としてよい. このとき, $y$ の分散を最大化する係数 $h_1, h_2, \ldots, h_p$ を, $p = 2$ の場合に求めてみよう.

第 $j$ 番目の標本の観測値を $(x_{1j}, x_{2j})$ とし,

$$y_j = h_1 x_{1j} + h_2 x_{2j} \quad (j = 1, 2, \ldots, N)$$

とする. ここで, $h_1, h_2$ は

$$h_1^2 + h_2^2 = 1 \tag{2.4}$$

を満たしている. $y$ の平均は, $\bar{y} = h_1 \bar{x}_1 + h_2 \bar{x}_2$ と表せる. $x_1$ の分散を $s_{11}$, $x_2$ の分散を $s_{22}$, $x_1$ と $x_2$ の共分散を $s_{12}$ $(= s_{21})$ とする. このとき, $y$ の分散は

## 2.11 数理的補足――主成分分析

$$V(y) = \frac{1}{N-1}\left\{(y_1 - \bar{y})^2 + (y_2 - \bar{y})^2 + \cdots + (y_N - \bar{y})^2\right\}$$
$$= s_{11}h_1^2 + 2s_{12}h_1h_2 + s_{22}h_2^2$$

と表せる．したがって，条件 (2.4) のもとで分散 $V(y)$ の最大化を考える．これは条件付き最大値問題となり，ラグランジュの未定乗数法を用いて解くことができる．それには，未定乗数 $\lambda$ を用いて，

$$f(h_1, h_2, \lambda) = s_{11}h_1^2 + 2s_{12}h_1h_2 + s_{22}h_2^2 - \lambda(h_1^2 + h_2^2 - 1)$$

を考える．$f$ を $h_1, h_2$ のそれぞれについて偏微分して 0 とおき，両辺を 2 で割ると，固有方程式

$$s_{11}h_1 + s_{12}h_2 = \lambda h_1, \quad s_{21}h_1 + s_{22}h_2 = \lambda h_2 \tag{2.5}$$

を得る．このとき，$\lambda$ は $S$ の固有値で，$\boldsymbol{h}$ は対応する固有ベクトルである．$S$ の固有値を $\ell_1, \ell_2$ ($\ell_1 > \ell_2$) とし，対応する長さ 1 の固有ベクトルを

$$\boldsymbol{h}_1 = \begin{bmatrix} h_{11} \\ h_{21} \end{bmatrix}, \quad \boldsymbol{h}_2 = \begin{bmatrix} h_{12} \\ h_{22} \end{bmatrix}$$

とする．

方程式 (2.5) の最初の式の両辺に $h_1$ を掛け，2 番目の式の両辺に $h_2$ を掛け，これらを加えると

$$V(y) = s_{11}h_1^2 + 2s_{12}h_1h_2 + s_{22}h_2^2 = \lambda$$

となる．条件付き最大値問題の極値は，式 (2.4) および (2.5) を満たす $h_1, h_2$ で生じ，さらに，いまの場合，最大値となるところでは極値になっている．したがって，分散が最大になる係数ベクトルは $\boldsymbol{h}_1$ で，そのときの分散は $\ell_1$ である．

次に，第 1 主成分 $y_1 = h_{11}x_1 + h_{21}x_2$ とは無相関で，分散が最大な $y = h_1 x_1 + h_2 x_2$ を求めよう．$y$ と $y_1$ の共分散は

$$s_{yy_1} = h_1(s_{11}h_{11} + s_{12}h_{21}) + h_2(s_{21}h_{11} + s_{22}h_{21}) = \ell_1(h_1 h_{11} + h_2 h_{21})$$

となる．したがって，新たな条件 $h_1 h_{11} + h_2 h_{21} = 0$ を加えた条件付き最大化問題となる．第 1 主成分の場合と同様に，ラグランジュの未定乗数法を用いて，そのような $y$ は $y_2 = h_{12}x_1 + h_{22}x_2$ であり，その分散は $\ell_2$ であることを示せる．

### 主成分の最適性

主成分では，$p$ 次元空間の $N$ 個の点 (標本) を，その点の散布の有り様ができるかぎ

り保たれるように, $p$ より低い $m$ 次元空間に写すことを考える. その際, $p$ 次元空間の $N$ 個の点 (標本) から $m$ 次元空間に垂直に下ろした線分の長さの平方和が最小になるように空間を決めることが好ましいと考えられる. このような空間は, 分散最大化としての主成分による空間でもある. このことを $p=2, m=1$ として考えてみよう (図 2.10 参照). 第 $j$ 番目の観測値 $(x_{1j}, x_{2j})'$ を座標にもつ点を $P_j$ とし, データの中心 $G(\bar{x}_1, \bar{x}_2)$ を通る方向比 $h_1 : h_2$ の直線 $\ell; x_2 - \bar{x}_2 = (h_2/h_1)(x_1 - \bar{x}_1)$, すなわち,

$$h_2(x_1 - \bar{x}_1) - h_1(x - \bar{x}_2) = 0$$

を考える. ここに, $h_1, h_2$ は一般性を失うことなく, $h_1^2 + h_2^2 = 1$ を満たしているとする. 点 $P_j$ からこの直線に垂線を下ろした足を $Q_j$ とし, 垂線の長さを $d_j$ とする. また, $G$ から $P_j$ までの長さを $t_j$ とし, $G$ から $Q_j$ までの長さを $u_j$ とする (図 2.10 参照).

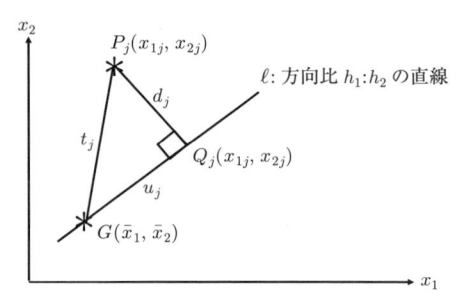

図 2.10 データの直線への射影

このとき, 三平方の定理より

$$u_j^2 = t_j^2 - d_j^2$$

という関係がある. 点 $P_j$ から直線 $\ell$ までの垂線の長さは, 公式を用いて

$$d_j^2 = \{h_2(x_{1j} - \bar{x}_1) - h_1(x_{2j} - \bar{x}_2)\}^2$$

となる. また, $t_j^2 = (x_{1j} - \bar{x}_1)^2 + (x_{2j} - \bar{x}_2)^2$ であるから

$$u_j^2 = \{h_1(x_{1j} - \bar{x}_1) + h_2(x_{2j} - \bar{x}_2)\}^2$$

を得る. これらより, $y = h_1 x_1 + h_2 x_2$ とおくと,

$y$ の分散 $= x_1$ の分散 $+ x_2$ の分散 $-$ 垂線の長さの平方和

となる. この関係は, $y$ の分散最大化と, データから方向比 $h_1 : h_2$ の直線に垂直に下

ろした線分の平方和最小化が同値であることを示している.

一般に, $p$ 次元空間のデータを $m\ (<p)$ 次元空間のデータに縮約すると情報損失が生じる. そこで, 情報損失ができるだけ小さい縮約法が重要となる. このときの情報損失を測る尺度として, 縮約データからもとのデータを予測したときの誤差の平方和が考えられ, 最適な予測式が求められている (たとえば, Rao (1973), 藤越・杉山 (2012)). $p$ 次元変数 $\boldsymbol{x}$ の標本共分散行列を $S$ とし, $S$ に基づく第 $i$ 主成分を $y_i$ とする. $y_i$ は平均 0 に標準化され, その係数ベクトルを $\boldsymbol{h}_i$ としよう. このとき, $\boldsymbol{h}_i$ は第 $i$ 固有値 $\ell_i$ に対応する長さ 1 の固有ベクトルである. $\boldsymbol{x}$ の最適な予測式は

$$\hat{\boldsymbol{x}} = \bar{\boldsymbol{x}} + \sqrt{\ell_1}\boldsymbol{h}_1 z_1 + \sqrt{\ell_2}\boldsymbol{h}_2 z_2 \tag{2.6}$$

と表せる. $z_i = y_i/\sqrt{\ell_i}\ (i=1,2)$ で, $z_1, z_2$ は, それぞれ平均 0, 分散 1 で, 互いに無相関である. この表示は第 5 章で扱う因子モデルとよく似ている.

### 固有値と固有ベクトルの分布

$p$ 変数データが抽出された集団の主成分は, 標本共分散行列 $S$ のかわりに, 母集団共分散行列 $\Sigma$ を用いて定義される. $\Sigma$ の固有値, 固有ベクトルを

$$\lambda_1, \lambda_2, \ldots, \lambda_p \quad (\lambda_1 \geq \lambda_2 \geq \cdots \geq \lambda_p > 0)$$

とし, 対応する長さ 1 の固有ベクトルを $\boldsymbol{\gamma}, \boldsymbol{\gamma}_2, \ldots, \boldsymbol{\gamma}_p$ としよう. また, 大きさ $N = n+1$ の標本に基づく標本共分散行列 $S$ の固有値を

$$\ell_1, \ell_2, \ldots, \ell_p \quad (\ell_1 > \ell_2 > \ldots > \lambda_p > 0)$$

とし, 対応する長さ 1 の固有ベクトルを $\boldsymbol{h}_1, \boldsymbol{h}_2, \ldots, \boldsymbol{h}_p$ とする. 固有ベクトルについては, 符号の自由性があるが, ここでは第 1 成分が非負になるように定める. これまでにみてきたように, 母集団の第 $i$ 主成分の係数ベクトルが $\boldsymbol{\gamma}_i$ でその分散が $\lambda_i$ である. 同様に, 標本から求められる第 $i$ 主成分の係数ベクトルが $\boldsymbol{h}_i$ でその分散が $\ell_i$ である. 一般に, $\ell_i$ と $\boldsymbol{h}_i$ はそれぞれ $\lambda_i, \boldsymbol{\gamma}_i$ の推定値である.

$p$ 変数は正規分布に従っているとし, 母集団固有値はすべて異なるとしよう. すなわち, $\lambda_1 > \lambda_2 > \cdots > \lambda_p > 0$ とする. このとき, 標本数 $N = n+1$ が大のときは, 次のことが成り立つ.

(1) $\ell_i$ は平均 0, 分散 $(2/n)\lambda_i^2$ の正規分布で近似できる.
(2) $\boldsymbol{h}_i$ の第 $a$ 成分を $h_{ai}$ とし, $\boldsymbol{\gamma}_i$ の第 $a$ 成分を $\gamma_{ai}$ とする. $a \neq i$ のとき, $h_{ai}$ の分布は平均 $\gamma_{ai}$, 分散

$$v_{aa}^{(i)} = \frac{\lambda_i}{n} \left\{ \frac{\lambda_1}{(\lambda_1 - \lambda_i)^2} \gamma_{a1}^2 + \cdots + \frac{\lambda_{i-1}}{(\lambda_{i-1} - \lambda_i)^2} \gamma_{a,i-1}^2 \right.$$
$$\left. + \frac{\lambda_{i+1}}{(\lambda_{i+1} - \lambda_i)^2} \gamma_{a,i+1}^2 + \cdots + \frac{\lambda_p}{(\lambda_p - \lambda_i)^2} \gamma_{ap}^2 \right\}$$

の正規分布で近似できる．

(3) $\ell_1, \ell_2, \ldots, \ell_p$ および $\{\boldsymbol{h}_1, \boldsymbol{h}_2, \ldots, \boldsymbol{h}_p\}$ は近似的に独立である．

2.9 節では，標本数 $N$ と次元 $p$ が大きくても利用できる近似を与えている．上記の (2) は $N$ に比べ $p$ が小さい場合に利用できる近似である．固有値 $\ell_i$ の正規近似には，すべての母集団固有値が異なるという仮定は必要ではなく，第 $i$ 母集団固有値が単根，すなわち，$\lambda_i \neq \lambda_{i-1}, \lambda_{i+1}$ であればよい．なお，より精密な近似として，$\sqrt{n}(\ell_i - \lambda_i)/(\sqrt{2}\lambda_i)$ が $x$ 以下となる確率が

$$\Phi(x) - \frac{1}{\sqrt{2n}} \phi(x) \left\{ \frac{\lambda_1}{\lambda_i - \lambda_1} + \cdots + \frac{\lambda_{i-1}}{\lambda_i - \lambda_{i-1}} \right.$$
$$\left. + \frac{\lambda_{i+1}}{\lambda_i - \lambda_{i+1}} + \cdots + \frac{\lambda_p}{\lambda_i - \lambda_p} + \frac{2}{3}(x^2 - 1) \right\}$$

で近似できることが知られている (Sugiura, 1978)．ここに，$\Phi$ は標準正規分布の分布関数で，$\phi$ はその確率密度関数である．これらの正規近似の精度は $\lambda_j/(\lambda_i - \lambda_j)$ の値の大きさに依存する．一般にこの値が小さくなれば精度はよくなる．

2.10 節において，母集団主成分が特別な場合について，固有ベクトルの分布を扱っている．そこで仮定されたように，第 $i$ 母集団主成分 $y_i$ が

$$y_i = x_i \quad (i = 1, 2, \ldots, p)$$

としよう．このとき，(2) より，$h_{ai}$ は平均 0，分散

$$v_{aa}^{(i)} = \frac{\lambda_i \lambda_a}{(\lambda_a - \lambda_i)^2}$$

の正規分布で近似できることになる．

### 相関行列の場合

変数 $x_1, x_2, \ldots, x_p$ を標準化した場合の主成分は，共分散行列 $S$ のかわりに相関行列 $R$ を用いて定義される．変数を標準化した場合の主成分は，変数を標準化しないもとの主成分と多くの場合，類似の傾向をもつが，しかし，同じではない．このことは，主成分は単位の測り方に関して不変でないともよばれる．より具体的には，共分散行列 $S$ から求められた主成分 $y_i$ は

## 2.11 数理的補足——主成分分析

$$(h_{1i}s_1)\frac{x_1 - \bar{x}_1}{s_1} + (h_{2i}s_2)\frac{x_2 - \bar{x}_2}{s_2} + \cdots + (h_{pi}s_p)\frac{x_p - \bar{x}_p}{s_p}$$
$$= (h_{1i}s_1)\tilde{x}_1 + (h_{2i}s_2)\tilde{x}_2 + \cdots + (h_{pi}s_p)\tilde{x}_p$$

と表すことができる.ここに,$s_i$ は $x_i$ の標準偏差で,$\tilde{x}_i$ は $x_i$ の標準化変数 $(x_i - \bar{x}_i)/s_i$ である.しかし,これは,相関行列から求められた第 $i$ 主成分

$$\tilde{y}_i = \tilde{h}_{1i}\tilde{x}_1 + \tilde{h}_{2i}\tilde{x}_2 + \cdots + \tilde{h}_{pi}\tilde{x}_p$$

とは異なるものである.

$R$ の固有値を大きさの順に $\tilde{\ell}_1, \tilde{\ell}_2, \ldots, \tilde{\ell}_p$ とする.第 $i$ 主成分 $\tilde{y}_i$ の分散は $\tilde{\ell}_i$ である.標準化変数 $\tilde{x}_1, \tilde{x}_2, \ldots, \tilde{x}_p$ について,その全分散は $p$ であり,

$$\tilde{\ell}_1 + \tilde{\ell}_2 + \cdots + \tilde{\ell}_p = p$$

である.

変数が標準化されている場合の固有値,固有ベクトルの分布についても正規近似が求められているが,結果はかなり複雑である.たとえば,$\tilde{\ell}_i$ は $N$ が大のとき,正規分布で近似されるが,その分散はかなり複雑である.また,固有値 $\tilde{\ell}_1, \tilde{\ell}_2, \ldots, \tilde{\ell}_p$ はもはや漸近的に独立でない.なお,詳しい結果については,Anderson (1963), Konishi (1979) などを参照されたい.

# chapter 3

# 判 別 分 析

## 3.1 判別分析とは

　個体に関する複数個の計測値に基づいて，その個体がはじめから与えられている2つ(またはそれ以上)の群のいずれに属するかを，判定したい場合がある．このような場合における判別分析の目的は，その**最適な割当ての方式**をみつけることである．以下に適用しうる例をいくつかあげてみよう．
(1) A氏，B氏，C氏，D氏の4人のなかの誰かが書いたことは確かである小切手がある．そこに書かれている筆跡から，誰が書いたか判別する式をつくる．
(2) 妊婦の血液中の何種類かのステロイドホルモンを調べることにより，正常分娩かどうかを予測する．
(3) 有価証券報告書にある経常利益率，金利負担率，流動比率，当座比率などにより，企業の倒産，非倒産を予測する．
(4) 外国の古戦場で発掘した頭蓋骨が，A人種のものか，B人種のものかを判別する式をつくる．
(5) 持ち込まれたひとつの貝が，日本産のものなのか，オーストラリア産のものなのか，知りたい．そこで，それらの形態の諸特性から，どちらに属するかを判別する式をつくる．
(6) 上顎第1小臼歯と第2小臼歯を見分けるため，その諸形態を計測し，それに基づき判別する式をつくる．

　これらは新たに得られた資料が，どの群に属するかを判別する式をつくることが，おもな目的である．また判別分析は，それぞれの群を識別するのに有効な

変数は何かを探る，判別に役立つ変数 (要因) の選別にも用いられる．

(7) 歯科医が，顎の型を9つのタイプに分ける．分類された資料の各部を計測し，歯科医がどの部分をみて判断しているかを探る．

(8) 男物着尺地と紳士服地の物性を調べ，布地の特徴をどの物性値が，どの程度よく表現しているかを調べる．

判別分析においては，このような判別の問題のほかに，複数個の群の間の違いを決定づける少数個の合成特性 (判別関数) をみつけることも重要な課題である．たとえば

(9) みかけ上よく似た3種類のアヤメについて，それらの違いを決定づける2つの判別式を求め，それらによりアヤメがどの程度分類されるかを探る．

一般に，判別分析においては複数個の特性 (単に，変数とよぶ) が用いられる．一方，標本の大きさ $n$ は，変数の数 $p$ に比べかなり大きいのが通常である．しかし，次のような場合を考えてみよう．

(10) マイクロアレイデータに基づいて，癌の4段階進行度のどの段階であるかを判定する方法や，それらの段階を決定づける遺伝子をみつけたい．

このような場合には，$p = 3000$ で $n = 100$ であるように，$p$ と $n$ に関して逆転現象が生じていることを注意したい．本書においては，このような高次元の判別問題は扱っていない．高次元判別問題の文献としては，たとえば，Ghosh (2003), McLachlan et al. (2004), Hastie et al. (2008) などを参照されたい．

## 3.2 マハラノビスの距離

判別したい測定値が2つの群 $G_1, G_2$ のどちらに属するかを考える1つの方法は，まず，測定値が群 $G_1$ に属していると考えて，それが群 $G_1$ の中心からどれくらい離れているかを示す距離 $D_1$ を計算する．次に，同様にして，判別したい測定値が群 $G_2$ に属していると考えて，それが群 $G_2$ の中心からどれくらい離れているかを示す距離 $D_2$ を計算する．そして，両者の距離の小さい方に判別する方法である．この方法では，各群においてデータの中心からの距離をどのように定めればよいかが問題になるが，そのような距離としてマハラノビスの距離がよく用いられる．

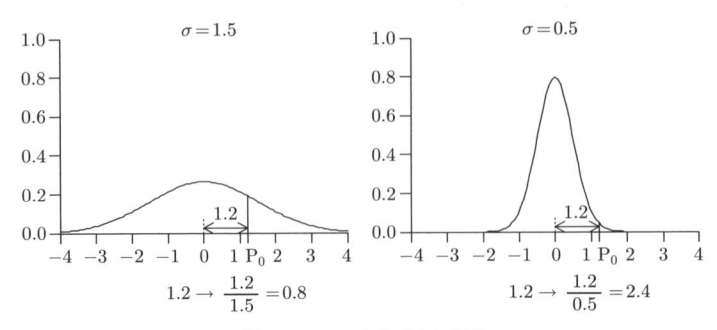

図 3.1 マハラノビスの距離

まず 1 変数の場合を考えてみよう.図 3.1 には $\mu = 0, \sigma = 1.5$ の場合の正規分布の確率密度関数が描かれ,中心 O (図では原点 0) から 1.2 だけ離れたところに点 $P_0$ がある.また,$\mu = 0, \sigma = 0.5$ の場合の正規分布の確率密度関数も描かれ,中心 O から同じ 1.2 だけ離れたところに点 $P_0$ がある.点 $P_0$ はどちらの場合にも中心 O から 1.2 だけ離れているが,分散が大きいとその点は分布の中心部分にあり,逆に分散が小さいとその点は分布の中心から離れた部分にある.このような場合,標準正規分布において O から点 $P_0$ までの距離を通常の距離 1.2 とし,

(1) $N(0, 1.5^2)$ の場合; $1.2/1.5 = 0.8$
(2) $N(0, 0.5^2)$ の場合; $1.2/0.5 = 2.4$

と定める.これは,変量 $x$ が $N(0, \sigma^2)$ に従うと,$x$ を標準正規分布に変換する式 $x/\sigma$ があり,$x = 1.2$ の点は標準正規分布の点 $z = 1.2/\sigma$ に対応しているからである.一般に,変量 $x$ が平均 $\mu$,分散 $\sigma^2$ の正規分布に従うとき,中心 $\mu$ から $x = x_a$ の点 P までのマハラノビスの距離は

$$D = \frac{|x_a - \mu|}{\sigma} \tag{3.1}$$

で定義される.このような定義は $(x - \mu)/\sigma$ が標準正規分布に従い,標準正規分布上では通常の距離を用いることに基づいている.

次に 2 変量の場合を考える.まず,$x_1, x_2$ が 2 変量標準正規分布,すなわち,$x_1$ と $x_2$ が互いに独立で,それぞれが標準正規分布に従うとしよう.図 3.2 で 2 変量標準正規分布の確率密度関数の外形を示している,$x_1, x_2$ 平面に平行な面での切り口は円になるが,半径が 1 となる切り口の曲線は,図 3.3 のようになる.

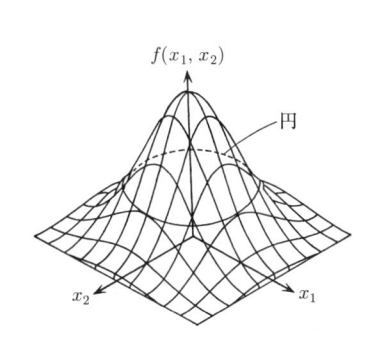

**図 3.2** 2 変量 $x_1, x_2$ が独立で $\sigma_1^2 = \sigma_2^2 = 1$ のときの 2 次元正規分布の密度関数

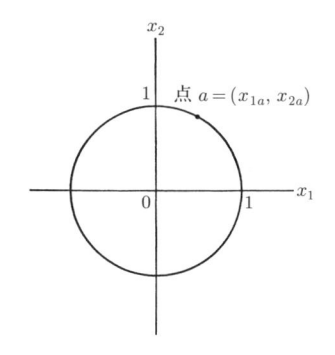

**図 3.3** 2 変量 $x_1, x_2$ が無相関な場合に $f(x_1, x_2) = c$ を満たす曲線を $x_1, x_2$ 平面に写した図

円周上での高さは, 中心 $(0,0)$ でいちばん高く, 中心から離れるにつれて低くなり, 0 に近づく.

**2 変量標準正規分布**の図 3.2 の点 $(x_1, x_2)$ における高さ (確率密度関数) は

$$\frac{1}{\sqrt{2\pi}}e^{\left(-\frac{1}{2}x_1^2\right)} \times \frac{1}{\sqrt{2\pi}}e^{\left(-\frac{1}{2}x_2^2\right)} = \frac{1}{2\pi}e^{\left\{-\frac{1}{2}(x_1^2+x_2^2)\right\}}$$

である. 確率密度関数が一定となる点の軌跡は等高線とよばれ, 定数 $c$ を用いて

$$x_1^2 + x_2^2 = c$$

を満たす点の集まりと表せる. これは, 中心 $(0,0)$, 半径 $\sqrt{c}$ の円である. 2 変量標準正規分布において, 平均 $(0,0)$ から点 $(x_{1a}, x_{2a})$ までのマハラノビスの距離 $D$ は, 平面上の通常の距離で定義し, その平方は

$$D^2 = x_{1a}^2 + x_{2a}^2$$

である. 当然のことながら, 等高線上の点においては, マハラノビスの距離は等しくなっている. つまり確率密度と距離が対応している.

次に, 2 変量 $x_1, x_2$ が平均 $\mu_1, \mu_2$, 分散 $\sigma_1^2, \sigma_2^2$, 共分散 $\sigma_{12} = \sigma_1\sigma_2\rho$ の正規分布に従う場合を考える. 2 変量 $(x_1, x_2)$ を 2 変量標準正規分布に変換する式は

$$z_1 = c_{11}(x_1 - \mu_1) + c_{12}(x_2 - \mu_2), \quad z_2 = c_{21}(x_1 - \mu_1) + c_{22}(x_2 - \mu_2)$$

と表せる. 係数 $c$ については数理的補足を参照されたい. したがって, 変量

$(x_1, x_2)$ が $(x_{1a}, x_{2a})$ となる点は, 2変量標準正規分布の点 $(z_{1a}, z_{2a})$ ;
$z_{1a} = c_{11}(x_{1a} - \mu_1) + c_{12}(x_{2a} - \mu_2)$, $z_{2a} = c_{21}(x_{1a} - \mu_1) + c_{22}(x_{2a} - \mu_2)$
に対応している. この結果を用いて, 平均 $(0,0)$ から点 $(x_{1a}, x_{2a})$ までのマハラノビスの距離 $D$ の平方は

$$D^2 = z_{1a}^2 + z_{2a}^2$$
$$= \frac{1}{1-\rho^2} \left\{ \left( \frac{x_{1a} - \mu_1^{(1)}}{\sigma_1} \right)^2 + \left( \frac{x_{2a} - \mu_2^{(1)}}{\sigma_2} \right)^2 \right.$$
$$\left. -2\rho \left( \frac{x_{1a} - \mu_1^{(1)}}{\sigma_1} \right) \left( \frac{x_{2a} - \mu_2^{(1)}}{\sigma_2} \right) \right\} \quad (3.2)$$

で定義される. この距離は2変量正規分布の指数の部分であり, 無相関の場合と同様に確率密度と距離が対応している.

2変量で論じてきたが, 一般に $p$ 変量の場合もこの考え方は全く同じである. 主成分分析における第 $i$ 主成分を $y_i$ $(i = 1, 2, \ldots, p)$ とし, その分散を $\lambda_i$ で表すと, 平均 $(0, 0, \ldots, 0)$ から点 $(y_1, y_2, \ldots, y_p)$ までのマハラノビス平方距離 $D^2$ は次のように表せる.

$$D^2 = \frac{y_1^2}{\lambda_1} + \frac{y_2^2}{\lambda_2} + \cdots + \frac{y_p^2}{\lambda_p}$$

これまでは原点 $(0, 0, \ldots, 0)$ を平均として, マハラノビス平方距離を説明した. 主成分 $(y_1, y_2, \ldots, y_p)$ の平均を $(\mu_1, \mu_2, \ldots, \mu_p)$ で表すと, この平均から点 $(y_1, y_2, \ldots, y_p)$ までのマハラノビス平方距離は次のように書ける.

$$D^2 = \frac{(y_1 - \mu_1)^2}{\lambda_1} + \frac{(y_2 - \mu_2)^2}{\lambda_2} + \cdots + \frac{(y_p - \mu_p)^2}{\lambda_p}$$

マハラノビスの距離 $D$ は, 母平均 $(\mu_1, \mu_2, \ldots, \mu_p)$, $\Sigma$ を用いて表されている. これらが未知の場合は, データから求められる標本平均 $(\bar{x}_1, \bar{x}_2, \ldots, \bar{x}_p)$, 標本共分散行列 $S$ を用いて求められる. また, 変量が正規分布であることを用いて論じているが, 正規分布に近い分布に対しても用いられる.

### 3.3 判別分析の考え方

判別分析ではグループ数はあらかじめ決められている. ここでは, グループ数

を $G_1, G_2$ の 2 つとして説明するが,グループ (群) 数が 3 つ以上の場合も,考え方は同じである.判別分析では,どちらかの群に属することがわかっているがそれらのうちのどの群に属するかがわからない個体が与えられていて,その個体を判別する式をつくることになる.その判別式は,群 $G_1$ に属する $N_1$ 個の標本と,群 $G_2$ に属する $N_2$ 個の標本により求めることになる.ここでは判別式を求める基本的な考え方をつかむために,1 変数の場合について説明する.

上顎の大臼歯であることがわかっている歯が 1 本あり,その歯が前から数えて 7 番目にある第 2 大臼歯なのか,8 番目にある第 3 大臼歯 (親知らず) なのかを知りたい.そこで歯のある部分の長さ ($x$ mm) を測定して,その計測値に基づいて判別することを考える.第 2 大臼歯を群 $G_1$ とし,その平均を $\mu^{(1)}$,第 3 大臼歯を群 $G_2$ とし,その平均を $\mu^{(2)}$ とする.群 $G_1$ の分散と群 $G_2$ の分散は等しいと仮定して,それを $\sigma^2$ で表す.いま $\mu^{(1)}, \mu^{(2)}, \sigma^2$ は既知であるとして話を進めよう.それぞれの歯の母集団での割合,つまり,群 $G_1$ の割合 $\pi_1$ と群 $G_2$ の割合 $\pi_2$ はそれぞれの群の**先験確率**ともよばれる.いまこれらの先験確率は等しいとする.

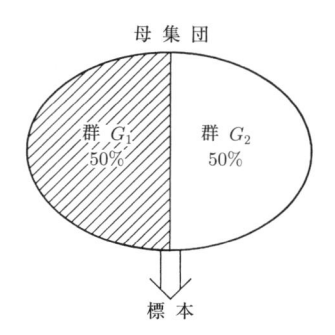

図 3.4 1:1 の割合で構成された母集団からの標本

一般に,1 変数の場合の平均 $\mu$,標準偏差 $\sigma$ をもつ群において,平均 $\mu$ から標本値 $x_a$ までのマハラノビス距離は,$x_a - \mu$ の絶対値を標準偏差 $\sigma$ で割った

$$D = \frac{|x_a - \mu|}{\sigma} \tag{3.3}$$

である.これは平均 $\mu$,分散 $\sigma^2$ の正規分布 (図 3.5) を平均 0,分散 1 の正規分布に標準化する式にほかならない.正規分布を前提とすれば,$D$ は,平均 0,分

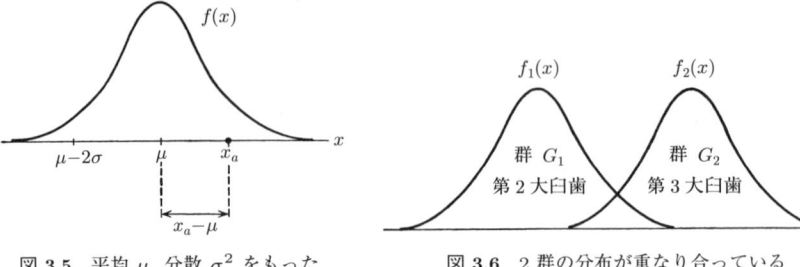

図 3.5 平均 $\mu$, 分散 $\sigma^2$ をもった正規分布

図 3.6 2 群の分布が重なり合っている場合

散 1 の標準正規分布に従う変量を $z$ とするとき, $|z|$ である.

群 $G_1$ と $G_2$ の値のとる範囲が完全に離れていれば, 判別において誤ることはないが, そのようなことはまれであり, ほとんどの場合は, 図 3.6 のように一部重なり合っている. 重なり合っている部分の値をとるデータは, 群 $G_1$ からであると判別しても, 群 $G_2$ からであると判別しても, 誤りをおかす確率を 0 にすることはできない. そこで, この誤って判別する確率を最小にする判別の基準を見出すことを考える. 群 $G_1$ と $G_2$ の母集団比率は等しいという前提条件があるので, これまでの図で密度関数 $f_1(x)$ と $x$ 軸とで囲まれた面積と, $f_2(x)$ と $x$ 軸とで囲まれた面積の違いを考慮する必要はない. 図 3.7 では

$$x < c \text{ ならば第 2 大臼歯と判定}$$
$$x > c \text{ ならば第 3 大臼歯と判定}$$

とする. 面積 $E_1$ は, 本当は群 $G_1$ に属するのに群 $G_2$ からと判別してしまう誤りをおかす確率, 面積 $E_2$ は, 本当は群 $G_2$ に属するのに群 $G_1$ からと判別してしまう誤りをおかす確率である.

誤判別の確率は, 各群の先験確率が 1/2 であるので

$$\frac{1}{2}E_1 + \frac{1}{2}E_2 \tag{3.4}$$

となる. 最良の判別基準は, この誤判別の確率の和を最小にするようなものとする. 図 3.7 でいえば, (c) の点 $c$ が, 最良の判別点 $c_0$ ということになり, この場合には

$$E_1 = E_2 \tag{3.5}$$

## 3.3 判別分析の考え方

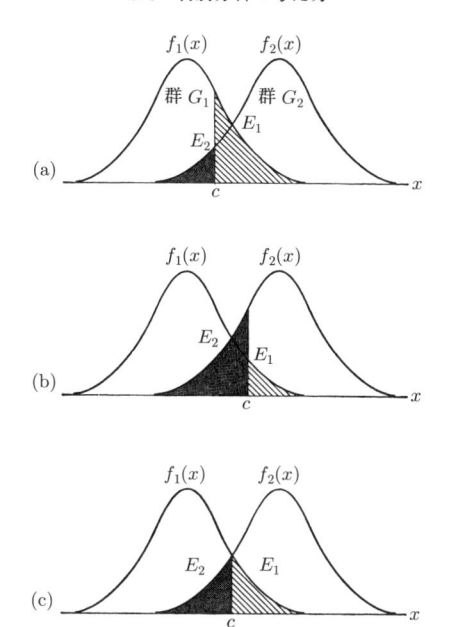

**図 3.7** 標本 $x$ が $c$ より小さければ $G_1$ と判別し，$c$ より大きければ $G_2$ と判別したときの誤判別の確率 $E_1, E_2$

になっている．

判別の基準点 $c_0$ から，それぞれの群の平均 $\mu^{(1)}, \mu^{(2)}$ までのマハラノビス距離の平方は

$$D_1^2 = \frac{(c_0 - \mu^{(1)})^2}{\sigma^2}, \quad D_2^2 = \frac{(c_0 - \mu^{(2)})^2}{\sigma^2} \tag{3.6}$$

となる．

点 $c_0$ はそれぞれの群の平均の中点であるから，明らかに

$$D_1^2 = D_2^2 \tag{3.7}$$

が成り立つ．別ないい方をすれば，最良の基準点は，それぞれの群の平均からのマハラノビス距離が，等しくなるような点として求められる．その点 $c_0$ は

$$c_0 = \frac{\mu^{(1)} + \mu^{(2)}}{2} \tag{3.8}$$

である．

1変数で説明したけれども,多変量の場合でも考え方は全く同じである.

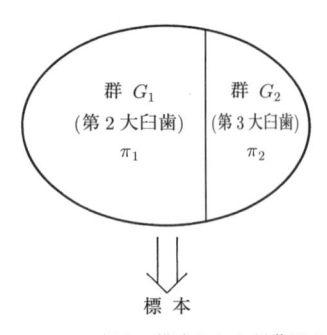

図 3.8 $\pi_1 : \pi_2$ の割合で構成された母集団からの標本

第3大臼歯(親知らず)は萌出しない場合もあり,実際の母集団比率は第2大臼歯より第3大臼歯の方が小さい.第2大臼歯の割合を $\pi_1$ とし,第3大臼歯の割合を $\pi_2$ とすると,$\pi_1 > \pi_2$ である.第2大臼歯か第3大臼歯であることは確かだが,どちらに属するか不明な標本があるとすると,それは第2大臼歯である確率の方が高いことになる.このような場合の誤判別確率は,両群の先験確率 $\pi_1, \pi_2$ を用いて

$$\pi_1 E_1 + \pi_2 E_2 \tag{3.9}$$

と表せる.ここで,$\pi_1 + \pi_2 = 1$ である.これを満たす基準点は,2つの曲線 $\pi_1 f_1(x), \pi_2 f_2(x)$ の交点の座標 $c_0$ である.正規分布を前提とし,等分散が成り立っているとすると,判別の基準点 $c_0$ は

$$c_0 = \frac{\mu^{(1)} + \mu^{(2)}}{2} + \frac{\sigma^2}{\mu^{(1)} - \mu^{(2)}} \log \frac{\pi_2}{\pi_1} \tag{3.10}$$

となる.

## 3.4　2変量の判別分析

前節では上顎の大臼歯であることがわかっている標本が,第2大臼歯か第3大臼歯かを判別する際の考え方を述べた.そのときの計測部分は1箇所だけであった.現実には何箇所かを測定するのが普通である.つまり1本の歯につい

3.4 2変量の判別分析　　　　　　　　　　　　　　　　　　　63

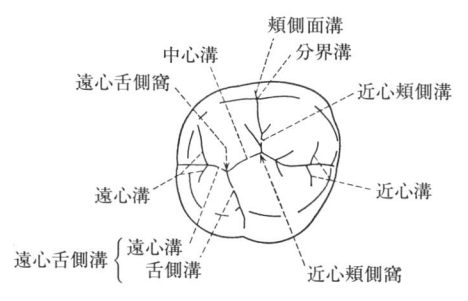

図 3.9　上顎大臼歯の咬合面の溝 (半模型図)

て, $p$ 項目の測定値を得ることになる. ここでは, 上顎第 1 大臼歯を例にして, 2 変量 $x_1, x_2$ による考察を進めることにする. この大臼歯には, いくつかの形態があることが知られており, A という形態 (群 $G_1$) と B という形態 (群 $G_2$) の判別を問題とする. 変数 $x_1, x_2$ は図 3.9 の咬合面に, ある基準に従って直交座標をつくり, 230° での長さを $x_1$, 290° での長さを $x_2$ とした.

群 $G_1$ の平均を $(\mu_1^{(1)}, \mu_2^{(1)})$, 群 $G_2$ の平均を $(\mu_1^{(2)}, \mu_2^{(2)})$ とし, それらは異なるとする. 2 変量正規分布を前提とし, 平均以外の両群の分布の状態は等しいとする. つまり群 $G_1$: $x_1$ の分散 $\sigma_1^2$, $x_2$ の分散 $\sigma_2^2$, $x_1$ と $x_2$ の相関係数 $\rho$ ($x_1$ と $x_2$ の共分散 $\sigma_{12}$), 群 $G_2$ についても同じであるとする.

これからの議論は上記のように, 両群で, 分散および相関係数 (あるいは, 分散および共分散) が等しいことを前提としている. 1 変量の際にも, 両群の分散は共通の $\sigma^2$ であるとして, 話を進めたことを思いおこしてほしい. 分散・共分散が等しいということは, 幾何学的には, それぞれの群において確率密度が等しい楕円の方向と大きさが, 図 3.10 に示したように, 等しいことを意味する. 実線で示した楕円の長軸の方向は群 $G_1, G_2$ で等しく, このことは楕円の短軸の方向も, 両群で等しいことを意味している.

いま $(x_{1a}, x_{2a})$ という値をもった標本が現れたとする. この標本が群 $G_1$ からか, それとも群 $G_2$ からかは, それぞれ群の平均までのマハラノビス距離 $D_1, D_2$ の大小によって判定する. 距離 $D_1$ の方が $D_2$ より小さければ, 標本 $(x_{1a}, x_{2a})$ は $G_1$ の平均 $(\mu_1^{(1)}, \mu_2^{(1)})$ の方に近いことになり, 群 $G_1$ からと判定する. 同様に $D_2$ の方が小さければ, 標本は $G_2$ の平均 $(\mu_1^{(2)}, \mu_2^{(2)})$ の方に近いことになり, この場合には $G_2$ からと判定する. 標本 $(x_{1a}, x_{2a})$ から平均 $(\mu_1^{(1)}, \mu_2^{(1)}), (\mu_1^{(2)}, \mu_2^{(2)})$

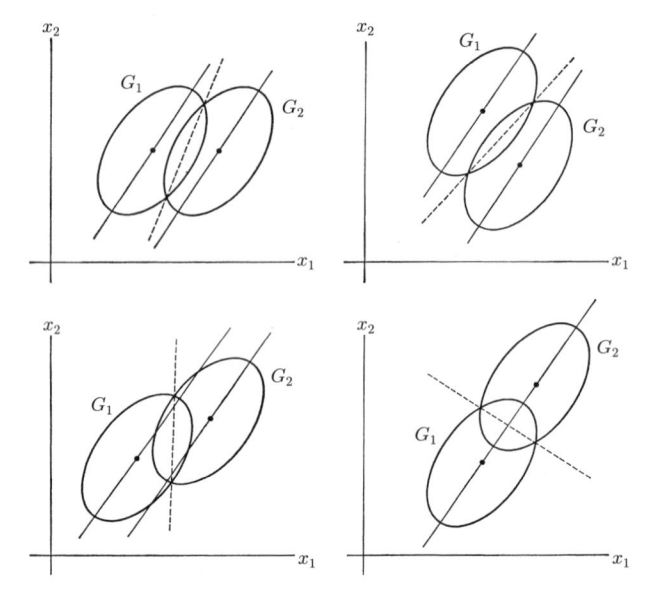

**図 3.10** 2 群のいろいろな場合の判別の境界線 (点線)
楕円の中心を通る実線は第 1 主成分.

までのマハラノビス平方距離 $D_1^2, D_2^2$ は

$$D_1^2 = \frac{1}{1-\rho^2}\left\{\left(\frac{x_{1a}-\mu_1^{(1)}}{\sigma_1}\right)^2 + \left(\frac{x_{2a}-\mu_2^{(1)}}{\sigma_2}\right)^2 \right.$$
$$\left. -2\rho\left(\frac{x_{1a}-\mu_1^{(1)}}{\sigma_1}\right)\left(\frac{x_{2a}-\mu_2^{(1)}}{\sigma_2}\right)\right\}$$
$$D_2^2 = \frac{1}{1-\rho^2}\left\{\left(\frac{x_{1a}-\mu_1^{(2)}}{\sigma_1}\right)^2 + \left(\frac{x_{2a}-\mu_2^{(2)}}{\sigma_2}\right)^2 \right.$$
$$\left. -2\rho\left(\frac{x_{1a}-\mu_1^{(2)}}{\sigma_1}\right)\left(\frac{x_{2a}-\mu_2^{(2)}}{\sigma_2}\right)\right\}$$

と書ける.

$(x_1, x_2)$ 平面を $(\mu_1^{(1)}, \mu_2^{(1)})$ に近い側と, $(\mu_1^{(2)}, \mu_2^{(2)})$ に近い側に分ける境界線を得るために

$$D_1^2 = D_2^2$$

3.4 2 変量の判別分析　　　65

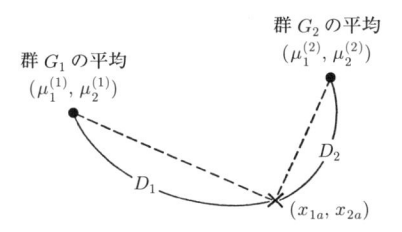

図 3.11 標本 $(x_{1\alpha}, x_{2\alpha})$ が群 $G_2$ に属すると判別された例 $(D_1 > D_2)$

を満たす点の軌跡を求める．境界線の式は

$$h_0 + h_1 x_1 + h_2 x_2 = 0$$

と表せる．図 3.12 の破線は，この判別の境界線を描いたものである．上式を

$$h_1(x_1 - \bar{\mu}_1) + h_2(x_2 - \bar{\mu}_2) = 0 \tag{3.11}$$

と書くこともできる．ここで

$$\bar{\mu}_1 = \frac{1}{2}(\mu_1^{(1)} + \mu_1^{(2)}), \quad \bar{\mu}_2 = \frac{1}{2}(\mu_2^{(1)} + \mu_2^{(2)}) \tag{3.12}$$

である．点 $(\bar{\mu}_1, \bar{\mu}_2)$ は $G_1$ の平均 $(\mu_1^{(1)}, \mu_2^{(1)})$ と $G_2$ の平均 $(\mu_1^{(2)}, \mu_2^{(2)})$ との中点であり，図 3.12 のように式 (3.11) はこの点を通る．

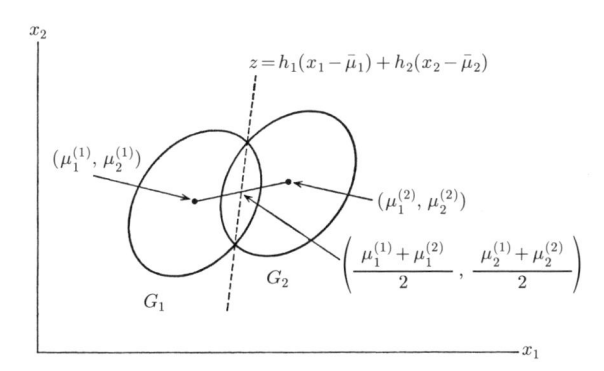

図 3.12　判別関数 $z$ は 2 群の平均の中点 $(\bar{\mu}_1, \bar{\mu}_2)$ を通る

いま判別式を

$$z = h_1(x_1 - \bar{\mu}_1) + h_2(x_2 - \bar{\mu}_2)$$

と書くと,一般に境界線上の点は $z=0$ になり,$z$ の符号の正負によって,標本がどちらの群に属するかを判別することになる.

2変量で論じてきたが,$p$ 変量の場合も同様で,判別式は

$$z = h_1(x_1 - \bar{\mu}_1) + h_2(x_2 - \bar{\mu}_2) + \cdots + h_p(x_p - \bar{\mu}_p)$$

と書ける.

これまでの議論は,それぞれの群の平均 $(\mu_1^{(1)}, \mu_2^{(1)})$,$(\mu_1^{(2)}, \mu_2^{(2)})$ も,両群に共通な分散 $\sigma_1^2, \sigma_2^2$ や相関係数 $\rho$ も,すべて既知として進めてきた.現実にはこれらの値は未知であり,群 $G_1$ からの $N_1$ 個のデータと,群 $G_2$ からの $N_2$ 個のデータから推定し,判別式をつくることになる.以下で,「2 群の大臼歯のデータ [daikyushi.csv]」の $N_1 = 27, N_2 = 27$ のデータに基づいて,判別分析において求められる基本的な計算結果について説明する.

まず,平均は次のように与えられる.

| 変数名 | 群 $G_1$ の平均 | 群 $G_2$ の平均 | 群 $G_1$ と群 $G_2$ の平均 |
|---|---|---|---|
| $x_1$ | 57.9 ($\bar{x}_1^{(1)}$) | 48.5 ($\bar{x}_1^{(2)}$) | 53.2 ($\bar{x}_1$) |
| $x_2$ | 53.0 ($\bar{x}_2^{(1)}$) | 50.4 ($\bar{x}_2^{(2)}$) | 51.7 ($\bar{x}_2$) |

上の表で $\bar{x}_1^{(1)}, \bar{x}_2^{(1)}$ の値 57.9, 53.0 は,母平均 $\mu_1^{(1)}, \mu_2^{(1)}$ の推定値であり,$\mu_1^{(2)}, \mu_2^{(2)}$ の推定値は 48.5, 50.4,$\bar{\mu}_1, \bar{\mu}_2$ の推定値は 53.2, 51.7 であることがわかる.分散については

| 変数名 | 群 $G_1$ の分散 | 群 $G_2$ の分散 |
|---|---|---|
| $x_1$ | 21.7 ($s_{11}^{(1)}$) | 11.6 ($s_{11}^{(2)}$) |
| $x_2$ | 19.6 ($s_{22}^{(1)}$) | 26.5 ($s_{22}^{(2)}$) |

であり,それぞれの群の分散は等しいことがわかっているとしているから,その両群に共通な分散 $\sigma_{ii}$ の推定量は

$$s_{ii} = \frac{(N_1 - 1)s_{ii}^{(1)} + (N_2 - 1)s_{ii}^{(2)}}{N_1 + N_2 - 2} \quad (i = 1, 2)$$

である.この式から

$$s_{11} = \frac{26 \times 21.7 + 26 \times 11.6}{27 + 27 - 2} = 17.0, \quad s_{22} = \frac{26 \times 19.6 + 26 \times 26.5}{27 + 27 - 2} = 23.0$$

となる．両群に共通な共分散 $s_{12}$ は 11.2 であり，相関係数 $\rho$ の推定値は

$$r = \frac{s_{12}}{\sqrt{s_{11}}\sqrt{s_{22}}} = 0.57$$

となる．群 $G_i$ の平均 $(\mu_1^{(i)}, \mu_2^{(i)})$ からデータ $(x_1, x_2)$ までのマハラノビス平方距離 $D_i^2$ は

$$D_i^2 = \frac{1}{1-\rho^2}\left\{\left(\frac{x_{1a} - \mu_1^{(i)}}{\sigma_1}\right)^2 + \left(\frac{x_{2a} - \mu_2^{(i)}}{\sigma_2}\right)^2 \right.$$
$$\left. - 2\rho\left(\frac{x_{1a} - \mu_1^{(i)}}{\sigma_1}\right)\left(\frac{x_{2a} - \mu_2^{(i)}}{\sigma_2}\right)\right\}$$

であるから，この式のなかの $\sigma_1, \sigma_2, \rho$ に，データから推定した $s_{11}, s_{22}, r$ の値を代入して計算する．このとき，群 $G_1$ の平均から $(x_1, x_2)$ までのマハラノビス平方距離を $D_1^2$ とすると

$$\frac{1}{2}D_1^2 = (x_1, x_2 \text{の 2 次の項}) - 2.87x_1 - 0.91x_2 + 107.44$$

となる．同様に，群 $G_2$ の平均から $(x_1, x_2)$ までのマハラノビス平方距離を $D_2^2$ とすると

$$\frac{1}{2}D_2^2 = (x_1, x_2 \text{の 2 次の項}) - 2.14x_1 - 1.15x_2 + 80.97$$

となる．判別関数 $z = (D_1^2 - D_2^2)/2$ は，$x_1, x_2$ の 2 次の項は等しいから

$$z = -(2.87 - 2.14)x_1 - (0.91 - 1.15)x_2 + (107.44 - 80.97)$$
$$= -0.73x_1 + 0.24x_2 + 26.46$$

になる．データ $(x_1, x_2)$ を上式に代入して

$$z < 0 \ (\Leftrightarrow D_1^2 < D_2^2) \text{ ならば } G_1 \text{からと判定}$$
$$z > 0 \ (\Leftrightarrow D_1^2 > D_2^2) \text{ ならば } G_2 \text{からと判定}$$

する．

各データに対して，マハラノビス平方距離と事後確率が求められ，次ページのように与えられる．

群 $G_1$ の番号 1 の 2.79 は，群 $G_1$ の最初のデータ $x_1 = 64, x_2 = 60$ を代入し

マハラノビス平方距離と事後確率

| 群 $G_1$ データ番号 | 判定 | $G_1$ の平均からの $D_1^2$ | 事後確率 | $G_2$ の平均からの $D_2^2$ | 事後確率 | 群 $G_2$ データ番号 | 判定 | $G_1$ の平均からの $D_1^2$ | 事後確率 | $G_2$ の平均からの $D_2^2$ | 事後確率 |
|---|---|---|---|---|---|---|---|---|---|---|---|
| 1  | 1 | 2.79 | .997  | 14.59 | .003 | 1  | 2 | 10.74 | .010 | 1.57 | .990 |
| 2  | 1 | 0.77 | .968  | 7.62  | .032 | 2  | 2 | 7.32  | .026 | 0.07 | .974 |
| 3  | 2 | 2.37 | .331  | 0.96  | .669 | 3  | 2 | 7.30  | .032 | 0.50 | .968 |
| 4  | 1 | 0.77 | .877  | 4.70  | .123 | 4  | 2 | 8.21  | .162 | 4.92 | .838 |
| 5  | 1 | 4.51 | .994  | 14.88 | .006 | 5  | 2 | 11.20 | .013 | 2.53 | .987 |
| 6  | 2 | 3.77 | .336  | 2.40  | .664 | 6  | 2 | 4.03  | .236 | 1.68 | .764 |
| 7  | 1 | 0.06 | .937  | 5.47  | .063 | 7  | 2 | 7.19  | .041 | 0.87 | .959 |
| 8  | 1 | 0.26 | .975  | 7.61  | .025 | 8  | 2 | 2.11  | .444 | 1.66 | .556 |
| 9  | 1 | 1.67 | .998  | 14.41 | .002 | 9  | 2 | 24.00 | .000 | 6.93 | 1.000 |
| 10 | 1 | 0.68 | .937  | 6.07  | .063 | 10 | 2 | 10.91 | .006 | 0.71 | .994 |
| 11 | 1 | 1.09 | .683  | 2.62  | .317 | 11 | 2 | 7.30  | .032 | 0.50 | .968 |
| 12 | 1 | 2.79 | .631  | 3.86  | .369 | 12 | 2 | 6.35  | .053 | 0.58 | .947 |
| 13 | 1 | 0.06 | .937  | 5.47  | .063 | 13 | 2 | 12.87 | .003 | 1.21 | .997 |
| 14 | 1 | 2.11 | .571  | 2.69  | .429 | 14 | 2 | 5.96  | .065 | 0.62 | .935 |
| 15 | 1 | 0.57 | .817  | 3.56  | .183 | 15 | 2 | 7.53  | .026 | 0.25 | .974 |
| 16 | 1 | 0.50 | .879  | 4.48  | .121 | 16 | 2 | 4.28  | .128 | 0.45 | .872 |
| 17 | 1 | 3.26 | .999  | 18.41 | .001 | 17 | 2 | 7.64  | .080 | 2.76 | .920 |
| 18 | 1 | 0.29 | .985  | 8.64  | .015 | 18 | 2 | 7.89  | .020 | 0.14 | .980 |
| 19 | 1 | 1.47 | .995  | 12.23 | .005 | 19 | 2 | 2.98  | .391 | 2.09 | .609 |
| 20 | 2 | 6.28 | .125  | 2.38  | .875 | 20 | 2 | 7.32  | .026 | 0.07 | .974 |
| 21 | 1 | 1.67 | .998  | 14.41 | .002 | 21 | 2 | 7.19  | .041 | 0.87 | .959 |
| 22 | 1 | 1.11 | .970  | 8.03  | .030 | 22 | 2 | 10.16 | .079 | 5.25 | .921 |
| 23 | 2 | 7.10 | .033  | 0.35  | .967 | 23 | 2 | 5.37  | .066 | 0.05 | .934 |
| 24 | 1 | 3.50 | .919  | 8.37  | .081 | 24 | 2 | 9.00  | .013 | 0.29 | .987 |
| 25 | 1 | 9.03 | 1.000 | 28.04 | .000 | 25 | 2 | 3.14  | .234 | 0.77 | .766 |
| 26 | 1 | 3.47 | 1.000 | 19.14 | .000 | 26 | 2 | 6.21  | .105 | 1.92 | .895 |
| 27 | 1 | 1.47 | .995  | 12.23 | .005 | 27 | 2 | 6.65  | .067 | 1.38 | .933 |

て計算した $(\bar{x}_1^{(1)}, \bar{x}_2^{(1)})$ から $(x_1, x_2)$ までのマハラノビス平方距離 $D_1^2$ の値である．1 つおいて右側にある 14.59 は，やはり同じデータ $x_1 = 64, x_2 = 60$ を代入して計算した $(\bar{x}_1^{(2)}, \bar{x}_2^{(2)})$ から $(x_1, x_2)$ までのマハラノビス平方距離 $D_2^2$ の値である．2 変量正規分布の前提のもとでは，マハラノビス平方距離 $D_2^2$ は，標本数が大のとき自由度 2 の $\chi^2$ 分布に従うから，その確率密度関数は

$$e^{-\frac{1}{2}D^2}$$

である. $D_1^2 = 2.788$ のときの確率密度の値は

$$e^{-(1/2)\times 2.788} = 0.24808$$

であり, $D_2^2 = 14.592$ のときの値は

$$e^{-(1/2)\times 14.592} = 0.00068$$

となる. これらの和

$$0.24808 + 0.00068 = 0.24876$$

のなかの何割を $D_1^2$ の方が得ているか, つまり

$$\frac{0.24808}{0.24876}$$

を計算した値が 0.997 であり, また

$$\frac{0.00068}{0.24876}$$

を計算した値が 0.003 である. これはデータ $x_1 = 64$, $x_2 = 60$ の群 $G_1$ でのおこりやすさと群 $G_2$ でのおこりやすさの相対的な比率であり, この場合には 0.997 と 0.003 を比較して, $G_1$ の方が $G_2$ よりはるかにおこりやすいと考える. つまり, データは $G_1$ からと判定するのである. それが「判定」の列に記した 1 という数字である. 判別式 $z = (D_1^2 - D_2^2)/2$ を計算すると

$$z = -0.73 \times 64 + 0.24 \times 60 + 26.46 = -5.86$$

であり, $z$ は負で 0 からかなり離れている. このことからも, データは群 $G_1$ からと判定できる.

| 誤判別表 | | | 誤判別表 (1つ取って置き法) | | |
|---|---|---|---|---|---|
| 群 | $G_1$ | $G_2$ | 群 | $G_1$ | $G_2$ |
| $G_1$ | 23 | 4 | $G_1$ | 23 | 4 |
| $G_2$ | 0 | 27 | $G_2$ | 0 | 27 |

上記の誤判別表は, ここで作成した判別関数で, データがどの程度正しく判別されるかをみている. 1 行目の数字 23 は, 群 $G_1$ からのデータが $G_1$ からと正しく判別された個数, 右側の 4 は, $G_1$ からのデータが $G_2$ からと誤って判別さ

れた個数，2行目の数字0は，$G_2$ からのデータが $G_1$ からと誤って判別されたものは1つもないということ，右側の27は $G_2$ からのデータが $G_2$ からと正しく判別された個数を表している．

上記の誤判別確率の推定法は，いわゆるナイーブな推定法であって，本来の誤判別確率を過小に推定する傾向がある．これを改良した推定法としては，たとえば $G_1$ の最初の観測値を判別するときは，その観測値を除いた $(N_1 + N_2 - 1)$ 個の標本から判別関数を求め，これによってその個体を判別したときの誤判別の個数を求める方法がある．このような方法は1つ取って置き法，あるいは，より一般にクロスバリデーション法 (交差検証法) とよばれる．いまの場合，1つ取って置き法によって誤判別確率を推定しても，先のナイーブな推定法と同様な結果になった．誤判別表から，先験確率を1/2としたときの誤判別率は

$$\frac{1}{2} \times \frac{4}{27} + \frac{1}{2} \times \frac{0}{27} = 7.4\%$$

と推定されることになる．なお，より不偏性の高い推定法 (式 (3.20)) を用いたときの推定値は 11.3% となる．

### 3.5 線形判別関数

前節では，マハラノビスの距離を利用した判別法を説明した．また，2つの群の分散・共分散が同じである場合には，線形判別関数 $z$ に基づく判別法であることをみてきた．ここでは，そのような判別法が，変数の1次式で群間が最大になるものとして求められることをみる．このようなアプローチは多群の場合に拡張でき，次元縮小を伴う線形判別関数が求められる．

2つの群 $G_1, G_2$ を2変数 $x_1, x_2$ で判別する場合を考える．群 $G_1$ に属する $N_1$ 個の個体についての観測値があり，第 $j$ 個体の観測値を $(x_{1j}^{(1)}, x_{2j}^{(1)})$ とすると，これら $N_1$ 個の標本は

$$(x_{11}^{(1)}, x_{21}^{(1)}),\ (x_{12}^{(1)}, x_{22}^{(1)}), \ldots, (x_{1N_1}^{(1)}, x_{2N_1}^{(1)})$$

と表せる．同様に，また，群 $G_2$ からの $N_2$ 個の標本を

$$(x_{11}^{(2)}, x_{21}^{(2)}),\ (x_{12}^{(2)}, x_{22}^{(2)}), \ldots, (x_{1N_2}^{(2)}, x_{2N_2}^{(2)})$$

とする．これらの各観測値は平面上の点として表せるが，図 3.13 に示したよう

## 3.5 線形判別関数

に, 各群のデータの多くは図に描かれているような楕円の内部にあり, その中心から離れるにつれて観測値は少なくなる. 図には, 2つの楕円をできるだけ分離するような境界線が引いてある. このような境界線は**分離直線**とよばれる. このような場合には, 判別したい観測値 $(x_{1a}, x_{2a})$ が分離直線を境に, 群 $G_1$ の中心側にあれば群 $G_1$ に属すると判別し, そうでなければ群 $G_2$ に属すると判別すればよい. では, どのようにして分離直線を求めればよいのだろうか. いま, 各観測値から分離直線に垂線を下ろし, データから分離直線までの符号つきの長さ $u$ を考えてみよう (図 3.13 参照). 符号は, 観測値が分離直線より右側にあれば正, 左側にあれば負とする. さらに図 3.13 には, 原点を通り分離直線に直交する軸を考え, その軸上に $u$ の分布が群ごとに描かれている. このとき, 理想的な分離直線とは, $u$ の分布の重なりができるだけ少ないものであるが, 具体的には次のように求められる.

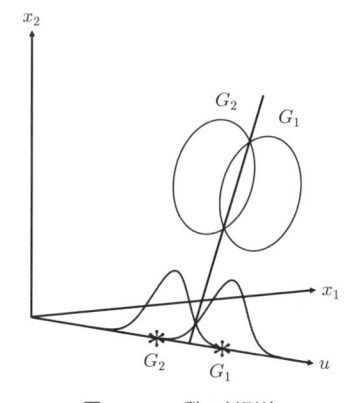

図 3.13 2 群の判別法

一般に, 分離直線は 1 次式として表せるが, それを

$$h_0 + h_1 x_1 + h_2 x_2 = 0$$

とする. このとき, 観測値 $(x_{1a}, x_{2a})$ から分離直線までの符号つき距離は

$$\frac{h_0 + h_1 x_{1a} + h_2 x_{2a}}{\sqrt{h_1^2 + h_2^2}}$$

である. 群 $G_1$ の各観測値からの分離直線までの符号つき距離を

$$u_1^{(1)}, u_2^{(1)}, \ldots, u_{N_1}^{(1)}$$

とし，それらの平均，偏差平方和を $\bar{u}^{(1)}, a_{uu}^{(1)}$ とする．同様に，群 $G_2$ の各観測値からの分離直線までの符号つき距離を

$$u_1^{(2)}, u_2^{(2)}, \ldots, u_{N_2}^{(2)}$$

とし，それらの平均，偏差平方和を $\bar{u}^{(2)}, a_{uu}^{(2)}$ とする．群間の違いの程度を測る**群間平方和**は

$$V_b^2 = N_1(\bar{u}^{(1)} - \bar{u})^2 + N_2(\bar{u}^{(2)} - \bar{u})^2$$

で定義される．ここに，$\bar{u}$ はすべての $u$ の値についての平均，$\bar{u} = (N_1\bar{u}^{(1)} + N_2\bar{u}^{(2)})/N$ である．各群の偏差平方和を合併した平方和

$$V_w^2 = a_{uu}^{(1)} + a_{uu}^{(2)}$$

は**群内平方和**とよばれる．このとき，群内平方和 $V_w^2$ が一定値のもとで，群間平方和 $V_b^2$ を最大にする係数 $h_1, h_2$ を求める．このことは，**群間分離度**

$$\frac{V_b^2}{V_w^2}$$

を最大にする係数 $h_1, h_2$ を求めることでもある．さらに，分離直線が両群の重心 (平均値) の中点

$$\left(\frac{1}{2}(\bar{x}_1^{(1)} + \bar{x}_1^{(2)}), \frac{1}{2}(\bar{x}_2^{(1)} + \bar{x}_2^{(2)})\right)$$

を通るように，$h_0, h_1, h_2$ を定める．このような $h_1, h_2$ は連立方程式

$$w_{11}h_1 + w_{12}h_2 = \bar{x}_1^{(1)} - \bar{x}_1^{(2)}, \quad w_{21}h_1 + w_{22}h_2 = \bar{x}_2^{(1)} - \bar{x}_2^{(2)}$$

の解として求められ，さらに，$h_0$ は

$$h_0 = -h_1\bar{x}_1 - h_2\bar{x}_2$$

となる．ここで求められた

$$u = h_0 + h_1 x_1 + h_2 x_2 = h_1(x_1 - \bar{x}_1) + h_2(x_2 - \bar{x}_2)$$

は**線形判別関数**とよばれる．線形判別関数 $u$ と，前節で求めた $z$ には $u = -z$ という関係があって，判別方式としては本質的に同じものである．

## 3.5 線形判別関数

判別関数を考える場合, 定数 $h_0$ の大きさは, 判別分離点が 0 になるように設定されるが, これも判別には本質的でないので, 以下では定数項を 0 とした判別関数を考える. 先に求めた判別関数 $u = h_1 x_1 + h_2 x_2$ は, $p$ 個の変数 $x_1, x_2, \ldots, x_p$ があり, $q$ 個の群がある場合にも求められる. 1 次結合

$$u = h_1 x_1 + h_2 x_2 + \cdots + h_p x_p$$

を考えよう. 一般に, $m = \min(p, q-1)$ 個の判別関数

$$\begin{aligned}
u_1 &= h_{11} x_1 + h_{12} x_2 + \cdots + h_{1p} x_p \\
u_2 &= h_{21} x_1 + h_{22} x_2 + \cdots + h_{2p} x_p \\
&\vdots \\
u_m &= h_{m1} x_1 + h_{m2} x_2 + \cdots + h_{mp} x_p
\end{aligned} \tag{3.13}$$

が定義される. 第 1 判別関数 $u_1$ は, 判別関数 $u$ のうち群間分離度が最大なものである. 第 2 判別関数 $u_2$ は, 第 1 判別関数 $u_1$ との群間積和が 0 となる判別関数 $u$ のうち, 群間分離度が最大なものである. 第 3 判別関数 $u_3$ は, 第 1 判別関数 $u_1$ および第 2 判別関数 $u_2$ との群間積和が 0 となる判別関数 $u$ のうち, 群間分離度が最大なものである. 以下同様な性質をもつ. ここで, 群間積和は群間平方和と同様に定義されるが, たとえば $u$ と $u_1$ の群間積和は

$$N_1(\bar{u}^{(1)} - \bar{u})(\bar{u}_1^{(1)} - \bar{u}_1) + N_1(\bar{u}^{(2)} - \bar{u})(\bar{u}_1^{(2)} - \bar{u}_1) + \cdots + N_1(\bar{u}^{(q)} - \bar{u})(\bar{u}_1^{(q)} - \bar{u}_1)$$

である.

判別関数の係数は次のように定義される**群間平方和積和行列 (群間変動行列)** $B$, **群内平方和積和行列 (群内変動行列)** $W$ から求められる.

$$B = \begin{bmatrix} b_{11} & b_{12} & \cdots & b_{1p} \\ b_{21} & b_{22} & \cdots & b_{2p} \\ \vdots & \vdots & \ddots & \vdots \\ b_{p1} & b_{p2} & \cdots & b_{pp} \end{bmatrix}, \quad W = \begin{bmatrix} w_{11} & w_{12} & \cdots & w_{1p} \\ w_{21} & w_{22} & \cdots & w_{2p} \\ \vdots & \vdots & \ddots & \vdots \\ w_{p1} & w_{p2} & \cdots & w_{pp} \end{bmatrix}.$$

ここに, $b_{ii}$ は変数 $x_i$ の群間平方和で, $b_{ij} (i \neq j)$ は $x_i$ と $x_j$ の群間積和である. また, $w_{ii}$ は変数 $x_i$ の群内平方和で, $w_{ij} (i \neq j)$ は $x_i$ と $x_j$ の群内積和である. $B$ の $W$ に関する固有値を $\ell_1 > \ell_2 > \cdots > \ell_m$ とするとき, 対応する固有ベク

トル

$$\boldsymbol{h}_1 = \begin{bmatrix} h_{11} \\ h_{12} \\ \vdots \\ h_{1p} \end{bmatrix}, \boldsymbol{h}_2 = \begin{bmatrix} h_{21} \\ h_{22} \\ \vdots \\ h_{2p} \end{bmatrix}, \ldots, \boldsymbol{h}_m = \begin{bmatrix} h_{m1} \\ h_{m2} \\ \vdots \\ h_{mp} \end{bmatrix}$$

が判別関数の係数である．係数ベクトルの長さは，通常 $\boldsymbol{h}_i'W\boldsymbol{h}_i = n$ ($i = 1, 2, \ldots, m$), $n = N_1 + N_2 + \cdots + N_q - q$ を満たすように定める．第 $i$ 固有値 $\ell_i$ は第 $i$ 判別関数の判別分離度に等しい．このことから

$$\frac{\ell_i}{\ell_1 + \ell_2 + \cdots + \ell_m}$$

は第 $i$ 判別関数の寄与率とよばれる．

各観測値に対して，判別関数 (3.13) を用いて $m$ 個の判別関数の値が求められるが，このような値は判別スコアとよばれる．さらに，たとえば，第 1 判別関数と第 2 判別関数のスコアを用いて，各個体を 2 次元空間に表現することができる．判別関数 (3.13) を用いた分析は次元縮小を伴う判別分析法とよばれる．

3 種類のアヤメ：セトサ (群 $G_1$), バーシカラー (群 $G_2$), バージニカ (群 $G_3$) について，4 変数 $x_1 =$ がく片長, $x_2 =$ がく片幅, $x_3 =$ 花弁長, $x_4 =$ 花弁幅が測定され，それぞれ 50 個のデータが与えられている (Mardia et al. (1979) を参照)．各群の平均値，合併共分散行列 $S$, 群内変動行列 $W$ および群間変動行列 $B$ が表 3.1〜3.4 のように求められる．

$B$ の $W$ に関する固有値の固有方程式の解を計算すると，0 でない固有値は 2

表 3.1 平均値

| 群 | 標本の大きさ | $\bar{x}_1$ | $\bar{x}_2$ | $\bar{x}_3$ | $\bar{x}_4$ |
|---|---|---|---|---|---|
| $G_1$ | 50 | 5.006 | 3.428 | 1.462 | 0.246 |
| $G_2$ | 50 | 5.936 | 2.770 | 4.260 | 1.326 |
| $G_3$ | 50 | 6.588 | 2.974 | 5.552 | 2.026 |

表 3.2 合併共分散行列 $S$

| | $x_1$ | $x_2$ | $x_3$ | $x_4$ |
|---|---|---|---|---|
| $x_1$ | 0.2632 | 0.0921 | 0.1664 | 0.0381 |
| $x_2$ | 0.0921 | 0.1146 | 0.0549 | 0.0325 |
| $x_3$ | 0.1664 | 0.0549 | 0.1839 | 0.0424 |
| $x_4$ | 0.0381 | 0.0325 | 0.0424 | 0.0416 |

表 3.3 群内変動行列 $W$

| | $x_1$ | $x_2$ | $x_3$ | $x_4$ |
|---|---|---|---|---|
| $x_1$ | 38.693 | 13.538 | 24.458 | 5.607 |
| $x_2$ | 13.538 | 16.847 | 8.066 | 4.776 |
| $x_3$ | 24.458 | 8.066 | 27.039 | 6.229 |
| $x_4$ | 5.607 | 4.776 | 6.229 | 6.115 |

表 3.4 群間変動行列 $B$

| | $x_1$ | $x_2$ | $x_3$ | $x_4$ |
|---|---|---|---|---|
| $x_1$ | 63.212 | $-19.953$ | 165.248 | 71.279 |
| $x_2$ | $-19.953$ | 11.345 | $-57.240$ | $-22.933$ |
| $x_3$ | 165.248 | $-57.240$ | 437.103 | 186.774 |
| $x_4$ | 71.279 | $-22.933$ | 186.774 | 80.413 |

## 3.5 線形判別関数

つあって

$$\ell_1 = 32.411, \quad \ell_2 = 0.287$$

となる．固有値 $\ell_i$ に対応する固有ベクトル $\boldsymbol{h}_i$ は

$$\boldsymbol{h}_1 = \begin{bmatrix} 0.614 \\ -0.217 \\ 1.628 \\ 0.694 \end{bmatrix}, \quad \boldsymbol{h}_2 = \begin{bmatrix} 0.811 \\ 1.486 \\ 0.366 \\ 0.764 \end{bmatrix}$$

となる．したがって，第1および第2判別関数は

$$u_1 = 0.614x_1 - 0.217x_2 + 1.628x_3 + 0.694x_4$$
$$u_2 = 0.811x_1 + 1.486x_2 + 0.366x_3 + 0.764x_4$$

となる．第1および第2判別関数の判別分離度はそれぞれ 32.411, 0.287 であ

表 3.5 判別スコア; アヤメのデータ

| $G_1$; セトサ | | | $G_2$; バーシカラー | | | $G_3$; バージニカ | | |
|---|---|---|---|---|---|---|---|---|
| 標本 | $u_1$ | $u_2$ | 標本 | $u_1$ | $u_2$ | 標本 | $u_1$ | $u_2$ |
| 1 | 4.79 | 10.00 | 1 | 12.23 | 13.22 | 1 | 14.66 | 14.12 |
| 2 | 4.78 | 9.10 | 2 | 11.60 | 12.74 | 2 | 12.60 | 12.03 |
| 3 | 4.45 | 9.19 | 3 | 12.58 | 13.14 | 3 | 14.77 | 13.98 |
| ⋮ | ⋮ | ⋮ | ⋮ | ⋮ | ⋮ | ⋮ | ⋮ | ⋮ |
| 50 | 4.77 | 9.62 | 50 | 10.47 | 11.27 | 50 | 12.52 | 12.48 |
| 平均 | 4.88 | 9.88 | 平均 | 10.90 | 11.50 | 平均 | 13.85 | 13.34 |

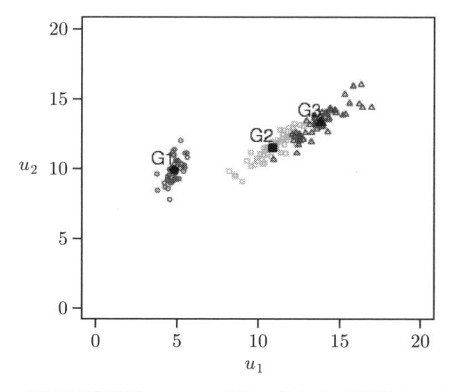

図 3.14 3群の判別関数 $u_1, u_2$ を用いたときの判別スコアプロット

り，第 1 判別関数によってかなり分離されている．第 1 判別関数はがくの形と花弁の大きさを表している．一方，第 2 判別関数は花全体の大きさを表している．これら 2 つの判別関数の判別スコアが表 3.5 に与えられ，それらを 2 次元空間に表現した図が図 3.14 である．群 $G_1$ は，群 $G_2$, $G_3$ から分離されているが，$G_2$ と $G_3$ には若干の重なりがあることがわかる．

## 3.6 多変量の判別分析——筆跡鑑定のデータ

漢字の筆跡から筆者を識別するという問題をここでは取り扱う．A 氏か B 氏かいずれかが書いたことは確かであるけれども，どちらの人が書いたかは不明な"京"という字が 1 字あったとする．ここでは，京という字の形から，どちらの人が書いたかを判別する式をつくる．A 氏の書く京という字を群 $G_1$ とし，B 氏の書く京という字を群 $G_2$ とする．

判別する京という字が書かれたのと同じ状況のもとで A 氏に 40 字，B 氏に 40 字書いていただいたのが，表 3.6 に示した資料である．

京という字の端点に，図 3.15 のように A から M の符号をつける．2 つの端点 B, D 間の距離を BD で表す．ここで取り上げる変数は次の 7 つである．ここで，$S$ は字の総延長 (AC+BD+EG+EF+FG+IK+HL+JM) である．このデータを「京の字のデータ [hisseki.csv]」とよぶ．

| $x_1$ | $x_2$ | $x_3$ | $x_4$ | $x_5$ | $x_6$ | $x_7$ |
|---|---|---|---|---|---|---|
| AM/$S$ | BD/$S$ | BL/$S$ | FH/$S$ | GL/$S$ | HJ/$S$ | KM/$S$ |

各変数のそれぞれの群での平均，標準偏差は次のような値をとる．

| 変数名 | 群 $G_1$ の平均 | 群 $G_2$ の平均 | 群 $G_1$ と群 $G_2$ の平均 | 変数名 | 群 $G_1$ の標準偏差 | 群 $G_2$ の標準偏差 |
|---|---|---|---|---|---|---|
| $x_1$ | .386 | .399 | .392 | $x_1$ | .00180 | .00187 |
| $x_2$ | .246 | .193 | .219 | $x_2$ | .00242 | .00152 |
| $x_3$ | .286 | .293 | .290 | $x_3$ | .00193 | .00196 |
| $x_4$ | .132 | .166 | .149 | $x_4$ | .00125 | .00120 |
| $x_5$ | .130 | .142 | .136 | $x_5$ | .00162 | .00143 |
| $x_6$ | .096 | .125 | .110 | $x_6$ | .00158 | .00148 |
| $x_7$ | .250 | .237 | .243 | $x_7$ | .00219 | .00212 |

## 3.6　多変量の判別分析——筆跡鑑定のデータ

表 3.6　A 氏, B 氏による文字

群 $G_1$ の標本

群 $G_2$ の標本

ここで扱っている判別分析は線形判別分析ともよばれ，マハラノビス平方距離が用いられている．マハラノビス平方距離は多変量正規分布では自然な距離であることを 3.2 節で述べたが，線形判別分析の理論はこの多変量正規分布を前提として組み立てられている．もう 1 つの前提条件は母集団の共分散行列が等しいことである．上記の標準偏差の値からも，変数 $x_2$ を除いては少なくとも等分散の前提条件は妥当であるということが推察できよう．変数 $x_2$ は，分散で考えると 2 倍ほどのひらきがある．このような状況でも線形判別分析を信頼し

```
        A
      ● C
  B ●───●───● D
      E   F
       ●─●
      G │ │
        ● ● H
      I ● ● J
        ● ● ●
        K L M
```

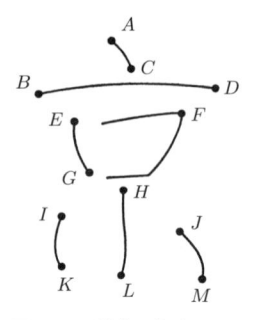

図 **3.15** 端点のネイミング

て用いてよいかどうかという問題があるが, 詳しい議論は 3.10 節で行う.

2群のデータによる群内共分散に基づく相関行列から, 変数間の相関係数はあまり大きくないことがわかる.

相関行列

|       | $x_1$ | $x_2$ | $x_3$ | $x_4$ | $x_5$ | $x_6$ | $x_7$ |
|-------|-------|-------|-------|-------|-------|-------|-------|
| $x_1$ | 1     |       |       |       |       |       |       |
| $x_2$ | .155  | 1     |       |       |       |       |       |
| $x_3$ | .393  | .193  | 1     |       |       |       |       |
| $x_4$ | .011  | .104  | .336  | 1     |       |       |       |
| $x_5$ | .165  | .089  | .683  | .062  | 1     |       |       |
| $x_6$ | .266  | .106  | .269  | .158  | .025  | 1     |       |
| $x_7$ | .358  | .012  | .380  | .103  | .319  | .327  | 1     |

この章で論じている線形判別分析を適用すると, 判別関数 $z$ は

$$z = -113.3x_1 + 162.5x_2 + 180.0x_3 - 348.6x_4 - 236.9x_5$$
$$- 176.7x_6 + 113.2x_7 + 20.7$$

となる. ここで, 判別関数は

$$z = \frac{1}{2}\left(D_1^2 - D_2^2\right)$$

であり, $z$ の値の正負をみるかわりに, $D_1^2, D_2^2$ の大小関係をみて判定できる. 個々のデータがどう判定されるかは, 次のマハラノビスの平方距離, および, 事後確率からわかる.

次ページの数値結果から, 群 $G_1$ の 40 字, 群 $G_2$ の 40 字は, それぞれかなりの確度をもって判別されていることがわかる. 誤判別表は p.80 のようになる.

## マハラノビス平方距離と事後確率

| 群 $G_1$ データ番号 | 判定 | $D_1^2$ | 事後確率 | $D_2^2$ | 事後確率 | 群 $G_2$ データ番号 | 判定 | $D_1^2$ | 事後確率 | $D_2^2$ | 事後確率 |
|---|---|---|---|---|---|---|---|---|---|---|---|
| 1  | $G_1$ | 2.64  | 1.000 | 22.29 | 0.000 | 1  | $G_2$ | 39.93 | 0.000 | 3.03  | 1.000 |
| 2  | $G_1$ | 9.45  | 1.000 | 50.22 | 0.000 | 2  | $G_2$ | 21.54 | 0.001 | 7.92  | 0.999 |
| 3  | $G_1$ | 11.80 | 1.000 | 30.93 | 0.000 | 3  | $G_2$ | 41.58 | 0.000 | 6.49  | 1.000 |
| 4  | $G_1$ | 4.68  | 1.000 | 28.84 | 0.000 | 4  | $G_2$ | 21.18 | 0.000 | 2.73  | 0.999 |
| 5  | $G_1$ | 7.59  | 1.000 | 44.56 | 0.000 | 5  | $G_2$ | 38.43 | 0.000 | 5.81  | 1.000 |
| 6  | $G_1$ | 5.93  | 1.000 | 48.68 | 0.000 | 6  | $G_2$ | 68.32 | 0.000 | 15.39 | 1.000 |
| 7  | $G_1$ | 6.74  | 1.000 | 29.49 | 0.000 | 7  | $G_2$ | 39.06 | 0.000 | 3.22  | 1.000 |
| 8  | $G_1$ | 5.96  | 1.000 | 21.38 | 0.000 | 8  | $G_2$ | 30.66 | 0.000 | 12.16 | 1.000 |
| 9  | $G_1$ | 13.74 | 1.000 | 55.67 | 0.000 | 9  | $G_2$ | 32.43 | 0.000 | 4.36  | 1.000 |
| 10 | $G_1$ | 7.84  | 1.000 | 43.36 | 0.000 | 10 | $G_2$ | 44.00 | 0.000 | 1.84  | 1.000 |
| 11 | $G_1$ | 8.11  | 1.000 | 50.91 | 0.000 | 11 | $G_2$ | 45.95 | 0.000 | 6.72  | 1.000 |
| 12 | $G_1$ | 11.56 | 1.000 | 73.18 | 0.000 | 12 | $G_2$ | 26.15 | 0.000 | 4.47  | 1.000 |
| 13 | $G_1$ | 3.13  | 1.000 | 42.34 | 0.000 | 13 | $G_2$ | 39.95 | 0.000 | 6.44  | 1.000 |
| 14 | $G_1$ | 10.73 | 1.000 | 38.84 | 0.000 | 14 | $G_2$ | 25.16 | 0.000 | 9.80  | 1.000 |
| 15 | $G_1$ | 5.11  | 1.000 | 59.19 | 0.000 | 15 | $G_2$ | 42.25 | 0.000 | 3.34  | 1.000 |
| 16 | $G_1$ | 7.02  | 1.000 | 45.88 | 0.000 | 16 | $G_2$ | 28.62 | 0.000 | 5.08  | 1.000 |
| 17 | $G_1$ | 16.40 | 0.999 | 29.62 | 0.001 | 17 | $G_2$ | 45.87 | 0.000 | 3.05  | 1.000 |
| 18 | $G_1$ | 8.19  | 1.000 | 24.21 | 0.000 | 18 | $G_2$ | 38.66 | 0.000 | 3.36  | 1.000 |
| 19 | $G_1$ | 6.34  | 1.000 | 51.39 | 0.000 | 19 | $G_2$ | 33.97 | 0.000 | 7.77  | 1.000 |
| 20 | $G_1$ | 5.12  | 1.000 | 37.23 | 0.000 | 20 | $G_2$ | 52.82 | 0.000 | 10.23 | 1.000 |
| 21 | $G_1$ | 3.67  | 1.000 | 34.91 | 0.000 | 21 | $G_2$ | 60.80 | 0.000 | 6.69  | 1.000 |
| 22 | $G_1$ | 12.41 | 1.000 | 50.67 | 0.000 | 22 | $G_2$ | 46.55 | 0.000 | 5.93  | 1.000 |
| 23 | $G_1$ | 2.16  | 1.000 | 24.55 | 0.000 | 23 | $G_2$ | 20.73 | 0.000 | 3.36  | 1.000 |
| 24 | $G_1$ | 5.12  | 1.000 | 38.94 | 0.000 | 24 | $G_2$ | 43.90 | 0.000 | 2.15  | 1.000 |
| 25 | $G_1$ | 7.57  | 1.000 | 40.88 | 0.000 | 25 | $G_2$ | 42.18 | 0.000 | 2.03  | 1.000 |
| 26 | $G_1$ | 4.56  | 1.000 | 40.20 | 0.000 | 26 | $G_2$ | 50.14 | 0.000 | 5.99  | 1.000 |
| 27 | $G_1$ | 7.24  | 1.000 | 55.25 | 0.000 | 27 | $G_2$ | 19.50 | 0.001 | 6.35  | 0.999 |
| 28 | $G_1$ | 3.33  | 1.000 | 39.97 | 0.000 | 28 | $G_2$ | 40.39 | 0.000 | 12.09 | 1.000 |
| 29 | $G_1$ | 4.75  | 1.000 | 38.96 | 0.000 | 29 | $G_2$ | 33.75 | 0.000 | 4.40  | 1.000 |
| 30 | $G_1$ | 4.17  | 1.000 | 24.02 | 0.000 | 30 | $G_2$ | 45.48 | 0.000 | 8.64  | 1.000 |
| 31 | $G_1$ | 5.77  | 1.000 | 27.00 | 0.000 | 31 | $G_2$ | 49.58 | 0.000 | 10.19 | 1.000 |
| 32 | $G_1$ | 11.26 | 1.000 | 30.00 | 0.000 | 32 | $G_2$ | 28.47 | 0.000 | 3.17  | 1.000 |
| 33 | $G_1$ | 10.37 | 1.000 | 40.63 | 0.000 | 33 | $G_2$ | 50.62 | 0.000 | 6.76  | 1.000 |
| 34 | $G_1$ | 10.50 | 1.000 | 44.25 | 0.000 | 34 | $G_2$ | 38.69 | 0.000 | 8.83  | 1.000 |
| 35 | $G_1$ | 4.65  | 1.000 | 22.19 | 0.000 | 35 | $G_2$ | 23.64 | 0.000 | 5.96  | 1.000 |
| 36 | $G_1$ | 6.75  | 1.000 | 46.58 | 0.000 | 36 | $G_2$ | 48.51 | 0.000 | 4.13  | 1.000 |
| 37 | $G_1$ | 15.34 | 0.995 | 25.72 | 0.005 | 37 | $G_2$ | 32.94 | 0.000 | 3.19  | 1.000 |
| 38 | $G_1$ | 4.65  | 1.000 | 38.99 | 0.000 | 38 | $G_2$ | 32.44 | 0.000 | 3.07  | 1.000 |
| 39 | $G_1$ | 15.96 | 1.000 | 59.11 | 0.000 | 39 | $G_2$ | 20.12 | 0.001 | 6.04  | 0.999 |
| 40 | $G_1$ | 8.19  | 1.000 | 30.24 | 0.000 | 40 | $G_2$ | 29.47 | 0.000 | 7.39  | 1.000 |

誤判別表

|  | $G_1$ と判定 | $G_2$ と判定 |
|---|---|---|
| 群 $G_1$ のデータ | 40 | 0 |
| 群 $G_2$ のデータ | 0 | 40 |

## 3.7 変数選択による判別分析——逐次法 (1)

前節の筆跡鑑定では7項目を計測し判別分析を行った．文字の部分部分をみた場合，群 $G_1$ と群 $G_2$ とを判別するのに有効と考えられる計測箇所はこのほかにもあり，当初は20変数を抽出し分析を行った．しかしながら，これらの変数すべてを用いて判別式をつくるのは賢明ではない．ひとつひとつの変数でみたときは平均間に差があり，判別に有効であるようにみえても，ほかの変数がその変数の役割のほとんどを果たしてしまっていることもある．その辺のところを見定めて，20変数のなかから，判別に有効な変数のグループを選択することになる．

多変量正規分布とそれぞれの群での母共分散行列が等しいことの前提条件が満たされていれば，変数が多ければ多いほど，データから計算される誤判別表のなかの誤判別の割合は，小さくなることが期待される．しかしながら，母平均と母共分散行列が未知の場合は，判別式を推定する際に変数が多ければ推定の精度が悪くなるという問題点が生じる．また，判別式をつくるのに用いたデータを，その判別式で判定していることから，誤判別率が減少したとしても，それはいま扱っているデータに関していえることにすぎないというおそれがある．実際には，同じ条件のもとで抽出された別の同数の標本においても，誤判別率が小さくなると期待されることが大切であろう．このようなことから，真に判別に有効な変数をどう見出すかという問題が出てくる．

3.3節で述べた判別式の考え方から，一般に $q$ 変量の場合でも，2群の平均の間のマハラノビス平方距離が広がれば広がるほど，誤判別の確率は小さくなることが推察できる．いま $q = 2$ として，群 $G_1$ の平均を $(\bar{x}_1^{(1)}, \bar{x}_2^{(1)})$，群 $G_2$ の平均を $(\bar{x}_1^{(2)}, \bar{x}_2^{(2)})$ とすると，平均間のマハラノビス平方距離は

$$D^2 = \frac{1}{1-r^2}\left\{\left(\frac{\bar{x}_1^{(1)} - \bar{x}_1^{(2)}}{\sqrt{s_{11}}}\right)^2 + \left(\frac{\bar{x}_2^{(1)} - \bar{x}_2^{(2)}}{\sqrt{s_{22}}}\right)^2 \right.$$
$$\left. - 2r\left(\frac{\bar{x}_1^{(1)} - \bar{x}_1^{(2)}}{\sqrt{s_{11}}}\right)\left(\frac{\bar{x}_2^{(1)} - \bar{x}_2^{(2)}}{\sqrt{s_{22}}}\right)\right\}$$

と書ける．この2群の平均間の距離の平方を，**判別効率**という．判別効率を2変量で説明したけれども，$q$ 変量 $x_1, x_2, \ldots, x_q$ の場合の判別効率の定義も同様であり，それを $D_q^2$ で表すことにする．

いま新たに $r$ 変量 $x_{q+1}, x_{q+2}, \ldots, x_{q+r}$ を追加した判別式を考える．このときの判別効率を $D_{q+r}^2$ とすると

$$D_{q+r}^2 - D_q^2 > 0$$

という関係が成り立つ．$r$ 変量を追加したことによる判別効率の増分が，単なる誤差によるみかけ上のものか，あるいは判別に実質的な役割を果たしているのかが問題となる．増分がわずかであれば誤差によっておこったと判定する．わずかとか多いとかは

$$F = \frac{n-q-r+1}{r}\frac{D_{q+r}^2 - D_q^2}{(Nn/N_1N_2) + D_q^2} \quad (N = N_1 + N_2, n = N-2)$$

が自由度 $(r, n-q-r+1)$ の F 分布に従うことを用いる．実際の計算は変数を1つ追加したり，1つ除去したりという方法をとるから $r=1$ であり，自由度 $(1, n-q)$ の F 分布に従う $F$ 値が，変数選択の際には問題となる．標本数 $N$ が大きいときは，このF分布の上側 16% あるいは 17% 点あたり，つまり，$F = 2.0$ を基準として用いるのが妥当であることが，3.11 節で示される．

変数選択でよく用いられるのは**変数増減法**である．それを紳士服地と男物着尺地を例にとって説明する．

紳士服地を群 $G_1$，男物着尺地を群 $G_2$ とし，その差異を抽出するため，次の 12 項目を計測した．

82  3. 判別分析

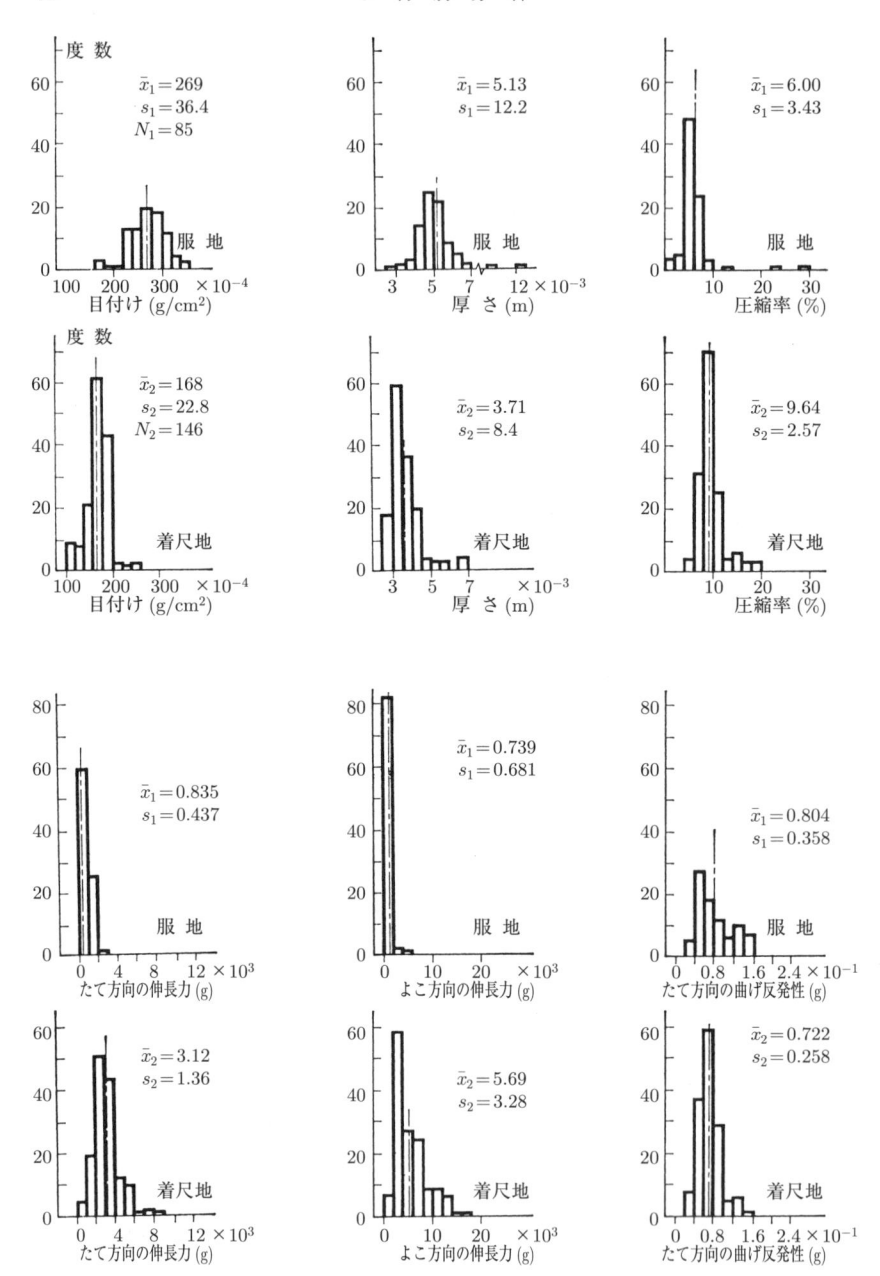

図 3.16 着尺地と服のヒストグラム ($\bar{x}_i$ は群 $G_i$ の平均, $s_i$ は群 $G_i$ の標準偏差)

## 3.7 変数選択による判別分析——逐次法 (1)

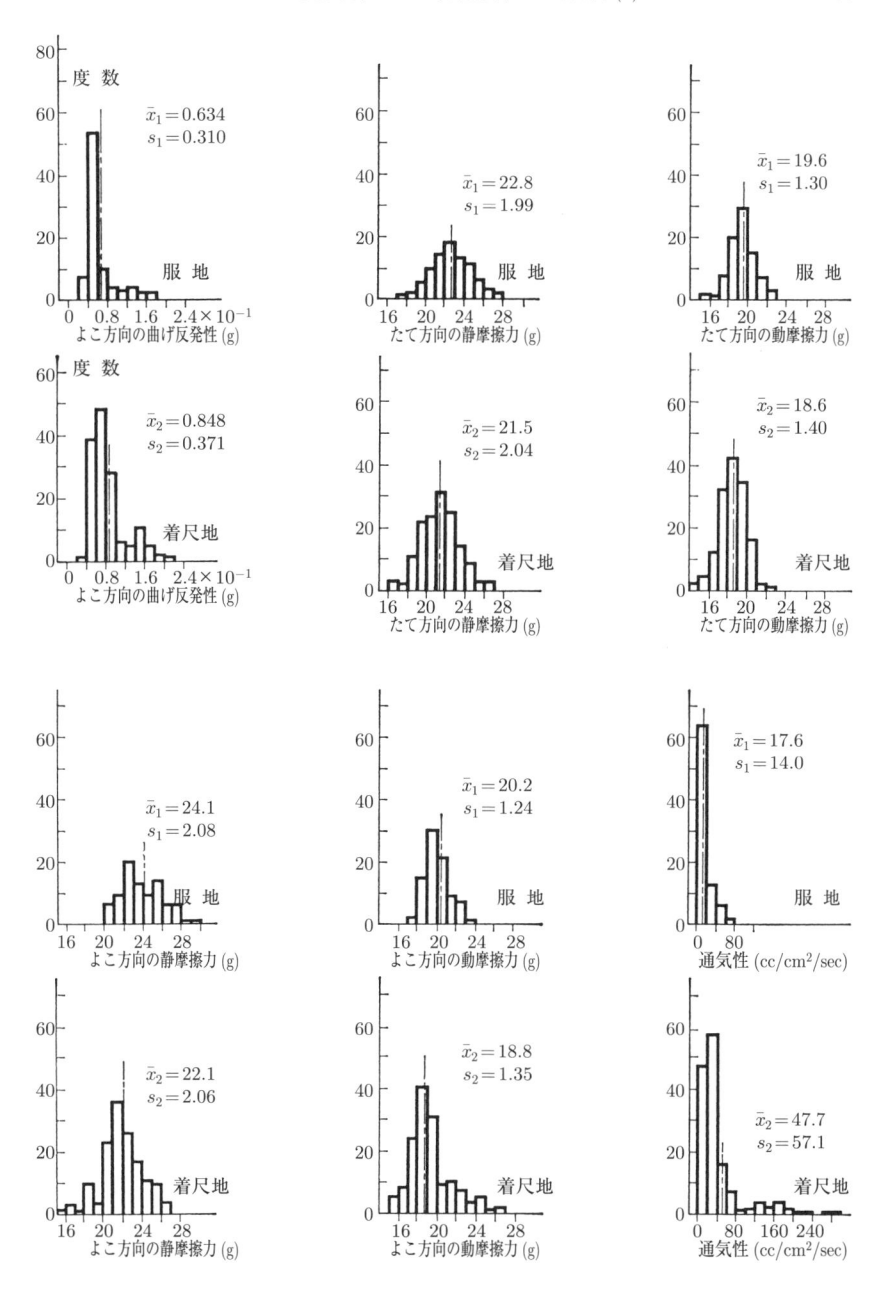

(度数ヒストグラム12枚、各パネルの統計量は以下の通り)

服地 よこ方向の曲げ反発性 (g): $\bar{x}_1 = 0.634$, $s_1 = 0.310$
服地 たて方向の静摩擦力 (g): $\bar{x}_1 = 22.8$, $s_1 = 1.99$
服地 たて方向の動摩擦力 (g): $\bar{x}_1 = 19.6$, $s_1 = 1.30$

着尺地 よこ方向の曲げ反発性 (g): $\bar{x}_2 = 0.848$, $s_2 = 0.371$
着尺地 たて方向の静摩擦力 (g): $\bar{x}_2 = 21.5$, $s_2 = 2.04$
着尺地 たて方向の動摩擦力 (g): $\bar{x}_2 = 18.6$, $s_2 = 1.40$

服地 よこ方向の静摩擦力 (g): $\bar{x}_1 = 24.1$, $s_1 = 2.08$
服地 よこ方向の動摩擦力 (g): $\bar{x}_1 = 20.2$, $s_1 = 1.24$
服地 通気性 (cc/cm$^2$/sec): $\bar{x}_1 = 17.6$, $s_1 = 14.0$

着尺地 よこ方向の静摩擦力 (g): $\bar{x}_2 = 22.1$, $s_2 = 2.06$
着尺地 よこ方向の動摩擦力 (g): $\bar{x}_2 = 18.8$, $s_2 = 1.35$
着尺地 通気性 (cc/cm$^2$/sec): $\bar{x}_2 = 47.7$, $s_2 = 57.1$

それぞれの計測値に関する説明は，主成分分析 (p.26) のところで述べた．

| $x_1$ | 目付け (g/cm$^2$) | $x_7$ | よこ方向曲げ反発性 (g) |
|---|---|---|---|
| $x_2$ | 厚さ (m) | $x_8$ | たて方向静摩擦力 (g) |
| $x_3$ | 圧縮率 (%) | $x_9$ | たて方向動摩擦力 (g) |
| $x_4$ | たて方向伸長力 (g) | $x_{10}$ | よこ方向静摩擦力 (g) |
| $x_5$ | よこ方向伸長力 (g) | $x_{11}$ | よこ方向動摩擦力 (g) |
| $x_6$ | たて方向曲げ反発性 (g) | $x_{12}$ | 通気性 (cc/cm$^2$/sec) |

まずはじめに，それらのデータがどのような散らばりをしているか，平均値はどの程度のひらきがあるかをみるために，ヒストグラムを示す (図 3.16). 服地は 85 点，着尺地は 146 点である．表 3.7 に相関行列を示す．

表 3.7　各物性値間の相関係数

|  | $x_1$ | $x_2$ | $x_3$ | $x_4$ | $x_5$ | $x_6$ | $x_7$ |
|---|---|---|---|---|---|---|---|
| $x_1$ （目付け） | 1 | | | | | | |
| $x_2$ （厚さ） | .706 | 1 | | | | | |
| $x_3$ （圧縮率） | −.518 | −.091 | 1 | | | | |
| $x_4$ （伸長力たて） | −.579 | −.566 | .270 | 1 | | | |
| $x_5$ （伸長力よこ） | −.557 | −.357 | .338 | .406 | 1 | | |
| $x_6$ （曲反発たて） | .394 | .470 | −.051 | −.118 | −.185 | 1 | |
| $x_7$ （曲反発よこ） | −.162 | .144 | .291 | .120 | .468 | .145 | 1 |
| $x_8$ （静摩擦たて） | .373 | .365 | .028 | −.244 | −.193 | .143 | .025 |
| $x_9$ （動摩擦たて） | .387 | .477 | .009 | −.312 | −.227 | .162 | .054 |
| $x_{10}$ （静摩擦よこ） | .456 | .379 | −.049 | −.285 | −.213 | .033 | .204 |
| $x_{11}$ （動摩擦よこ） | .446 | .467 | .000 | −.385 | −.273 | .015 | .145 |
| $x_{12}$ （通気性） | −.492 | −.447 | .229 | .095 | .036 | −.059 | .134 |
|  | $x_8$ | $x_9$ | $x_{10}$ | $x_{11}$ | $x_{12}$ | | |
| $x_8$ | 1 | | | | | | |
| $x_9$ | .824 | 1 | | | | | |
| $x_{10}$ | .623 | .824 | 1 | | | | |
| $x_{11}$ | .653 | .802 | .834 | 1 | | | |
| $x_{12}$ | −.368 | −.356 | −.371 | −.341 | 1 | | |

論文 (岩崎ほか, 1979) では，ヒストグラムから次のように述べている．
(1) 目付けと厚さの平均値は，着尺地より服地の方が大きい．
(2) 圧縮率の平均値は，服地の 6.0% に対し，着尺地は 9.6% と着尺地の方が 3.6% 圧縮しやすい．
(3) よこ方向の伸長力の平均値は，服地が 739 g なのに，着尺地は 5690 g と

7.7 倍も着尺地の方が大きい.
(4) 曲げ反発性は,たて方向は服地が大きく,よこ方向は着尺地が大きい.
(5) 摩擦力は,静摩擦も動摩擦も同じ傾向にあり,服地の方が大きい.
(6) 通気性は,服地が $17.6\,\mathrm{cc/cm^2/sec}$ に対し,着尺地は,$47.7\,\mathrm{cc/cm^2/sec}$ と着尺地の方が服地より 2.7 倍も通気性がよい.

また,服地の伸長力の分布は,1 点に集中しており,バラツキが小さいのに対し,着尺地は多種多様なものがあり,バラツキが大きい.

また各物性値間の相関関係で特徴的なこととして次の 3 つをあげている.

(1) 目付けに対して,厚さは 0.71 とかなり相関があり,圧縮率との相関は $-0.52$, 通気性との相関は $-0.49$ とともに負の相関がある.これは,織物が密で地厚になると目付けが大きくなり,圧縮しにくく,通気性が悪くなるためと思われる.また,目付けと伸長力は負の相関となっているが,これはデータを図にプロットしてみると,左上に位置している服地グループと中央に位置している着尺地グループの相異なるグループを同一に扱ったため,図全体としてみると負の相関となったものと考えられる.
(2) たて方向とよこ方向の伸長力,あるいは,たて方向とよこ方向の曲げ反発性の相関関係は必ずしも高くない.これは,おのおのの物性値がたて方向にはたて糸,よこ方向にはよこ糸の影響が強いためであろう.
(3) たて方向の静摩擦力と動摩擦力,よこ方向の静摩擦力と動摩擦力はそれぞれ相関が強い.

着尺地と服地では,その風あいは異なる.風あいの代表値として,織物の物性値を調べるのだが,どの物性値で差異が出るかを,判別分析からみることになる.

変数選択の最初の段階では,標準偏差を単位として,平均の最も離れている変数を 1 つ選択する.ステップ 0 をみると,$x_1$ の目付けの $F$ 値は 676.4 と大きく抜きん出ている.ステップ 1 では,着尺地と服地を最もよく判別している変数として $x_1$ を選択する.ここで,1,2,3,4,... の数値は $x_1, x_2, x_3, x_4, ...$ を意味している.

ステップ 0
取り入れられていない変数と取り入れ $F$ 値–自由度 1, 229

| | | | | | | | | | | | |
|---|---|---|---|---|---|---|---|---|---|---|---|
| 1 | 676.4 | 3 | 83.7 | 5 | 188.2 | 7 | 20.2 | 9 | 26.1 | 11 | 59.5 |
| 2 | 109.6 | 4 | 225.7 | 6 | 4.0 | 8 | 21.8 | 10 | 46.3 | 12 | 22.8 |

ステップ 1
選択された変数 1
取り入れた変数と除去 $F$ 値–自由度 1, 229
1  676.4
選択されなかった変数と取り入れ $F$ 値–自由度 1, 228

| 2 | 3.1 | 4 | 74.9 | 6 | 59.6 | 8 | 0.8 | 10 | 0.3 | 12 | 19.8 |
|---|---|---|---|---|---|---|---|---|---|---|---|
| 9 | 6.1 | 5 | 59.0 | 7 | 21.5 | 9 | 0.3 | 11 | 5.3 | | |

$x_1$ が選択された状況のもとで，どの変数を次に取り入れるのが，誤判別の確率を最も小さくすることになるのか，いいかえれば，$x_1$ にどの変数を組み合わせると，判別効率が最大になるかを調べる．それを満たすものは，ステップ1で選択されなかった変数のなかの $F$ 値が最大なものであり，74.9 という値を示している $x_4$ (たて方向伸長力) である．$F$ 値の最大なものが 2.0 以下であれば，変数選択はこの段階で終了する．

ステップ 2
選択された変数 4
取り入れた変数と除去 $F$ 値–自由度 1, 228
1  375.1    4  74.9
取り入れられていない変数と取り入れ $F$ 値–自由度 1, 227

| 2 | 22.7 | 5 | 59.6 | 7 | 25.8 | 9 | 2.6 | 11 | 1.3 |
|---|---|---|---|---|---|---|---|---|---|
| 3 | 10.5 | 6 | 56.1 | 8 | 1.9 | 10 | 0.2 | 12 | 7.5 |

$x_1$ と $x_4$ が選択されたという状況のもとで，次にどの変数を取り入れるのが，誤判別確率を最も小さくするか，つまり判別効率を最大にするかを調べる．それはステップ2の選択されなかった変数のなかの 2.0 より大きい $F$ 値の最大なものであり，$x_5$ のよこ方向伸長力である．この段階から (実際には $x_4$ を取り入れた段階から) 変数を除去することも考えることにする．

$x_5$ が新たに取り込まれた状況のもとで，選択された変数の組 $(x_1, x_4, x_5)$ のなかで，$x_1$ は判別に有効な変数かどうか，$x_4$ は有効な変数かどうかが調べられる．つまりステップ3の取り入れた変数のなかの $F$ 値に 2.0 より小さいものがあれば，その変数は除去されることになるが (2.0 より小さいのが2つあれば小さい方の変数を1つだけ除去する)．ここでは $x_1$ は 263.2, $x_4$ は 75.4 と著しく大きいので除去はしない．

## 3.7 変数選択による判別分析——逐次法 (1)

```
ステップ 3
選択された変数  5
取り入れた変数と除去 F 値–自由度  1,  227
1  263.2      4  75.4      5  59.6
取り入れられていない変数と取り入れ F 値–自由度  1,  226
2   20.7     6  70.0      8  1.8     10  0.9     12  0.4
3    9.3     7   4.4      9  3.3     11  1.4
```

以下では,変数選択の基準値は 2.0 より大きい $F$ 値をもった変数で,新たに取り入れるものはどれか,取り入れてしまった変数のなかで,2.0 より小さく取り除くものはないかをみながら,ステップ 4 以降は同様のことを繰り返していく.いまの場合取り除かれた変数はなく,各段階で 1 つずつ変数を取り入れながら,以下に示すステップ 8 で終了する.

```
ステップ 8
選択された変数  9
取り入れた変数と除去 F 値–自由度  1,  222
1  276.8     4  67.1     6  44.9    11   5.6
2    9.8     5  44.2     9   2.6    12  12.0
取り入れられていない変数と取り入れ F 値–自由度  1,  221
3  0.6       7  1.2      8  0.1     10  1.5
```

上で述べた変数増減法の手続きをまとめると次のようになる.

(0) 最初のステップでは,各変数の有意性検定の $F$ 値の最大なものが 2.0 以下であれば,変数選択はこの段階で終了する.最大なものが 2 より大きければその変数を取り入れ次のステップに進む.

(1) いま,変数 $x_{(1)}, x_{(2)}, \ldots, x_{(q-1)}$ が取り入れられているとしよう.これに新たに 1 つの変数を追加し,$F$ 値の最大なものが 2.0 以下であれば,変数選択はこの段階で終了する.最大なものが 2 より大きければその変数 $x_{(q)}$ を取り入れ次のステップに進む.

(2) 取り入れた変数 $x_{(1)}, x_{(2)}, \ldots, x_{(q)}$ において,各変数の最小な $F$ 値が 2 より大きければ,$q$ 個の変数をすべて取り入れて,ステップ (1) と同様な手続きをする.最小な $F$ 値が 2 より小さければ,その変数を除去しステップ (1) と同様な手続きをする.

変数減増法の最初のステップは，すべての変数を考えて各変数の $F$ 値の最小が 2 より大きければ，変数選択はこの段階で終了する．最小が 2 より小さければ，その変数を除去する．次に除去された段階で，取り入れる変数があるかどうかの手続きをしてから，次の除去の手続きを行うというのが変数減増法である．

判別関数 $z$ は

$$z = 2843x_1 - 200.6x_2 - 0.00306x_4 - 0.00106x_5 - 119.7x_6$$
$$- 0.8701x_9 + 1.269x_{11} + 0.04458x_{12} - 44.47$$

と書ける．この判別関数 $z$ が負ならば着尺地，正ならば服地，と判別する．次の誤判別表から服地の 2 点が誤って着尺地と判定された．岩崎ほか (1979) は，「この誤判別した服地は，密度が疎で，こしがあり，触感的に着尺地と識別した専門家もある織物である」と述べている．

誤判別表

| 群 | 服地 | 着尺地 |
|---|---|---|
| 服地 | 83 | 2 |
| 着尺地 | 0 | 146 |

### 3.8　変数選択による判別分析——逐次法 (2)

次ページの表は前節で取り上げた服地 (85 点)，男物着尺地 (146 点) に基づく標準偏差である．これをみると，伸長力と通気性 $x_4, x_5, x_{12}$ の標準偏差はそれぞれ大きく異なり，ここで用いている線形判別分析の前提条件「共分散行列は両群では等しい」を満たしていないようである．共分散に関する考察も必要であるが，この節ではこの分散の違いに着目し，これにどう対応し処理するかを考える．共分散行列は両群で等しいことを前提条件としない判別分析を適用するのも考えられるが，ここでは変数変換を行い，線形判別分析を用いることを考える．

岩崎ほか (1979) は伸長力 $x_4, x_5$, 通気性 $x_{12}$ に対数変換

$$\log x_4, \quad \log x_5, \quad \log x_{12}$$

を行った．そのときの標準偏差は次のようになる．図 3.17 は $\log x_4$ と $\log x_5$ の

|  | 服地 ($G_1$) | 着尺地 ($G_2$) |
|---|---|---|
| $x_1$ (日付け) | 0.00364 | 0.00228 |
| $x_2$ (厚さ) | 0.01215 | 0.00835 |
| $x_3$ (圧縮率) | 3.43220 | 2.56949 |
| $x_4$ (伸長力たて) | 436.90825 | 1359.65083 |
| $x_5$ (伸長力よこ) | 680.61894 | 3283.28945 |
| $x_6$ (曲反発たて) | 0.03581 | 0.02580 |
| $x_7$ (曲反発よこ) | 0.03095 | 0.03705 |
| $x_8$ (静摩擦たて) | 1.99091 | 2.03860 |
| $x_9$ (動摩擦たて) | 1.29687 | 1.40097 |
| $x_{10}$ (静摩擦よこ) | 2.07666 | 2.06306 |
| $x_{11}$ (動摩擦よこ) | 1.23797 | 1.34817 |
| $x_{12}$ (通気性) | 13.98196 | 57.12915 |

ヒストグラムである．

対数変換したときの標準偏差

|  | 群 $G_1$ の標準偏差 | 群 $G_2$ の標準偏差 |
|---|---|---|
| $\log x_4$ | 0.512 | 0.473 |
| $\log x_5$ | 0.592 | 0.567 |
| $\log x_{12}$ | 0.646 | 0.842 |

変数 $\log x_4$, $\log x_5$, $\log x_{12}$ をそれぞれ $x_4$, $x_5$, $x_{12}$ とおいて，変数選択による判別分析を行うと，ステップ 1 で選ばれる変数は前節では $x_1$ であったが，ここでは $x_5$ が選択される．

ステップ 0
取り入れられていない変数と取り入れ $F$ 値–自由度　1,　229

| 1 | 676.4 | 3 | 83.7  | 5 | 706.3 | 7 | 20.2 | 9  | 26.1 | 11 | 59.5 |
|---|-------|---|-------|---|-------|---|------|----|------|----|------|
| 2 | 109.6 | 4 | 409.6 | 6 | 4.0   | 8 | 21.8 | 10 | 46.3 | 12 | 57.0 |

ステップ 1
選択された変数　**5**
取り入れられた変数と取り入れ $F$ 値–自由度　1,　229
5　706.3
取り入れられていない変数と取り入れ $F$ 値–自由度　1,　228

| 1 | 125.5 | 3 | 10.2  | 6 | 11.1 | 8 | 4.1  | 10 | 26.0 | 12 | 19.4 |
|---|-------|---|-------|---|------|---|------|----|------|----|------|
| 2 | 14.8  | 4 | 105.1 | 7 | 10.5 | 9 | 2.2  | 11 | 21.8 |    |      |

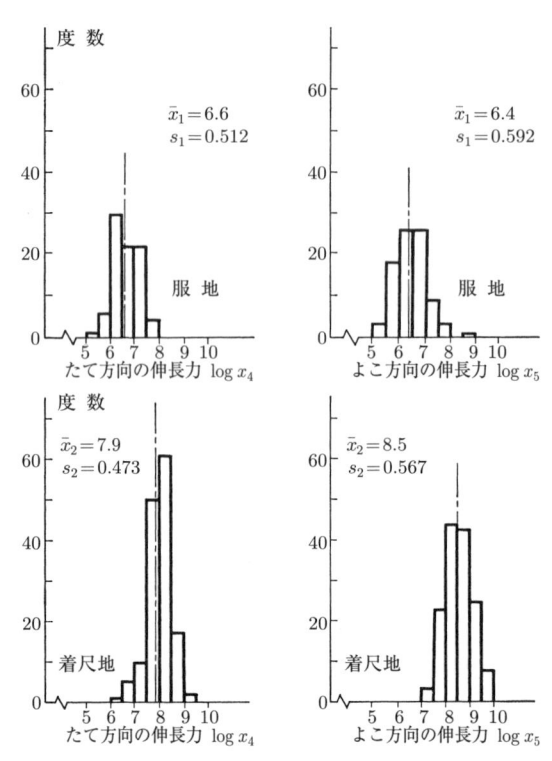

図 3.17 たて方向伸長力 $x_4$ とよこ方向伸長力 $x_5$ を対数変換したヒストグラム

目付け $x_1$ は，ステップ 2 で選択される．

---
ステップ 2
選択された変数 **1**
取り入れられた変数と除去 $F$ 値–自由度 1, 228
**1** 125.5   **5** 137.1
取り入れられていない変数と取り入れ $F$ 値–自由度 1, 227
**2** 3.1   **4** 71.1   **7** 0.1   **9** 0.8   **11** 6.7
**3** 1.4   **6** 85.1   **8** 0.4   **10** 4.0   **12** 0.4

---

各ステップで選ばれた変数と，そのときの $F$ 値を書くと次のようである．

## 3.8 変数選択による判別分析——逐次法 (2)

| ステップ番号 | 変数 取り入れ・除去 | $F$ 値 取り入れ・除去 | 取り入れられた変数の番号 |
|---|---|---|---|
| 1 | 5 | 706.29 | 1 |
| 2 | 1 | 125.46 | 2 |
| 3 | 6 | 85.11 | 3 |
| 4 | 4 | 60.79 | 4 |
| 5 | 7 | 5.72 | 5 |
| 6 | 2 | 10.12 | 6 |
| 7 | 12 | 7.00 | 7 |
| 8 | 3 | 2.05 | 8 |

伸長力 $x_4, x_5$, 通気性 $x_{12}$ に対数変換を行わなかった計算での最終ステップは

選択された変数の $F$ 値

| $x_1$ | 276.8 | $x_4$ | 67.1 | $x_6$ | 44.9 | $x_{11}$ | 5.6 |
| $x_2$ | 9.8 | $x_5$ | 44.2 | $x_9$ | 2.6 | $x_{12}$ | 12.0 |

選択されなかった変数の $F$ 値

| $x_3$ | 0.6 | $x_7$ | 1.2 | $x_8$ | 0.1 | $x_{10}$ | 1.5 |

であり, $\log x_4, \log x_5, \log x_{12}$ としたときの最終ステップは

選択された変数の $F$ 値

| $x_1$ | 108.1 | $x_3$ | 2.0 | $x_5$ | 95.5 | $x_7$ | 5.8 |
| $x_2$ | 18.1 | $x_4$ | 72.5 | $x_6$ | 67.1 | $x_{12}$ | 8.3 |

選択されなかった変数の $F$ 値

| $x_8$ | 0.2 | $x_9$ | 0.1 | $x_{10}$ | 0.8 | $x_{11}$ | 1.2 |

である. 選択された変数は 8 つで同じであるが, $x_9, x_{11}$ と $x_3, x_7$ が入れかわっている. 伸長力に対数変数をする前の分析では, 目付け $x_1$ の $F$ 値が 276.8 とほかに比べて著しく大きかったが, 対数変換後の分析では, 目付け $x_1$ の $F$ 値は 108.1 と減少し (依然として, いちばん大きいが), その他の変数で目につく $F$ 値の変化は

| 厚さ | $x_2$ | 9.8 | → | 18.1 |
| よこ方向伸長力 | $x_5$ | 44.2 | → | 95.5 |
| たて方向曲げ反発性 | $x_6$ | 44.9 | → | 67.1 |

である.判別で果たしている目付け $x_1$ の役割の重要性が減少し,$x_2, x_5, x_6$ の重要性が増加したといえる.それによって,判別効率は 36.8 から 48.3 と,大きくなっている.

判別関数 $z$ は,

$$z = 2925x_1 - 361.8x_2 + 0.2789x_3 - 8.096x_4 - 8.767x_5 - 159.9x_6 \\ + 44.51x_7 + 2.739x_{12} + 74.45$$

になる.

これにより,誤判別表は次のようになる.

誤判別表

| 群 | 服地 | 着尺地 |
|---|---|---|
| 服地 | 84 | 1 |
| 着尺地 | 0 | 146 |

対数変換をする前の分析で誤判別された標本は,服地の 6 番目と 8 番目であり,それぞれの平均からマハラノビス平方距離などは,次のようであった.

| | 判定 | $D_1^2$ | 事後確率 | $D_2^2$ | 事後確率 |
|---|---|---|---|---|---|
| データ No.6 | 着尺地 | 27.614 | 0.408 | 26.871 | 0.592 |
| データ No.8 | 着尺地 | 14.730 | 0.298 | 13.015 | 0.702 |

変数 $x_4, x_5, x_{12}$ に対数変換を行ったあとでは,それらの標本については,次のようになる.

| | 判定 | $D_1^2$ | 事後確率 | $D_2^2$ | 事後確率 |
|---|---|---|---|---|---|
| データ No.6 | 服地 | 71.487 | 0.799 | 74.244 | 0.201 |
| データ No.8 | 着尺地 | 20.249 | 0.029 | 13.194 | 0.971 |

6 番目の標本は正しく判別され,8 番目の標本はこの場合も誤って判定されている.

変換前の平均間マハラノビス平方距離は 36.8 であり,変換後は 48.3 と大きくなっていることから,期待される誤判別の確率は変換後の方が小さくなっているのがわかる.

## 3.9　変数選択による判別分析——AIC 規準・誤判別確率

判別分析を行うとき，判別に有用と考えられる変数はすべて考慮することになる．2 群 $G_1, G_2$ で考えると，変数 $x_i$ の群 $G_1$ の平均 $\bar{x}_i^{(1)}$ と群 $G_2$ の平均 $\bar{x}_i^{(2)}$ の差と，$x_i$ の標準偏差 $\sqrt{s_{ii}}$ から得られる値

$$\frac{\bar{x}_i^{(1)} - \bar{x}_i^{(2)}}{\sqrt{s_{ii}}} \tag{3.14}$$

の大きさをみて，それぞれの変数を個々に用いた場合に，どの変数が判別に効くかがわかる．変数の間に相関関係がほとんどなければ，その値の大きさだけから変数の組を決められる．現実は変数の間に相関関係のあるのが普通であり，その相関関係まで考慮に入れて，それらの変数のどの組合せを用いるのがよいかが問題となる．

変数を個別にみた場合には，平均間に大きな差があって有用な変数のようにみえても，相関関係のあることから，その変数のもっている判別力は，ほかのいくつかの変数によって説明されており，最終的には不必要であることがある．扱う変数が多い場合は，式 (3.14) の数値について相関行列をながめて，判別力の強い変数の組を見出すことは至難の技である．

そこで，変数選択基準が重要となる．2 群の共分散行列が等しい場合に線形判別関数が求められるが，変数を基準化したときの係数は**標準化判別係数**とよばれ，その絶対値が変数の変数選択の目安になる．標準化判別係数によってある程度は各変数の重要度や順序つけができる．そこで，ある順序までの変数の組を選ぶ方法が考えられる．しかし，どの順位までの変数を選べばよいかのルールはなく，ここで取り上げる AIC 規準や誤判別確率と組み合わせて決める必要がある．多くの場合，重要度の順に変数を選べばよいが，しかし，以下の例にみられるように，この方法で選ばれた変数の組よりもよい変数の組がある場合もある．

いま，マハラノビス平方距離の差と定義される線形判別関数 $z$ のかわりに，よく用いられる線形判別関数

$$u = -z = b_1 x_1 + b_2 x_2 + \cdots + b_p x_p$$

で考えることにする．このとき，**標準化判別係数**は

$$(b_1\sqrt{s_{11}}, b_2\sqrt{s_{22}}, \ldots, b_p\sqrt{s_{pp}}) \tag{3.15}$$

である.

　変数選択のための規準量として誤判別率規準と AIC 規準が利用される. 誤判別率規準は, 2 群の判別において利用できる規準であって, 線形判別関数 $z$ を用いたときの誤判別率の推定量として定義される. $q$ 個の変数 $x_1, x_2, \ldots, x_q$ を用いたときの規準量 $\Phi(Q)$ の値を求め, 最小となる変数の組を選択する方法である ($Q$ は数理的補足 (3.12 節) における式 (3.21) を参照).

　$q$ 個の変数 $x_1, x_2, \ldots, x_q$ に対する **AIC 規準**は, 残りの $p-q$ 個の変数は判別分析において冗長であるというモデルを考えて導出される. その規準量を

$$\text{AIC}(\{x_1, x_2, \ldots, x_q\}) \tag{3.16}$$

と表す. この式は数理的補足の節における式 (3.22) で与えられている. AIC の値が最小になる変数の組を最適な変数の組とする.

　倒産しない企業を群 $G_1$ とし, 倒産する企業を群 $G_2$ とする. 財務指標に関する次の 8 変数に基づいて判別することを考えよう.

　　$x_1$: 経常利益率　　　$x_2$: 金利負担率　　$x_3$: 総資本回転率
　　$x_4$: 売上債権回転期間　$x_5$: 自己資本比率　$x_6$: 流動比率
　　$x_7$: 当座比率　　　　$x_8$: 固定比率

各群の平均値, 標準偏差が表 3.8 のように求められる.

表 3.8　平均値と標準偏差

| 群 | | $x_1$ | $x_2$ | $x_3$ | $x_4$ | $x_5$ | $x_6$ | $x_7$ | $x_8$ |
|---|---|---|---|---|---|---|---|---|---|
| 非倒産 | 平均値 | 4.09 | 2.75 | 97.15 | 5.89 | 16.67 | 116.68 | 84.74 | 79.95 |
| | 標準偏差 | 4.12 | 1.48 | 34.24 | 3.15 | 6.13 | 23.31 | 19.46 | 35.24 |
| 倒産 | 平均値 | $-2.41$ | 5.34 | 72.46 | 5.99 | 8.04 | 107.05 | 69.52 | 32.69 |
| | 標準偏差 | 7.78 | 1.87 | 19.00 | 2.26 | 11.85 | 19.15 | 18.51 | 56.74 |

　企業の倒産データによる線形判別関数の係数 (判別係数) と標準化判別係数は次のように与えられる.

## 3.9 変数選択による判別分析——AIC 規準・誤判別確率

|  | $x_1$ | $x_2$ | $x_3$ | $x_4$ | $x_5$ | $x_6$ | $x_7$ | $x_8$ |
|---|---|---|---|---|---|---|---|---|
| 判別係数 | 0.09 | $-0.62$ | 0.04 | 0.06 | $-0.09$ | 0.02 | 0.03 | 0.02 |
| 標準化判別係数 | 0.53 | $-1.04$ | 1.19 | 0.18 | $-0.85$ | 0.43 | 0.60 | 0.86 |

標準化判別係数の絶対値が大きい変数の順は

$$x_3 \to x_2 \to x_8 \to x_5 \to x_7 \to x_1 \to x_6 \to x_4$$

となる．これらは，各変数の判別に関しての重要度と考えられる．

企業データの変数の組 $J$ に対して，2つの変数選択規準 $\Phi(Q_J)$ と $\mathrm{AIC}_J$ を計算し，ベスト6の変数の組とその値を表 3.9 に示している．ベスト4までの変数の組は同じである．ベスト5と6では2つの規準の順序が異なっている．ここでは，$\mathrm{AIC}_J$ の小さい順に並べている．表には2つの規準値のほかに，マハラノビス距離 $D$, $Q$ の値が与えられている．なお，変数の組 $J$ を簡単のため，添え字の集まりとして表している．たとえば，$J = \{x_1, x_2\}$ を $J = \{1, 2\}$ と書いている．

表 3.9 変数選択規準 $\Phi(Q)$ および AIC によるベスト 6

| $J$ | $D_J$ | $Q_J$ | $\Phi(Q_J)$ | $\mathrm{AIC}_J$ |
|---|---|---|---|---|
| $\{2, 7\}$ | 1.799 | $-0.8030$ | 0.2110 | 1467.0 |
| $\{2, 6\}$ | 1.761 | $-0.7841$ | 0.2165 | 1467.5 |
| $\{2, 3, 7\}$ | 1.907 | $-0.7797$ | 0.2178 | 1467.5 |
| $\{2, 3, 6\}$ | 1.864 | $-0.7582$ | 0.2242 | 1468.1 |
| $\{2, 4, 7\}$ | 1.854 | $-0.7533$ | 0.2256 | 1468.2 |
| $\{2\}$ | 1.552 | $-0.7581$ | 0.2242 | 1468.3 |

2つの変数選択規準 $\Phi(Q_J)$ と $\mathrm{AIC}_J$ に基づくベスト3の変数の組を順にリストすると

$$\{x_2, x_7\} \quad \{x_2, x_6\} \quad \{x_2, x_3, x_7\}$$

である．変数 $x_2$ は倒産・非倒産の判別において重要な変数であるが，変数 $x_6$, $x_7$ のいずれかと組み合わせることで，判別力が一段と増えることを示している．また，変数の組 $x_2, x_3$ は標準化判別係数の観点からベストな組合せであるが，$x_7$ を加えることにより，さらに有効になることを示している．なお，変数 $x_3$ は，ほかのすべての変数と負の相関をもち，いまの場合，やや特異な振る舞いをしている．

最適な変数の組 $x_2, x_7$ を用いたときの誤判別は次の表で与えられている.

誤判別表

| 群 | 非倒産 | 倒産 |
|---|---|---|
| 非倒産 | 12 | 2 |
| 倒産 | 4 | 8 |

誤判別表 (1つ取って置き法)

| 群 | 非倒産 | 倒産 |
|---|---|---|
| 非倒産 | 11 | 3 |
| 倒産 | 4 | 8 |

先験確率を $1/2$ とすると, 誤判別率はそれぞれ

$$\frac{1}{2} \times \frac{2}{14} + \frac{1}{2} \times \frac{4}{12} = 0.238$$

$$\frac{1}{2} \times \frac{3}{14} + \frac{1}{2} \times \frac{4}{12} = 0.274$$

となる. 一方, 誤判別率の推定値は $J = \{2, 7\}$ のときの $\Phi(Q_J)$ の値であって, $0.211$ である. この値はナイーブの推定値 $0.238$ より幾分小さくなっているが, これは, 変数が同一共分散行列をもつ正規分布を想定しての推定法であるためと思われる.

服地と着尺地の判別について 12 変数を用いて考察した. また, 逐次法による変数選択について考察した. ここでは, 変数選択規準 $\Phi(Q)$ および AIC を用いた変数選択を考える. まず, 変数選択の目安になる線形判別関数の係数と標準化判別係数をみておこう. これらは次のように与えられる.

|  | $x_1$ | $x_2$ | $x_3$ | $x_4$ | $x_5$ | $x_6$ |
|---|---|---|---|---|---|---|
| 判別係数 | $-2812$ | $172.7$ | $0.151$ | $0.003$ | $0.001$ | $115.1$ |
| 標準化判別係数 | $-8.02$ | $1.71$ | $0.44$ | $3.33$ | $2.59$ | $3.44$ |

|  | $x_7$ | $x_8$ | $x_9$ | $x_{10}$ | $x_{11}$ | $x_{12}$ |
|---|---|---|---|---|---|---|
| 判別係数 | $14.83$ | $-0.091$ | $1.197$ | $0.380$ | $-2.103$ | $-0.046$ |
| 標準化判別係数 | $0.52$ | $-1.84$ | $1.63$ | $0.79$ | $-2.75$ | $-2.10$ |

標準化判別係数の絶対値が大きい変数の順は次のようになる.

$x_1 \to x_6 \to x_4 \to x_{11} \to x_5 \to x_{12} \to x_8 \to x_2 \to x_9 \to x_{10} \to x_7 \to x_3$

変数 $x_4, x_5, x_{12}$ を対数変換した場合の服地データの判別関数の係数 (判別係数) と標準化判別係数は次のように与えられる.

## 3.9 変数選択による判別分析——AIC 規準・誤判別確率

|  | $x_1$ | $x_2$ | $x_3$ | $\log x_4$ | $\log x_5$ | $x_6$ |
|---|---|---|---|---|---|---|
| 判別係数 | $-2805$ | $322.5$ | $-0.121$ | $8.341$ | $8.699$ | $145.9$ |
| 標準化判別係数 | $-8.00$ | $3.20$ | $-0.35$ | $4.06$ | $5.02$ | $4.36$ |

|  | $x_7$ | $x_8$ | $x_9$ | $x_{10}$ | $x_{11}$ | $\log x_{12}$ |
|---|---|---|---|---|---|---|
| 判別係数 | $-31.79$ | $-0.575$ | $1.891$ | $0.106$ | $-1.620$ | $-2.626$ |
| 標準化判別係数 | $-1.11$ | $-1.16$ | $2.58$ | $0.22$ | $-2.12$ | $-2.04$ |

標準化判別係数の絶対値が大きい変数の順は次のようになる．

$$x_1 \to \log x_5 \to x_6 \to \log x_4 \to x_2 \to x_9$$
$$\to x_{11} \to \log x_{12} \to x_8 \to x_7 \to x_3 \to x_{10}$$

　服地データの変数の組 $J$ に対して，2つの変数選択規準 $\Phi(Q_J)$ と $\mathrm{AIC}_J$ を計算し，ベスト5の変数の組とその値を表 3.10, 3.11 に示している．2つの規準によるベスト5の変数の組は同じであって，さらに，各規準について，それほど差がないことがわかる．表には2つの規準値のほかに，マハラノビス距離 $D, Q$ の値が与えられている．なお，変数の組 $J$ を簡単のため，添え字の集まりと表している．たとえば，$J = \{x_1, x_2\}$ を $J = \{1, 2\}$ と書いている．

　変数の数が増えると，すべての変数の組に対して規準量を計算しそれらのなかから最適な組を求めるのが困難になる．この場合，次の対処法がある．

表 3.10 変数選択規準 $\Phi(Q)$ および AIC によるベスト5

| $J$ | $D_J$ | $Q_J$ | $\Phi(Q_J)$ | $\mathrm{AIC}_J$ |
|---|---|---|---|---|
| $\{1, 2, 4, 5, 6, 9, 11, 12\}$ | 6.077 | $-2.956$ | 0.00156 | 8672.5 |
| $\{1, 2, 4, 5, 6, 9, 10, 11, 12\}$ | 6.100 | $-2.953$ | 0.00157 | 8672.9 |
| $\{1, 2, 4, 5, 6, 11, 12\}$ | 6.038 | $-2.951$ | 0.00158 | 8673.1 |
| $\{1, 2, 4, 5, 6, 7, 9, 11, 12\}$ | 6.092 | $-2.949$ | 0.00159 | 8673.4 |
| $\{1, 2, 4, 5, 6, 8, 11, 12\}$ | 6.061 | $-2.948$ | 0.00160 | 8673.5 |

表 3.11 変数選択規準 $\Phi(Q)$ および AIC によるベスト5
($x_4 \to \log x_4, x_5 \to \log x_5, x_{12} \to \log x_{12}$)

| $J$ | $D_J$ | $Q_J$ | $\Phi(Q_J)$ | $\mathrm{AIC}_J$ |
|---|---|---|---|---|
| $\{1, 2, 4, 5, 6, 7, 8, 9, 11, 12\}$ | 7.054 | $-3.4136$ | 0.000321 | $-779.02$ |
| $\{1, 2, 4, 5, 6, 8, 9, 11, 12\}$ | 7.020 | $-3.4134$ | 0.000321 | $-779.00$ |
| $\{1, 2, 4, 5, 6, 9, 11, 12\}$ | 6.986 | $-3.4126$ | 0.000322 | $-778.91$ |
| $\{1, 2, 4, 5, 6, 7, 8, 9, 11, 12\}$ | 7.032 | $-3.4126$ | 0.000322 | $-778.91$ |
| $\{1, 2, 3, 4, 5, 6, 7, 9, 11, 12\}$ | 6.961 | $-3.4027$ | 0.000334 | $-777.71$ |

(1) 選択される変数の数を限定する方法.変数の数をある値以下に限定し,それらの変数の組のなかから最適な変数の組を求める方法である.
(2) 逐次計算法 (変数増加計算法, 変数減少計算法).これは,変数増加法のように,逐次最適なものを探す方法である.たとえば,AIC 規準を用いて,まず 1 つの変数だけを用いて最小になる変数 $x_1$ を求める.次に $x_1$ を含む 2 つの変数だけからなる変数の組のなかで最小なものを求める.このような組を $\{x_1, x_2\}$ とする.AIC($\{x_1\}$) < AIC($\{x_1, x_2\}$) なら,$x_1$ を選んで終了し,AIC($\{x_1\}$) $\geq$ AIC($\{x_1, x_2\}$) なら次のステップに進む.このような逐次増加計算法のほかに,変数を順次減らす方法も考えられる.

表 3.12 変数増加計算法による最適 AIC

| 変数 | AIC |
| --- | --- |
| $x_1$ | 8863.13 |
| $x_1, x_4$ | 8800.96 |
| $x_1, x_4, x_5$ | 8748.81 |
| $x_1, x_4, x_5, x_6$ | 8688.48 |
| $x_1, x_4, x_5, x_6, x_{12}$ | 8682.09 |
| $x_1, x_4, x_5, x_6, x_{12}, x_2$ | 8674.04 |
| $x_1, x_4, x_5, x_6, x_{12}, x_2, x_{11}$ | 8673.09 |
| $(x_1, x_4, x_5, x_6, x_{12}, x_2, x_{11}, x_9)$ | 8672.46 |
| $x_1, x_4, x_5, x_6, x_{12}, x_2, x_{11}, x_9, x_{10}$ | 8672.88 |

表 3.13 変数減少計算法による最適 AIC

| 変数 | AIC |
| --- | --- |
| $x_1, x_2, x_3, x_4, x_5, x_6, x_7, x_8, x_9, x_{10}, x_{11}, x_{12}$ | 8677.57 |
| $x_1, x_2, x_3, x_4, x_5, x_6, x_7, x_9, x_{10}, x_{11}, x_{12}$ | 8675.62 |
| $x_1, x_2, x_4, x_5, x_6, x_7, x_9, x_{10}, x_{11}, x_{12}$ | 8674.28 |
| $x_1, x_2, x_4, x_5, x_6, x_9, x_{10}, x_{11}, x_{12}$ | 8672.88 |
| $(x_1, x_2, x_4, x_5, x_6, x_9, x_{11}, x_{12})$ | 8672.46 |
| $x_1, x_2, x_4, x_5, x_6, x_{11}, x_{12}$ | 8674.04 |

逐次計算法による最適な AIC が表 3.12, 3.13 で与えられている.また,変数増加計算法と変数減少計算法を適用したときの AIC のようすを示したのが図 3.18 である.2 つの計算法によってもあらゆる変数の組を考えたときの最適な変数の組 $(x_1, x_2, x_4, x_5, x_6, x_9, x_{11}, x_{12})$ が選ばれている.

これまで,標準化判別係数の値から判別に有効な変数の検討を,また逐次計算

3.10 線形判別分析の頑健性

変数増加計算法による AIC の変化　　変数減少計算法による AIC の変化

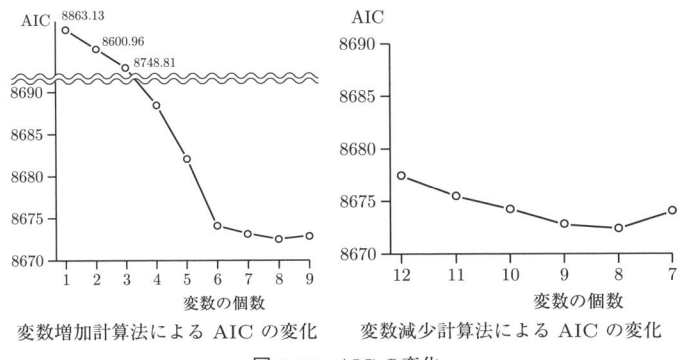

図 **3.18**　AIC の変化

法などを述べてきたが，統計計算ソフトでよく用いられるのは，変数増減法や変数減増法であり，まずはそれで検討をされるとよい．

## 3.10　線形判別分析の頑健性

これまでは両群の共分散行列は等しいという前提と，多変量正規分布の前提のもとで話を進めてきた．これらの条件が満たされていないデータで，前節まで用いてきた判別関数 (線形判別関数) をつくったとき，その判別関数は信頼して用いてよいであろうか．この観点から線形判別関数の**頑健性** (ロバストネス) は重要な問題である．そこで前提条件のどのようなずれに関しては頑健で，どのようなずれに関しては頑健でないかを考えることにする．

**共分散行列が等しくない場合**

群 $G_1$ の共分散行列を $\Sigma_1$，群 $G_2$ の共分散行列を $\Sigma_2$ とし，多変量正規分布は成り立っているとする．一般性を失うことなく，群 $G_1$ の平均を $(0,0,\ldots,0)$，$\Sigma_1$ を対角行列とし，群 $G_2$ の平均を $(\mu_1,\mu_2,\ldots,\mu_p)$，$\Sigma_2$ を単位行列として話を進める．

$$\Sigma_1 = \begin{bmatrix} \sigma_{11} & 0 & \cdots & 0 \\ 0 & \sigma_{22} & \cdots & 0 \\ \vdots & \vdots & \ddots & \vdots \\ 0 & 0 & \cdots & \sigma_{pp} \end{bmatrix}, \quad \Sigma_2 = \begin{bmatrix} 1 & 0 & \cdots & 0 \\ 0 & 1 & \cdots & 0 \\ \vdots & \vdots & \ddots & \vdots \\ 0 & 0 & \cdots & 1 \end{bmatrix}$$

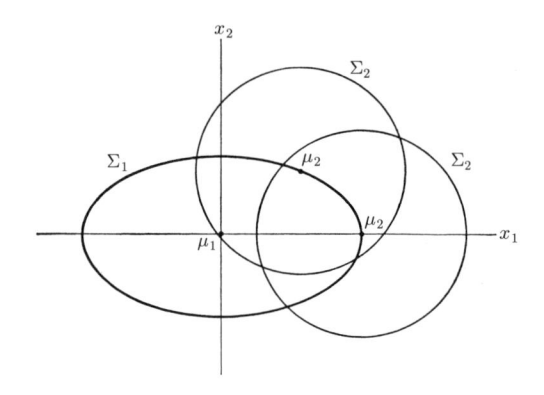

図 3.19 2 変数の場合の群 $G_1$ と群 $G_2$ の関係 ($f_1(x_1, x_2) = f_2(x_1, x_2) = c$ としたときの切片の軌跡)

2 次元の場合は図 3.19 のような関係である．

2 次元の場合を考える．共分散行列を

$$\Sigma_1 = \begin{bmatrix} 1.0 & 0 \\ 0 & 1.0 \end{bmatrix} = \Sigma_2$$

とし，平均間のマハラノビス平方距離 $D^2$ (判別効率) を 6.0 とすると，誤判別の確率は

$$E_1 = E_2 = 0.111$$

である．ここで $E_1$ は群 $G_1$ に属するのに群 $G_2$ からと判定する誤りをする確率，$E_2$ は群 $G_2$ に属するのに群 $G_1$ からと判定する誤りをおかす確率である．いま $\Sigma_2$ はそのままで，$\Sigma_1$ を

$$\Sigma_1 = \begin{bmatrix} 1.5 & 0 \\ 0 & 0.5 \end{bmatrix}$$

とすると，判別効率 $D^2$ は

$$D^2 = 1.25\mu_1^2 + 0.75\mu_2^2$$

である．$D^2$=6.0 となる $(\mu_1, \mu_2)$ に対して，誤判別の確率を調べる．つまり

$$\Sigma_1 = \begin{bmatrix} 1.5 & 0 \\ 0 & 0.5 \end{bmatrix}, \quad \Sigma_2 = \begin{bmatrix} 1.0 & 0 \\ 0 & 1.0 \end{bmatrix}$$

のような共分散行列の違いに対して, 群 $G_2$ の平均 $(\mu_1, \mu_2)$ を変えたときに, 誤判別の確率がどうなるかを以下に示す (注:この数値は, 1978 年に, 国立公衆衛生院の福富和夫博士が, 統計数理研究所で講演した際に示されたものの一部分で, 本書への記載を快く承諾された).

| $\mu_1$ | $\mu_2$ | $E_1$ | $E_2$ | $(E_1 + E_2)/2$ |
|---|---|---|---|---|
| 2.74 | 0.00 | 0.0855 | 0.1318 | 0.1086 |
| 2.60 | 0.67 | 0.0924 | 0.1264 | 0.1094 |
| 2.45 | 0.95 | 0.0992 | 0.1207 | 0.1100 |
| 2.29 | 1.16 | 0.1056 | 0.1149 | 0.1103 |
| 2.12 | 1.34 | 0.1119 | 0.1088 | 0.1103 |
| 1.94 | 1.50 | 0.1178 | 0.1204 | 0.1101 |
| 1.73 | 1.64 | 0.1236 | 0.0958 | 0.1097 |
| 1.50 | 1.77 | 0.1291 | 0.0890 | 0.1090 |
| 1.22 | 1.90 | 0.1344 | 0.0819 | 0.1081 |
| 0.87 | 2.01 | 0.1395 | 0.0745 | 0.1070 |
| 0.00 | 2.12 | 0.1444 | 0.0668 | 0.1056 |

共分散行列が等しいという前提が成り立っているときの誤判別の確率は 0.111 であり, それに比較して $(E_1 + E_2)/2$ の値はあまり変わっていない. しかしながら, 誤判別の確率 $E_1, E_2$ の一方が大きく他方が小さくなるアンバランスが生じることが表からわかる. 分散の大きさを比較すると
- 変数 $x_1$ については, 群 $G_2$ の分散は群 $G_1$ の分散の $(2/3)$ 倍の大きさ
- 変数 $x_2$ については, 群 $G_2$ の分散は群 $G_1$ の分散の 2 倍の大きさ

である. $p$ 変量での吟味も必要であるが, この数値結果から考えると, 平均の位置関係にもよるが, 分散の違いが 2 倍ほどまでは線形判別分析を用いてよさそうである.

前提条件が大きくくずれている場合には, それに対処する 1 つの方法は変数変換を考えることである. 前節の着尺地と服地の例では, 伸長力と通気性を測定した変数 $x_4, x_5, x_{12}$ に対数変換を行った. どのような変数変換が適切であるかは, 当該問題の特性にも依存し, 研究的な考察が必要である. 他方, $x_1, x_2, \ldots, x_p$ の項に $x_1^2, x_1 x_2, x_2^2, \ldots$ などの項を含む理論的に導出される 2 次関数を, 判別式として用いることが考えられる. この場合には, 標本から推定するパラメータの個数が多くなることもあり, 標本数がある程度大きいことが必要である.

Anderson and Bahadur (1962) は，共分散行列が等しくない場合の最良の線形判別関数を提案している．

**正規分布が満たされていない場合**

多変量正規分布と共分散行列が等しいことを前提とし，誤判別の確率の和 $E_1+E_2$ を最小にする判別関数を考えてきた．しかしながら，分布関数が多変量正規分布からずれている場合には，得られた判別関数は $E_1+E_2$ を最小にしているとは考えられない．図示しやすいよう1変数で述べると，図 3.21 の判別点 $c_0$（それぞれの群の平均の中点）を採用すると，誤判別の確率は最小の場合（図 3.20）に比べて，$E_3$ だけ大きくなっている．

線形判別関数はいくつかの変数の加法和

$$z = a_0 + a_1 x_1 + a_2 x_2 + \cdots + a_p x_p$$

である．そのことから，もとの関数がそれぞれの正規分布からずれていても，それらの加法和で表された $z$ は正規分布に近くなっている場合が多く，正規分布のずれは，共分散行列が満たされていない場合よりも，深刻でないという研究者もいる．正規分布からの多少のずれは，結果に大きく影響することはないと考えられる．これらのことを研究した論文は少ない．

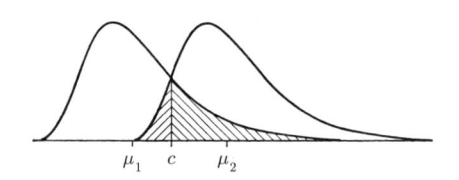

図 3.20 正規分布が満たされていない場合の最良の判別点 $c$

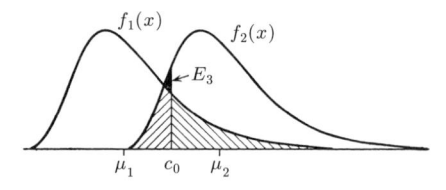

図 3.21 平均の中点を判別点とした場合の誤判別の確率

正規分布から大きくずれた場合には，線形判別分析は頑健でない場合がある．どのような非正規分布の場合に頑健でないかの研究はほとんど知られていないゆえ，統計数理論的に考察することはむずかしい．これを研究する際に用いられる方法は，乱数による計算機実験（シミュレーション）である．分析しているデータに関して，この仮定が大きくくずれている可能性がある場合には，その

データが抽出された母集団での分布を想定し，シミュレーション実験を行い検討することが考えられよう．

非正規分布に線形判別分析を用いた場合について考えられることは，共分散行列のところでみられたと同様に，誤判別の確率 $E_1, E_2$ にアンバランスが生じることである．また，誤判別の確率の和がかなり大きくなることもある．どの場合にどうなるかという研究はほとんどない．ときにみられることがあるが，等分散を満たすような変数変換が，同時に正規分布の前提条件を満たすことがある．正規分布に近い分布への変数変換を考えてみることも，場合によっては有効であろう．

一方，変数が非正規分布に従う場合，非正規特有の判別法が提案されている．たとえば，変数の取りうる値が 0 と 1 の 2 通りである離散型変数の場合，ロジスティック回帰モデルを想定した判別法が提案されている．変数が連続的な値をとる連続型変数の場合にも，ある種の非正規モデルを想定した判別法が提案されている．このような非正規での判別法については，たとえば，McLachlan (1992) に詳しく解説されている．

## 3.11 逐次法における規準値と AIC 規準

3.6〜3.9 節で説明した，1 つずつ変数を増やしたり減らしたりする変数増減法，あるいは変数減増法と，AIC 規準を用いた変数選択の関連について考える．多変量正規分布の前提と，両群の母共分散行列は等しいことを前提とし，変数の個数を $p$ で表す．いま，$p$ 変数のなかの $q$ 変数を用いて判別分析を行っているとしよう．記号簡単のため，$q$ 個の変数を $x_1, x_2, \ldots, x_q$ とし，新たに追加した変数を $x_{q+1}$ としよう．2 群 $G_1, G_2$ の平均間のマハラノビス平方距離を $D_q^2$ (判別効率) で表す．変数 $x_{q+1}$ を新たに追加して判別分析を行い，この $(q+1)$ 変数による判別効率を $D_{q+1}^2$ とすると

$$D_{q+1}^2 - D_q^2 \geq 0$$

が成り立っている．"変数 $x_{q+1}$ を追加したことによる判別効率の増分が，誤差によるみかけ上のものにすぎないか"，あるいは，"有意な増分であって，誤判別の確率を小さくするという有用な役割を果たしているか" を考えることになる．

判別効率の増分がわずかであれば誤差によっておこったと判定し，増分が多ければ追加した変数 $x_{q+1}$ は判別に有用な役割を果たしていると判断する．検定統計量は

$$F_q = \frac{n-q}{1} \frac{D_{q+1}^2 - D_q^2}{(Nn/N_1N_2) + D_q^2} \quad (N = N_1 + N_2,\ n = N-2) \quad (3.17)$$

であり，これは自由度 $(1, n-q)$ の F 分布に従う．ここで，$N_1$ は群 $G_1$ の標本数を，$N_2$ は群 $G_2$ の標本数を表す．

一方，$q$ 個の変数を用いたときの AIC 規準を $\mathrm{AIC}(\{x_1, \ldots, x_q\})$ と表し，$x_{q+1}$ を追加して，$(q+1)$ 個の変数を用いた AIC 規準を $\mathrm{AIC}(\{x_1, \ldots, x_q, x_{q+1}\})$ と表す．この場合の情報量規準の変化の大きさ $\mathrm{A}_q$ は

$$\mathrm{A}_q = \mathrm{AIC}(\{x_1, \ldots, x_q, x_{q+1}\}) - \mathrm{AIC}(\{x_1, \ldots, x_q\})$$
$$= -N \log\left(1 + \frac{F_q}{n-q}\right) + 2 \quad (3.18)$$

である．$\mathrm{A}_q$ の正負によって，$x_{q+1}$ を取り入れるべきかどうかを判断することができることに注意しよう．$N$ が十分大きいとき，対数のなかの第 2 項 $F_q/(N-q)$ は小さいと考えてよい．小さな $z$ に対して $\log(1+z) \fallingdotseq z$ より，式 (3.18) は近似的に

$$\mathrm{A}_q = -F_q + 2$$

と書ける．統計量 $F_q$ が 2.0 より大きいならば，情報量規準の増分 $\mathrm{A}_q$ は負であり，追加した変数 $x_{q+1}$ は判別に有用な変数として取り入れる．統計量 $F_q$ が 2.0 より小さいときは $\mathrm{A}_q$ は正であり，このときは変数 $x_{q+1}$ を取り入れない．

次に変数を除去する場合を考える．いま，$(q+1)$ 変数が選ばれているとする．このとき変数 $x_{q+1}$ を除去したときの $F$ 値は，同じく式 (3.17) で計算できる．このときの情報量規準の変化の大きさ $\mathrm{A}'_q$ は

$$\mathrm{A}'_q = \mathrm{AIC}(\{x_1, \ldots, x_q\}) - \mathrm{AIC}(\{x_1, \ldots, x_q, x_{q+1}\})$$
$$= N \log\left(1 + \frac{F_q}{n-q}\right) - 2$$

となる．変数を増加した場合と同様にして，近似的に

$$\mathrm{A}'_q = F_q - 2$$

と書ける. 統計量 $F_q$ が 2.0 より大きいときは, $A'_q$ は正になるから判別力は弱くなったことになり, 変数 $x_{q+1}$ は除去しないと判定する. 統計量 $F_q$ が 2.0 より小さいときは, $A'_q$ は負になるから変数 $x_{q+1}$ を取り除くことによって判別力が強くなったことになり, $(q+1)$ 変数の組から $x_{q+1}$ を除去すると判定する.

以上から, 標本数 $N_1 + N_2$ が大きいときは, 変数を取り入れる基準値 $F_{\text{IN}}$ と変数を取り除く基準値 $F_{\text{OUT}}$ は, どちらも 2.0 に設定するのが妥当であることが示された (たとえば, 杉山・藤越 (2012)).

## 3.12　数理的補足――判別分析

### マハラノビスの距離

2 変量 $x_1, x_2$ が平均 $\mu_1, \mu_2$, 分散 $\sigma_1^2, \sigma_2^2$, 共分散 $\sigma_{12} = \sigma_1 \sigma_2 \rho$ の正規分布に従うとする. このとき, 2 変量標準正規分布に従う変量 $z_1, z_2$ を構成した. その変換をベクトルと行列を用いて表すと

$$\left[\begin{array}{c} z_1 \\ z_2 \end{array}\right] = \left[\begin{array}{cc} c_{11} & c_{12} \\ c_{21} & c_{22} \end{array}\right] \left[\begin{array}{c} x_1 - \mu_1 \\ x_2 - \mu_2 \end{array}\right]$$

と表せる. さらに

$$\bm{z} = \left[\begin{array}{c} z_1 \\ z_2 \end{array}\right], \quad \bm{x} = \left[\begin{array}{c} x_1 \\ x_2 \end{array}\right], \quad \bm{\mu} = \left[\begin{array}{c} \mu_1 \\ \mu_2 \end{array}\right], \quad C = \left[\begin{array}{cc} c_{11} & c_{12} \\ c_{21} & c_{22} \end{array}\right]$$

と表すと, 変換は

$$\bm{z} = C(\bm{x} - \bm{\mu})$$

となる. $\bm{z}$ が 2 変量標準正規分布になるための条件は

$$C \Sigma C' = I_2$$

あるいは, $C'C = \Sigma^{-1}$ となる. $I_2$ は 2 次元単位行列である. 変量 $(x_1, x_2)$ の観測値 $(x_{1a}, x_{2a})$ が上の変換によって $(z_{1a}, z_{2a})$ になったとし,

$$\bm{x}_a = \left[\begin{array}{c} x_{1a} \\ x_{2a} \end{array}\right], \quad \bm{z}_a = \left[\begin{array}{c} z_{1a} \\ z_{2a} \end{array}\right]$$

とおく. このとき, 中心 $\bm{\mu}$ から $(x_{1a}, x_{2a})$ までのマハラノビスの距離の平方 $D^2$ は,

$$D^2 = \bm{z}'_b \bm{z}_b = (\bm{x}_a - \bm{\mu}_a)' C'C (\bm{x}_a - \bm{\mu}_a)$$
$$= (\bm{x}_a - \bm{\mu}_a)' \Sigma^{-1} (\bm{x}_a - \bm{\mu}_a)$$

と表される. さらに,

$$\Sigma^{-1} = \frac{1}{1-\rho^2} \begin{bmatrix} \frac{1}{\sigma_1^2} & -\frac{\rho}{\sigma_1\sigma_2} \\ -\frac{\rho}{\sigma_1\sigma_2} & \frac{1}{\sigma_2^2} \end{bmatrix}$$

を用いると, 式 (3.2) となる.

一般に, $p$ 変量 $x_1, x_2, \ldots, x_p$ が平均 $\mu_1, \mu_2, \ldots, \mu_p$, 共分散行列 $\Sigma$ (巻末付録 B を参照) の正規分布に従うとする. このとき, 中心 $(\mu_1, \mu_2, \ldots, \mu_p)$ から点 $(x_{1a}, x_{2a}, \ldots, x_{pa})$ までのマハラノビスの距離 $D$ の平方は次のように書ける.

$$D^2 = \sigma^{11}(x_{1a} - \mu_1)^2 + \sigma^{22}(x_{2a} - \mu_2)^2 + \cdots + \sigma^{pp}(x_{pa} - \mu_p)^2 \qquad (3.19)$$
$$+ 2\sigma^{12}(x_{1a} - \mu_1)(x_{2a} - \mu_2) + \cdots + 2\sigma^{p-1,p}(x_{p-1,a} - \mu_{p-1})(x_{pa} - \mu_p)$$

ここで, $\sigma^{ij}$ は $\Sigma$ の逆行列の $(i,j)$ 要素である.

### 事後確率

変数 $z$ を用いて, 個体が 2 つの群 $G_1, G_2$ のいずれに属するかを判定する判別問題を考えよう. 変数 $z$ の群 $G_i$ での分布の確率密度関数は, $f_i(z)$, $i=1,2$ であるとする. さらに, 各群の先験確率を $\pi_1, \pi_2$ とし, 観測値 $z$ は混合分布, すなわち, 確率密度関数が

$$\pi_1 f_1(z) + \pi_2 f_2(z)$$

である分布に従うとする. このとき, 観測値 $z$ が $G_i$ に属する**事後確率**は

$$\frac{\pi_i f_i(z)}{\pi_1 f_1(z) + \pi_2 f_2(z)} \quad (i=1,2)$$

となる.

変数 $z$ としては, 2 個の変数 $x_1, x_2$ から構成される線形判別関数でもよい. また, 観測値 $x_1, x_2$ から各群 $G_i$ の平均までのマハラノビス平方距離を考えれば, p.68 に与えている事後確率が求められる.

### 次元縮小を伴う判別関数

$p$ 個の変数 $x_1, x_2, \ldots, x_p$ に基づく $q$ 個の群の判別分析に関して, 次元縮小を伴う判別関数が用いられる. これらの判別関数の係数ベクトルは, 群内変動行列 $W$ に関する群間変動行列 $B$ の固有ベクトルとして与えられる. なぜ固有ベクトルになるかを, $p=2, q=2$ の場合でみてみよう. 1 次結合 $u = h_1 x_1 + h_2 x_2$ の群間平方和, 群内平方和をそれぞれ, $V_b^2, V_w^2$ とするとき, 判別分離度 $V_b^2/V_w^2$ が最大になるような係数を

考える．まず，$V_b^2$, $V_w^2$ は次のように表せることに注意しよう．

$$V_b^2 = b_{11}h_1^2 + 2b_{12}h_1h_2 + b_{22}h_2^2$$
$$V_w^2 = w_{11}h_1^2 + 2w_{12}h_1h_2 + w_{22}h_2^2$$

ここで，$b_{11}$ は変数 $x_1$ の観測値の群間平方和，$b_{22}$ は変数 $x_2$ の観測値の群間平方和である．$b_{12}$ は $x_1$ と $x_2$ の群間積和であって，

$$b_{12} = b_{21} = N_1(\bar{x}_1^{(1)} - \bar{x}_1)(\bar{x}_2^{(1)} - \bar{x}_2)^2 + N_1(\bar{x}_1^{(2)} - \bar{x}_1)(\bar{x}_2^{(2)} - \bar{x}_2)$$

である．また，$w_{11}$ は変数 $x_1$ の観測値の群内平方和，$w_{22}$ は変数 $x_2$ の観測値の群内平方和である．$w_{12}$ は $x_1$ と $x_2$ の群内積和であって，群 $G_i$ での $x_1$ と $x_2$ の積和を $w_{12}^{(i)}$ とするとき

$$w_{12} = w_{21} = w_{12}^{(1)} + w_{12}^{(2)}$$

である．判別分離度の最大化は，条件 $V_w^2 = n$ のもとでの $V_b^2$ の最大化と同じである．ラグランジュ法により

$$f(h_1, h_2, \lambda) = b_{11}h_1^2 + 2b_{12}h_1h_2 + b_{22}h_2^2$$
$$- \ell(w_{11}h_1^2 + 2w_{12}h_1h_2 + w_{22}h_2^2 - n)$$

とおき，$h_1, h_2, \lambda$ のそれぞれについて偏微分して 0 とおくことにより，次の関係を満たすとき，最大になることがわかる．

$$B\boldsymbol{h} = \ell W \boldsymbol{h}$$

ここに，$\boldsymbol{h} = (h_1, h_2)'$,

$$B = \left[ \begin{array}{cc} b_{11} & b_{12} \\ b_{21} & b_{22} \end{array} \right], \quad W = \left[ \begin{array}{cc} w_{11} & w_{12} \\ w_{21} & w_{22} \end{array} \right].$$

これより，$\ell$ は $|B - \ell W| = 0$ の解，すなわち，$B$ の $W$ に関する固有値で，$\boldsymbol{h}$ は対応する固有ベクトルであることがわかる．ここで述べたことは，一般の $p, q$ に対しても，ほぼ平行的に示すことができる．

### 追加情報の検定

$p$ 個の変数 $x_1, x_2, \ldots, x_p$ を用いたときの 2 群 $G_1$, $G_2$ の判別において，母共分散行列は等しいとしよう．群 $G_1$ の母平均 $(\mu_1^{(1)}, \mu_2^{(1)}, \ldots, \mu_p^{(1)})$，群 $G_2$ の母平均 $(\mu_1^{(2)}, \mu_2^{(2)}, \ldots, \mu_p^{(2)})$，および，母共分散行列が既知であるときの線形判別関数を

$$z = \beta_1 x_1 + \beta_2 x_2 + \cdots + \beta_p x_p + \beta_0$$

とする．このとき，変量 $x_{q+1}, x_{q+2}, \ldots, x_p$ の係数が 0 であるという仮説

$$H_0;\ \beta_{q+1} = \beta_{q+2} = \cdots = \beta_p = 0$$

の検定を考えよう．母平均間のマハラノビス平方距離を $\Delta_p^2$ とし，$q$ 変量 $x_1, x_2, \ldots, x_q$ の場合のマハラノビス平方距離を $\Delta_q^2$ とする．一般に，$\Delta_p^2 - \Delta_q^2 \geq 0$ であるが，仮説 $H_0$ は "$\Delta_p^2 - \Delta_q^2 = 0$" と同値である．この検定は，$q$ 個の変量 $x_1, x_2, \ldots, x_q$ に $(p-q)$ 個の変量 $x_{q+1}, x_{q+2}, \ldots, x_p$ を追加する意義があるかどうかの検定になっている．

各群から大きさ $N_1, N_2$ の標本が与えられていて，標本から計算される平均間のマハラノビス平方距離を $D_p^2, D_q^2$ と表す．変量が多変量正規分布に従うとしよう．このとき，統計量

$$F = \frac{n-p+1}{p-q} \frac{D_p^2 - D_q^2}{(Nn/N_1N_2) + D_q^2}$$

が仮説 $H_0$ のもとで，自由度 $(p-q, n-p+1)$ の F 分布をすることを用いて検定する．ここに，$n = N - 2$, $N = N_1 + N_2$ である．

### 誤判別確率の推定

線形判別関数 $z$ による誤判別確率には，本来 $G_1$ に属するものを誤って $G_2$ に属すると判別する確率 $P(2|1)$ と，本来 $G_2$ に属するものを誤って $G_1$ に属すると判別する確率 $P(1|2)$ がある．また，標本が群 $G_i$ から得られる確率は先験確率とよばれるが，多くの場合未知で，1/2 として扱われる場合も多い．このとき，誤判別確率

$$R_z = \frac{1}{2}P(2|1) + \frac{1}{2}P(1|2)$$

は誤判別率確率とよばれる．各標本が間違って判別された割合を求めて，$R_z$ を推定することができる．しかし，このような推定法は，本来の誤判別率確率を過小に推定する傾向がある．これを改良した推定法として，$R_z$ の漸近不偏推定量が次のように与えられる．

$$\Phi(Q(\{x_1, x_2, \ldots, x_p\})) \tag{3.20}$$

ここに，$\Phi(x)$ は標準正規分布の分布関数，

$$Q(\{x_1, x_2, \ldots, x_p\}) = -\frac{1}{2}D_p + \frac{p-1}{2D_p}\left(\frac{1}{N_1} + \frac{1}{N_2}\right) + \frac{D_p}{32n}\left\{4(4p-1) - D_p^2\right\}, \tag{3.21}$$

$D_p$ は平均間のマハラノビスの距離である．

変量のすべての組に対して，$\Phi(Q)$ の値を求め，最小となる変量の組を選択する方法は誤判別率確率法と呼ばれる．

## AIC 規準

モデル選択規準 AIC を適用した変数選択規準も提案されている．これは，仮説 $H_0$; $\beta_{q+1} = \beta_{q+2} = \cdots = \beta_p = 0$ の検定問題を考えたが，仮説 $H_0$ を

変量 $x_1, x_2, \ldots, x_q$ の十分性 $\Leftrightarrow$ 変量 $x_{q+1}, x_{q+2}, \ldots, x_p$ の冗長性

と定まる 1 つのモデルとみなす．また，モデル $H_0$ が選ばれることは，変量 $x_1, x_2, \ldots, x_q$ を選ぶことであると考える．このモデルに関する AIC は次のように与えられている．

$$\mathrm{AIC}(\{x_1, x_2, \ldots, x_q\}) = N \log \left\{ 1 + \frac{c(D_p^2 - D_q^2)}{n + cD_q^2} \right\} + N \log |(1/N)W|$$
$$+ Np(1 + \log 2\pi) + 2 \left\{ p + q + \frac{1}{2}p(p+1) \right\} \tag{3.22}$$

ここに，$W$ は群内平方和積和行列である．AIC の値が最小になる変量の組を最適な変量の組とする．AIC の最小化のかわりに

$$\mathrm{A}(\{x_1, x_2, \ldots, x_q\}) = \mathrm{AIC}(\{x_1, x_2, \ldots, x_q\}) - \mathrm{AIC}(\{x_1, x_2, \ldots, x_p\})$$
$$= N \log \left\{ 1 + \frac{c(D_p^2 - D_q^2)}{n + cD_q^2} \right\} - 2(p - q)$$

を用いてもよい．ここに，$\mathrm{A}(\{x_1, x_2, \ldots, x_p\}) = 0$, $c = N/(N_1 N_2)$ である．

# chapter 4

# 重 回 帰 分 析

## 4.1 重回帰式とは

複数個の変数 $x_1, x_2, \ldots, x_p$ に基づいて，ひとつの変数 $y$ を推定する式

$$y = \beta_0 + \beta_1 x_1 + \beta_2 x_2 + \cdots + \beta_p x_p + \varepsilon \tag{4.1}$$

は，$y$ の $x_1, x_2, \ldots, x_p$ に対する**重回帰モデル**とよばれる．ここで $x_1, x_2, \ldots, x_p$ を**説明変数**(独立変数)，$y$ を**目的変数**(従属変数)，$\varepsilon$ を**誤差**という．目的変数 $y$ は計測がむずかしく，計測の容易な $x_1, x_2, \ldots, x_p$ から $y$ を推測する場合や，$x_1, x_2, \ldots, x_p$ の値から $y$ を予測する場合に用いられる．データは表4.1のように書き表せる．$j$ 番目のデータは，対になった $(p+1)$ 個の値 $(x_{1j}, x_{2j}, \ldots, x_{pj}, y_j)$ として与えられている．

表 4.1 大きさ $N$ の標本

| 標本番号 | 1 | 2 | $\cdots$ | $j$ | $\cdots$ | $N$ |
|---|---|---|---|---|---|---|
| $x_1$ | $x_{11}$ | $x_{12}$ | $\cdots$ | $x_{1j}$ | | $x_{1N}$ |
| $x_2$ | $x_{21}$ | $x_{22}$ | $\cdots$ | $x_{2j}$ | | $x_{2N}$ |
| $\vdots$ | $\vdots$ | $\vdots$ | $\cdots$ | $\vdots$ | $\cdots$ | $\vdots$ |
| $x_p$ | $x_{p1}$ | $x_{p2}$ | $\cdots$ | $x_{pj}$ | $\cdots$ | $x_{pN}$ |
| $y$ | $y_1$ | $y_2$ | $\cdots$ | $y_j$ | $\cdots$ | $y_N$ |

計測された $N$ 個のデータから，重回帰式を決める係数 $\beta_0, \beta_1, \beta_2, \ldots, \beta_p$ の推定値 $b_0, b_1, b_2, \ldots, b_p$ を求めることになる．この推定値から $y$ の $x_1, x_2, \ldots, x_p$ に対する重回帰式

$$\hat{y} = b_0 + b_1 x_1 + b_2 x_2 + \cdots + b_p x_p$$

を得る. 次に重回帰分析の例をいくつか述べよう.

歯の咬耗度から年齢を推定したい. そこで 1 本 1 本の歯の摩耗の程度を数量化し, $p$ 本の歯の値 $x_1, x_2, \ldots, x_p$ から年齢 $y$ を推定する重回帰モデル

$$y = \beta_0 + \beta_1 x_1 + \beta_2 x_2 + \cdots + \beta_p x_p + \varepsilon$$

を考える (詳細は 4.3 節).

工業製品卸売物価指数 $y$ を輸入価格 $x_1$, 単位労働コスト $x_2$, 製造業生産者在庫率 $x_3$ によって推測する式

$$y = \beta_0 + \beta_1 x_1 + \beta_2 x_2 + \beta_3 x_3 + \varepsilon$$

は重回帰モデルである.

ある人種の手の指の長さ $y$ は, 年齢 $x$ とどのような関係にあるかを調べたい. 回帰式

$$y = \beta_0 + \beta_1 x + \varepsilon$$

は, ある狭い年齢の範囲では有効であるが, 年齢の範囲が広がると, 推定の精度は悪くなる. そこで多項式

$$y = \beta_0 + \beta_1 x + \beta_2 x^2 + \cdots + \beta_p x^p + \varepsilon$$

による当てはめを考える. このモデルは

$$x_1 = x,\ x_2 = x^2, \ldots, x_p = x^p$$

とおくことにより重回帰式モデルに帰着する.

実質 GNP: $y'$ を

$z_1$: 全産業稼動率指数 × 民間設備基本ストック

$z_2$: 全産業労働時間指数 × 全産業就業者数

$z_3$: 生活基盤社会資本ストック/民間設備資本ストック

$z_4$: ヴィンテージ係数 (資本の新規度)

$z_5$: タイムトレンド

で説明する式

$$y' = \beta_0 z_1^{\beta_1} z_2^{\beta_2} z_3^{\beta_3} z_4^{\beta_4} z_5^{\beta_5} e^{\varepsilon}$$

を考える.この場合には,両辺に対数をとると

$$\log y' = \beta_0 + \beta_1 \log z_1 + \beta_2 \log z_2 + \beta_3 \log z_3 + \beta_4 \log z_4 + \beta_5 \log z_5 + \varepsilon$$

となり

$$y = \log y',\ x_1 = \log z_1,\ x_2 = \log z_2,\ x_3 = \log z_3,\ x_4 = \log z_4,\ x_5 = \log z_5$$

とおくと,上式は重回帰モデル

$$y = \beta_0 + \beta_1 x_1 + \beta_2 x_2 + \beta_3 x_3 + \beta_4 x_4 + \beta_5 x_5 + \varepsilon$$

になる.

以後この章では観測値 $x$ と誤差項 $\varepsilon$ は次の仮定を満たすものとする.

(1) $x$ の値 $(x_{1j}, x_{2j}, \ldots, x_{pj})$, $j = 1, 2, \ldots, N$ は固定された変数値(非確率変数)とする.

(2) $\varepsilon_j$ $(j = 1, 2, \ldots, N)$ の平均(平均値ともいう)は 0 である:
任意の $x$ の値 $(x_{1j}, x_{2j}, \ldots, x_{pj})$ に対し,

$$y_j = \beta_0 + \beta_1 x_{1j} + \beta_2 x_{2j} + \cdots + \beta_p x_{pj} + \varepsilon_j$$

としたとき,$y_j$ の平均は $\beta_0 + \beta_1 x_{1j} + \beta_2 x_{2j} + \cdots + \beta_p x_{pj}$ である.これは,$y_j$ の平均が(回帰)平面上にあることを意味している.

(3) $\varepsilon_j$ $(j = 1, 2, \ldots, N)$ の分散は等しく一定である:
この仮定は $\varepsilon_j$ の分散が等しければよいのであって,同一分布に従う必要はない.

(4) $\varepsilon_j$ と $\varepsilon_k$ $(j \neq k, j, k = 1, 2, \ldots, N)$ は無相関である.

誤差 $\varepsilon$ に正規分布を仮定すると,正規分布の性質から,条件 (3) は $\varepsilon_j$ $(j = 1, 2, \ldots, N)$ は同じ正規分布に従うことを意味し,条件 (4) は $\varepsilon_j$ と $\varepsilon_k$ が互いに独立であることを意味する.推定量の区間推定や仮説検定を論じる際には,この正規分布の仮定を入れる.

重回帰モデルはいろいろな分野でよく利用されている分析モデルである.まずはじめに,データから重回帰式を決める係数を,どのような考え方で求めるのかを知るために,次節では説明変数が 1 つだけの場合について説明することにする.

## 4.2　1変数の場合の回帰式

対になった $N$ 個のデータを

| 標本番号 | 1 | 2 | $\cdots$ | $j$ | $\cdots$ | $N$ |
|---|---|---|---|---|---|---|
| $x_1$ | $x_{11}$ | $x_{12}$ | $\cdots$ | $x_{1j}$ | $\cdots$ | $x_{1N}$ |
| $y$ | $y_1$ | $y_2$ | $\cdots$ | $y_j$ | $\cdots$ | $y_N$ |

で表す．回帰モデルは

$$y_j = \beta_0 + \beta_1 x_{1j} + \varepsilon_j \quad (j = 1, 2, \ldots, N) \tag{4.2}$$

と書ける．$\varepsilon_1, \varepsilon_2, \ldots, \varepsilon_N$ は互いに無相関で，平均 0, 分散 $\sigma^2$ である．つまり，$\varepsilon_j$ の平均と分散は共通で等しいことを前提としている．この $\varepsilon_j$ は誤差，あるいは回帰からの偏差とよばれ，式 (4.2) から

$$\varepsilon_j = y_j - (\beta_0 + \beta_1 x_{1j}) \quad (j = 1, 2, \ldots, N) \tag{4.3}$$

と表される．$N$ 個のデータから，誤差の平方和

$$E = \varepsilon_1^2 + \varepsilon_2^2 + \cdots + \varepsilon_N^2 \tag{4.4}$$

が最小になるように，係数 $\beta_0$ と $\beta_1$ を決める．式 (4.4) は誤差平方和とよばれ

$$\begin{aligned} E = &\{y_1 - (\beta_0 + \beta_1 x_{11})\}^2 + \{y_2 - (\beta_0 + \beta_1 x_{12})\}^2 \\ &+ \cdots + \{y_N - (\beta_0 + \beta_1 x_{1N})\}^2 \end{aligned} \tag{4.5}$$

と書ける．上式の $j$ 番目の平方は，展開して $\beta_0$ についてまとめると

$$\begin{aligned} \{y_j - (\beta_0 + \beta_1 x_{1j})\}^2 &= y_j^2 - 2(\beta_0 + \beta_1 x_{1j})y_j + (\beta_0 + \beta_1 x_{1j})^2 \\ &= \beta_0^2 - 2(y_j - \beta_1 x_{1j})\beta_0 + \beta_1^2 x_{1j}^2 - 2\beta_1 x_{1j} y_j + y_j^2 \end{aligned} \tag{4.6}$$

となり，$\beta_0$ の 2 次式になっている．これを $N$ 個 $(j = 1, 2, \ldots, N)$ 加え合わせた $E$ も，やはり $\beta_0$ の 2 次式である．2 次関数の最小問題を考えて解き，$E$ を最小とする $\beta_0$ の値を $b_0$ とする．その最小は $\beta_1$ の 2 次式であり，さらに $E$ を最小にする $\beta_1$ を $b_1$ で表せば

$$b_0 = \bar{y} - b_1 \bar{x}_1$$
$$b_1 = \frac{(x_{11} - \bar{x}_1)(y_1 - \bar{y}) + (x_{12} - \bar{x}_1)(y_2 - \bar{y}) + \cdots + (x_{1N} - \bar{x}_1)(y_N - \bar{y})}{(x_{11} - \bar{x}_1)^2 + (x_{12} - \bar{x}_1)^2 + \cdots + (x_{1N} - \bar{x}_1)^2}$$

を得る．ここで，$\bar{x}, \bar{y}$ は $x$ の平均，$y$ の平均のことである．よってデータから推定した回帰式は

$$\hat{y} = b_0 + b_1 x_1$$

となる．

出産した人に「赤ちゃんは何 g でしたか」と聞くのはよく耳にする．しかし身長を聞く人はまれである．そこで体重を知ったとき，身長のおおよその値を推測する回帰式を求めよう．新生児 45 人を抽出し，体重と身長を計測したところ，次のような数値を得たとする．

新生児の体重 (g) と身長 (cm)

| 標本番号 | 体重 | 身長 | 標本番号 | 体重 | 身長 | 標本番号 | 体重 | 身長 |
| --- | --- | --- | --- | --- | --- | --- | --- | --- |
| 1 | 2880 | 51.0 | 16 | 3500 | 54.0 | 31 | 1900 | 48.5 |
| 2 | 2725 | 48.5 | 17 | 4300 | 51.3 | 32 | 2340 | 48.0 |
| 3 | 2365 | 45.5 | 18 | 3715 | 53.2 | 33 | 2155 | 47.6 |
| 4 | 2185 | 44.4 | 19 | 3150 | 53.5 | 34 | 2325 | 46.0 |
| 5 | 1560 | 43.1 | 20 | 3009 | 48.5 | 35 | 3600 | 50.1 |
| 6 | 2155 | 45.9 | 21 | 4100 | 53.5 | 36 | 3330 | 48.6 |
| 7 | 2250 | 46.1 | 22 | 3065 | 47.4 | 37 | 3360 | 50.3 |
| 8 | 2730 | 48.4 | 23 | 3345 | 50.4 | 38 | 3400 | 48.1 |
| 9 | 2310 | 43.8 | 24 | 3675 | 51.4 | 39 | 2365 | 49.0 |
| 10 | 2670 | 46.6 | 25 | 4040 | 54.8 | 40 | 3365 | 49.5 |
| 11 | 2430 | 44.7 | 26 | 2790 | 48.0 | 41 | 1955 | 44.8 |
| 12 | 2010 | 52.0 | 27 | 1930 | 46.5 | 42 | 1950 | 45.7 |
| 13 | 2690 | 47.5 | 28 | 1930 | 44.8 | 43 | 2835 | 48.1 |
| 14 | 3525 | 52.0 | 29 | 1845 | 45.5 | 44 | 2225 | 48.0 |
| 15 | 3510 | 52.3 | 30 | 1780 | 44.5 | 45 | 1930 | 43.9 |

これより回帰係数 $b_1$ は

$$b_1 = \frac{(2880 - 2738)(51.0 - 48.3) + \cdots + (1930 - 2738)(43.9 - 48.3)}{(2880 - 2738)^2 + \cdots + (1930 - 2738)^2}$$
$$= \frac{142 \times 2.7 + \cdots + (-808) \times (-4.4)}{142^2 + \cdots + (-808)^2} = 0.00344$$

であり，定数項 $b_0$ は

$$b_0 = \bar{y} - b_1\bar{x}_1 = 48.3 - 0.00344 \times 2738 = 38.9$$

となる．よって求める回帰直線は

$$\hat{y} = 0.00344x_1 + 38.9$$

である．データと回帰直線をかいたのが図 4.1 である．体重が 3350 g であれば

$$\hat{y} = 0.00344 \times 3350 + 38.9 = 50.4$$

となり．50 cm ほどと推察することになる．

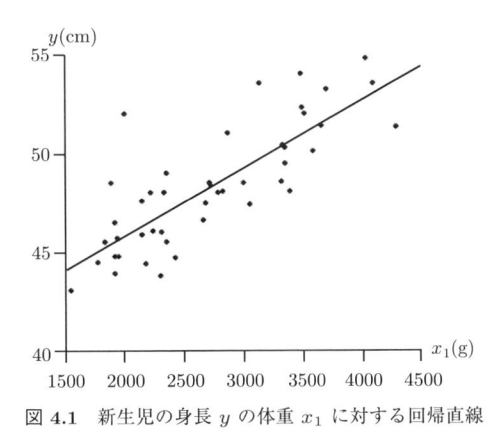

図 4.1 新生児の身長 $y$ の体重 $x_1$ に対する回帰直線

## 4.3 2 変数の回帰分析

はじめに説明変数が $x_1, x_2$ の 2 つの場合を述べる．重回帰式は

$$y = \beta_0 + \beta_1 x_1 + \beta_2 x_2$$

であり，データは表 4.2 のように表される．
　**重回帰モデル**

$$y_j = \beta_0 + \beta_1 x_{1j} + \beta_2 x_{2j} + \varepsilon_j \quad (j = 1, 2, \ldots, N) \tag{4.7}$$

の誤差 $\varepsilon_j$ は互いに無相関で，平均は 0，分散 $\sigma^2$ とする．式 (4.7) から

**表 4.2** 2 変数の標本

| 標本番号 | 1 | 2 | $\cdots$ | $j$ | $\cdots$ | $N$ |
|---|---|---|---|---|---|---|
| $x_1$ | $x_{11}$ | $x_{12}$ | $\cdots$ | $x_{1j}$ | $\cdots$ | $x_{1N}$ |
| $x_2$ | $x_{21}$ | $x_{22}$ | $\cdots$ | $x_{2j}$ | $\cdots$ | $x_{2N}$ |
| $y$ | $y_1$ | $y_2$ | $\cdots$ | $y_j$ | $\cdots$ | $y_N$ |

$$\varepsilon_j = y_j - (\beta_0 + \beta_1 x_{1j} + \beta_2 x_{2j}) \quad (j=1,2,\ldots,N) \tag{4.8}$$

であり,誤差平方和は

$$\begin{aligned}E &= \varepsilon_1^2 + \varepsilon_2^2 + \cdots + \varepsilon_N^2 \\ &= \{y_1 - (\beta_0 + \beta_1 x_{11} + \beta_2 x_{21})\}^2 + \{y_2 - (\beta_0 + \beta_1 x_{12} + \beta_2 x_{22})\}^2 \\ &\quad + \cdots + \{y_N - (\beta_0 + \beta_1 x_{1N} + \beta_2 x_{2N})\}^2\end{aligned} \tag{4.9}$$

と書ける.これを最小にする $\beta_0, \beta_1, \beta_2$ の値 $b_0, b_1, b_2$ は,1 変数の場合ほどは容易でないが,数学的に解くことができ,次のようになる.

$$b_0 = \bar{y} - b_1 \bar{x}_1 - b_2 \bar{x}_2, \quad b_1 = a^{11} a_{1y} + a^{12} a_{2y}, \quad b_2 = a^{12} a_{1y} + a^{22} a_{2y} \tag{4.10}$$

ここで $\bar{y}$ は $y$ の平均, $\bar{x}_1$ は $x_1$ の平均, $\bar{x}_2$ は $x_2$ の平均であり,平均のまわりの平方和・積和を

$$\begin{aligned}a_{11} &= (x_{11} - \bar{x}_1)^2 + \cdots + (x_{1N} - \bar{x}_1)^2 \\ a_{22} &= (x_{21} - \bar{x}_2)^2 + \cdots + (x_{2N} - \bar{x}_2)^2 \\ a_{yy} &= (y_1 - \bar{y})^2 + \cdots + (y_N - \bar{y})^2 \\ a_{12} &= (x_{11} - \bar{x}_1)(x_{21} - \bar{x}_2) + \cdots + (x_{1N} - \bar{x}_1)(x_{2N} - \bar{x}_2) \\ a_{1y} &= (x_{11} - \bar{x}_1)(y_1 - \bar{y}) + \cdots + (x_{1N} - \bar{x}_1)(y_N - \bar{y}) \\ a_{2y} &= (x_{21} - \bar{x}_2)(y_1 - \bar{y}) + \cdots + (x_{2N} - \bar{x}_2)(y_N - \bar{y})\end{aligned} \tag{4.11}$$

とすると

$$a^{11} = \frac{a_{22}}{a_{11}a_{22} - a_{12}^2}, \quad a^{12} = \frac{-a_{12}}{a_{11}a_{22} - a_{12}^2}, \quad a^{22} = \frac{a_{11}}{a_{11}a_{22} - a_{12}^2}$$

である.データから推定した回帰式は

$$\hat{y} = b_0 + b_1 x_1 + b_2 x_2 \tag{4.12}$$

となる. $b_0, b_1, b_2$ は回帰係数とよばれる. このときの誤差平方和は残差平方和 (最小値) とよばれ

$$E = (y_1 - \hat{y}_1)^2 + (y_2 - \hat{y}_2)^2 + \cdots + (y_N - \hat{y}_N)^2$$
$$= a_{yy} - b_1 a_{1y} - b_2 a_{2y}$$

と書き表される (4.12 節を参照).

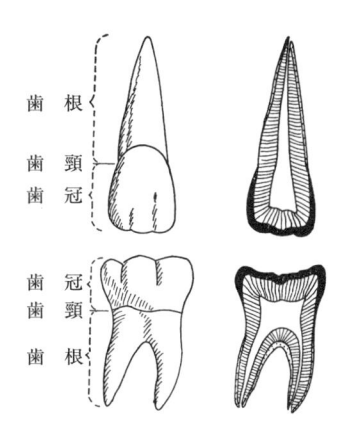

図 4.2 歯の外景と内景 (断面図ではエナメル質は黒, 象牙質は線影, セメント質は点影で表してある)

歯の咬耗度から年齢を推定する問題を考えよう. 下顎の第 2 大臼歯の咬耗度を $x_1$, 犬歯の咬耗度を $x_2$ とする. 咬耗度の数量化は専門家の意見と, データのいろいろな角度からの考察に基づいて, エナメル質の摩耗の曲面が狭い範囲で独立している場合は 1, エナメル質の大部分が摩耗している場合は 2, 象牙質の摩耗が進んで露出している場合は 3, 象牙質のかなりの部分が広くあるいは強く摩耗している場合は 4 という数値を割当てた. 表 4.3 は 32 人についてのデータである. 図 4.3 は横軸に咬耗度を, 縦軸に年齢をとって描いたものである.

重回帰式を求めるために, データを式 (4.11) に代入して平均, 平均のまわりの平方和・積和などを計算すると

表 4.3　大臼歯 ($x_1$) と犬歯 ($x_2$) の咬耗度と年齢 ($y$)

| 標本番号 | 1 | 2 | 3 | 4 | 5 | 6 | 7 | 8 | 9 | 10 | 11 | 12 | 13 | 14 | 15 | 16 |
|---|---|---|---|---|---|---|---|---|---|---|---|---|---|---|---|---|
| $x_1$ (大臼歯) | 1 | 1 | 1 | 1 | 1 | 2 | 1 | 1 | 2 | 2 | 2 | 2 | 2 | 2 | 2 | 3 |
| $x_2$ (犬歯) | 3 | 1 | 2 | 1 | 3 | 1 | 2 | 3 | 1 | 3 | 2 | 3 | 3 | 3 | 2 | 3 |
| $y$ (年齢) | 21 | 22 | 23 | 25 | 26 | 27 | 28 | 30 | 31 | 32 | 33 | 34 | 36 | 37 | 38 | 40 |

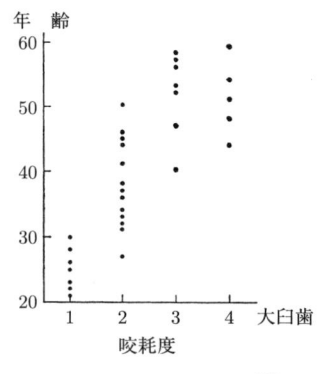

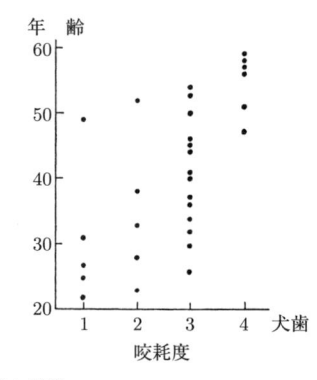

| 標本番号 | 17 | 18 | 19 | 20 | 21 | 22 | 23 | 24 | 25 | 26 | 27 | 28 | 29 | 30 | 31 | 32 |
|---|---|---|---|---|---|---|---|---|---|---|---|---|---|---|---|---|
| $x_1$ (大臼歯) | 2 | 2 | 4 | 2 | 2 | 3 | 4 | 2 | 4 | 3 | 3 | 4 | 3 | 3 | 3 | 4 |
| $x_2$ (犬歯) | 3 | 3 | 3 | 3 | 3 | 4 | 1 | 3 | 4 | 2 | 3 | 4 | 4 | 4 | 4 | 4 |
| $y$ (年齢) | 41 | 44 | 44 | 45 | 46 | 47 | 48 | 50 | 51 | 52 | 53 | 54 | 56 | 57 | 58 | 59 |

図 4.3　咬耗度と年齢

$$\bar{x}_1 = 2.3 \quad a_{11} = 39.5 \quad a_{12} = 14.4 \quad a_{1y} = 324.6$$
$$\bar{x}_2 = 2.7 \quad\quad\quad\quad\quad\quad a_{22} = 26.5 \quad a_{2y} = 225.8$$
$$\bar{y} = 40.3 \quad a_{yy} = 4194$$
$$a^{11} = 0.0316 \quad a^{12} = -0.017 \quad a^{22} = 0.047$$

となり, 式 (4.10) から回帰係数

$$b_0 = 11.6 \quad b_1 = 6.4 \quad b_2 = 5.1$$

を得る. よって, 歯の咬耗度から年齢を推定する重回帰式は

$$\hat{y} = 11.6 + 6.4x_1 + 5.1x_2$$

となる. この式に基づいて計算した推定年齢を表 4.4 に示す.

実年齢 $y$ を横軸にとり推定年齢 $\hat{y}$ を縦軸にとって, 表 4.4 の値 $(y, \hat{y})$ に基づいて 32 個の点をかいたのが図 4.4 である. 観測値 $y$ と回帰による推定値 $\hat{y}$ との

## 4.3 2変数の回帰分析

**表 4.4** 実年齢 ($y$) と推定年齢 ($\hat{y}$)

| 標本番号 | 1 | 2 | 3 | 4 | 5 | 6 | 7 | 8 | 9 | 10 | 11 |
|---|---|---|---|---|---|---|---|---|---|---|---|
| $y$ (実年齢) | 21 | 22 | 23 | 25 | 26 | 27 | 28 | 30 | 31 | 32 | 33 |
| $\hat{y}$ (推定年齢) | 33.2 | 23.1 | 28.1 | 23.1 | 33.2 | 29.4 | 28.1 | 33.2 | 29.4 | 39.6 | 34.5 |
| 標本番号 | 12 | 13 | 14 | 15 | 16 | 17 | 18 | 19 | 20 | 21 | 22 |
| $y$ (実年齢) | 34 | 36 | 37 | 38 | 40 | 41 | 44 | 44 | 45 | 46 | 47 |
| $\hat{y}$ (推定年齢) | 39.6 | 39.6 | 39.6 | 34.5 | 45.8 | 39.6 | 39.6 | 52.3 | 39.6 | 39.6 | 51.0 |
| 標本番号 | 23 | 24 | 25 | 26 | 27 | 28 | 29 | 30 | 31 | 32 | |
| $y$ (実年齢) | 48 | 50 | 51 | 52 | 53 | 54 | 56 | 57 | 58 | 59 | |
| $\hat{y}$ (推定年齢) | 42.2 | 39.6 | 57.4 | 40.9 | 45.9 | 52.3 | 51.0 | 51.0 | 51.0 | 57.4 | |

相関係数 $R$ は

$$R = \frac{(y_1 - \bar{y})(\hat{y}_1 - \bar{y}) + (y_2 - \bar{y})(\hat{y}_2 - \bar{y}) + \cdots + (y_N - \bar{y})(\hat{y}_N - \bar{y})}{\sqrt{(y_1 - \bar{y})^2 + \cdots + (y_N - \bar{y})^2}\sqrt{(\hat{y}_1 - \bar{y})^2 + \cdots + (\hat{y}_N - \bar{y})^2}}$$

であり,これから

$$R = 0.875$$

を得る.

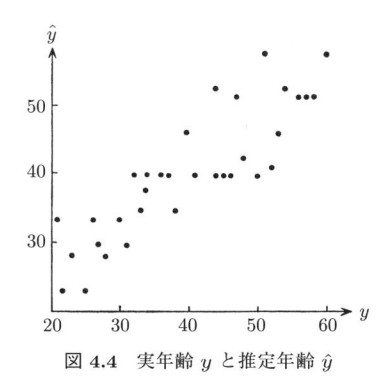

**図 4.4** 実年齢 $y$ と推定年齢 $\hat{y}$

相関係数 $R$ は $y$ と $\hat{y}$ との直線的関連性の強さであり,その絶対値が 1 に近ければ近いほど,点は直線のまわりに散らばっていることになり,予測の精度がよいことになる.この $R$ を回帰分析では**重相関係数**という.この重相関係数の 2 乗 $R^2$ を**決定係数**あるいは**寄与率**という.重相関係数については,4.4 節で述べる.

説明変数が2つの場合で述べたが,一般に説明変数が$p$個の場合も同様である.この場合の重回帰モデルは

$$y_j = \beta_0 + \beta_1 x_{1j} + \beta_2 x_{2j} + \cdots + \beta_p x_{pj} + \varepsilon_j \quad (j = 1, 2, \ldots, N) \qquad (4.13)$$

と書ける.これまでと同じように誤差

$$\varepsilon_j = y_j - (\beta_0 + \beta_1 x_{1j} + \beta_2 x_{2j} + \cdots + \beta_p x_{pj}) \quad (j = 1, 2, \ldots, N) \qquad (4.14)$$

を考え,誤差平方和 $\varepsilon_1^2 + \varepsilon_2^2 + \cdots + \varepsilon_N^2$ を最小にするような $\beta_0, \beta_1, \beta_2, \ldots, \beta_p$ の値 $b_0, b_1, b_2, \ldots, b_p$ を求める.それにより,推定された重回帰式は

$$\hat{y} = b_0 + b_1 x_1 + b_2 x_2 + \cdots + b_p x_p$$

となる.実際にデータから回帰係数 $b_0, b_1, b_2, \ldots, b_p$ を求めるには,2変数の場合と同様に $x_1, x_2, \ldots, x_p, y$ のそれぞれの平均や平方和・積和などを求める必要があるが,詳しいことは 4.12 節を参照されたい.

「歯の咬耗度データ」から,28 本の歯すべてを用いたとき,年齢 $y$ を推定する重回帰式は

$$\begin{aligned}\hat{y} = {}& 20.1 + 1.30 x_1 - 0.09 x_2 + 2.58 x_3 - 0.82 x_4 + 2.39 x_5 - 0.16 x_6 \\ & + 1.120 x_7 + 0.41 x_8 + 0.25 x_9 + 0.86 x_{10} + 0.29 x_{11} + 0.04 x_{12} \\ & + 0.72 x_{13} + 2.75 x_{14} + 0.86 x_{15} - 0.80 x_{16} + 1.14 x_{17} + 2.83 x_{18} \\ & - 1.64 x_{19} - 0.69 x_{20} + 1.27 x_{21} - 0.45 x_{22} - 0.12 x_{23} + 0.20 x_{24} \\ & - 0.04 x_{25} - 0.49 x_{26} + 1.00 x_{27} + 0.72 x_{28}\end{aligned}$$

である.そのときの重相関係数 $R$ は

$$R = 0.891$$

であり,決定係数 $R^2$ は 0.794 になる.実際には,すべての歯を用いて年齢を推定することは賢明でなく,28 本のなかの一部分を利用して推定式をつくることになる.この説明変数の選択は重要な問題であり,これに関する詳しいことは 4.8 節で述べる.

## 4.4 残差分散, 重相関係数

この節では回帰による推定誤差の大きさを調べる. 例は, 全世帯実質消費支出 $y$ を勤労者世帯実質収入 $x_1$, 消費者物価指数 $x_2$ から推測する重回帰モデル

$$M_1 : y = \beta_0 + \beta_1 x_1 + \beta_2 x_2 + \varepsilon$$

である. データは1973年1期から1980年2期までの期間で, 表4.5に示す. な

表 4.5 消費支出 ($y$) と実質実収入 ($x_1$), 物価指数 ($x_2$)

| 年 | 期 | 全世帯実質消費支出 ($y$) | 勤労者世帯実質実収入 ($x_1$) | 消費者物価指数 ($x_2$) | 第1次オイルショック ($x_3$) | 2期である ($x_4$) |
|---|---|---|---|---|---|---|
| 73 | 1 | 145000.27 | 180863.27 | 67.37 | 0 | 0 |
| 73 | 2 | 147645.55 | 217986.30 | 70.83 | 0 | 1 |
| 73 | 3 | 151429.60 | 213447.99 | 72.97 | 0 | 0 |
| 73 | 4 | 177244.87 | 300704.03 | 76.27 | 0 | 0 |
| 74 | 1 | 138277.54 | 168474.29 | 83.83 | 1 | 0 |
| 74 | 2 | 146817.84 | 222351.42 | 87.77 | 1 | 1 |
| 74 | 3 | 151903.11 | 224118.61 | 91.07 | 1 | 0 |
| 74 | 4 | 169281.77 | 297106.71 | 95.03 | 1 | 0 |
| 75 | 1 | 147033.26 | 185243.40 | 96.93 | 0 | 0 |
| 75 | 2 | 152051.34 | 230523.46 | 99.57 | 0 | 1 |
| 75 | 3 | 155318.26 | 229307.39 | 100.47 | 0 | 0 |
| 75 | 4 | 176644.22 | 296469.71 | 103.13 | 0 | 0 |
| 76 | 1 | 150457.12 | 190179.56 | 105.53 | 0 | 0 |
| 76 | 2 | 153228.73 | 225644.72 | 108.87 | 0 | 1 |
| 76 | 3 | 156517.46 | 223379.01 | 110.07 | 0 | 0 |
| 76 | 4 | 178330.05 | 301346.52 | 112.80 | 0 | 0 |
| 77 | 1 | 152348.88 | 195265.63 | 115.33 | 0 | 0 |
| 77 | 2 | 156666.25 | 232919.97 | 118.43 | 0 | 1 |
| 77 | 3 | 158261.27 | 231472.23 | 118.80 | 0 | 0 |
| 77 | 4 | 177820.32 | 308160.31 | 119.77 | 0 | 0 |
| 78 | 1 | 155783.76 | 201158.64 | 120.30 | 0 | 0 |
| 78 | 2 | 157651.28 | 242106.79 | 122.73 | 0 | 1 |
| 78 | 3 | 160735.92 | 235893.37 | 123.57 | 0 | 0 |
| 78 | 4 | 183678.81 | 313651.85 | 123.87 | 0 | 0 |
| 79 | 1 | 160185.78 | 208742.01 | 123.47 | 0 | 0 |
| 79 | 2 | 164394.91 | 250563.10 | 126.60 | 0 | 1 |
| 79 | 3 | 165840.26 | 244316.12 | 127.87 | 0 | 0 |
| 79 | 4 | 185120.57 | 319923.74 | 130.03 | 0 | 0 |
| 80 | 1 | 162600.77 | 206462.61 | 132.77 | 0 | 0 |
| 80 | 2 | 161216.46 | 246369.33 | 137.13 | 0 | 1 |

お，この表には，あとで説明する 2 つのダミー変数のデータを 1 として記入してある．消費者物価指数とは，全国の世帯が購入する家計に関わる財およびサービスの価格を総合した物価の変動を時系列的に測定したものである．すなわち，家計の消費構造を一定のものに固定し，これに要する費用が物価の変動によって，どのように変化するかを指数値で示したもので，毎月作成されている．これから重回帰式を計算すると

$$\hat{y} = 86573.6 + 0.24667x_1 + 136.52x_2$$

であり，観測値 $y$ と推定値 $\hat{y}$ との差である残差 $e$ は次のようになる．

表 4.6 モデル 1 の残差

| 年 | 期 | 観測値 ($y$) | 推測値 ($\hat{y}$) | 残差 ($e$) | 年 | 期 | 観測値 ($y$) | 推測値 ($\hat{y}$) | 残差 ($e$) |
|---|---|---|---|---|---|---|---|---|---|
| 73 | 1 | 145000.27 | 140384.31 | 4615.96 | 77 | 1 | 152348.88 | 150485.53 | 1863.35 |
| 73 | 2 | 147645.55 | 150014.72 | $-2369.17$ | 77 | 2 | 156666.25 | 160196.94 | $-3530.69$ |
| 73 | 3 | 151429.60 | 149186.51 | 2243.10 | 77 | 3 | 158261.27 | 159889.89 | $-1628.62$ |
| 73 | 4 | 177244.87 | 171160.46 | 6084.41 | 77 | 4 | 177820.32 | 178938.49 | $-1118.18$ |
| 74 | 1 | 138277.54 | 139576.41 | $-1298.88$ | 78 | 1 | 155783.76 | 152617.23 | 3166.53 |
| 74 | 2 | 146817.84 | 153403.27 | $-6585.42$ | 78 | 2 | 157651.28 | 163050.11 | $-5398.83$ |
| 74 | 3 | 151903.11 | 154289.71 | $-2386.60$ | 78 | 3 | 160735.92 | 161631.21 | $-895.30$ |
| 74 | 4 | 169281.77 | 172835.21 | $-3553.45$ | 78 | 4 | 183678.81 | 180852.84 | 2825.97 |
| 75 | 1 | 147033.26 | 145501.31 | 1531.96 | 79 | 1 | 160185.78 | 154920.14 | 5265.64 |
| 75 | 2 | 152051.34 | 157030.04 | $-4978.70$ | 79 | 2 | 164394.91 | 165663.92 | $-1269.01$ |
| 75 | 3 | 155318.26 | 156843.85 | $-1525.59$ | 79 | 3 | 165840.26 | 164295.90 | 1544.36 |
| 75 | 4 | 176644.22 | 173783.93 | 2860.29 | 79 | 4 | 185120.57 | 183241.82 | 1878.75 |
| 76 | 1 | 150457.12 | 147893.02 | 2564.10 | 80 | 1 | 162600.77 | 155627.56 | 6973.22 |
| 76 | 2 | 153228.73 | 157096.28 | $-3867.55$ | 80 | 2 | 161216.46 | 166067.49 | $-4851.03$ |
| 76 | 3 | 156517.46 | 156701.23 | $-183.77$ | | | | | |
| 76 | 4 | 178330.05 | 176306.62 | 2023.43 | | | | | |

$j$ 番目の観測値 $y_j$ の残差 $e_j$ は

$$y_j(観測値) - \hat{y}_j(推測値)$$

が示すように，重回帰式では説明しきれない不規則な部分の変動の大きさを表しており，回帰からの残差あるいは推定誤差とよばれることは前に述べた．

この残差平方和 $e_1^2 + e_2^2 + \cdots + e_N^2$ は

$$(y_1 - \hat{y}_1)^2 + (y_2 - \hat{y}_2)^2 + \cdots + (y_N - \hat{y}_N)^2$$
$$= 4616^2 + (-2369)^2 + \cdots + (-4851)^2 = 370865795$$

## 4.4 残差分散, 重相関係数

となる. データ数が $N$ で, 説明変数が $p$ 個ある場合の残差分散 $V_e$ は, 残差平方和を $N-p-1$ で割ったもの

$$V_e = \frac{残差平方和}{N-p-1}$$

である. いま, 説明変数の個数 $p$ は 2 であり, データ数 $N$ は 30 より, 残差分散

$$V_e = \frac{370865795}{27} = 13735770$$

を得る. 残差分散 $V_e$ は, 得られた重回帰式による推定誤差の大きさがどの程度であるか教えてくれる. 標準偏差は $\sqrt{V_e} = 3706$ である.

表 4.6 の残差をみると, 第 1 次オイルショックの影響している時期 (74 年 1 期から 4 期) のところで負の値が続いている. この影響を取り除くため, ダミー変数 $x_3$ を追加する.

$$x_3 = 1, \quad 1974 \text{年 1 期から 4 期}$$
$$= 0, \quad \text{その他}$$

3 つの説明変数 $x_1, x_2, x_3$ を用いた回帰モデル

$$M_2: y = \beta_0 + \beta_1 x_1 + \beta_2 x_2 + \beta_3 x_3 + \varepsilon$$

を考える. 予測式は

$$\hat{y} = 90340 + 0.2468 x_1 + 106.9 x_2 - 4602 x_3$$

となる. 残差平方和は 307270869 で, 残差分散は

$$V_{(M2)} = \frac{307270869}{30-3-1} = 11818110$$

となる. 第 1 次オイルショックの影響を考慮したことにより, 残差分散が小さくなっていることに注意されたい. このときの観測値 $y$ と推測値 $\hat{y}$ との差である残差は, 表 4.7 のようになる (73 年 1 期から 75 年 4 期までを示す).

残差の系列に規則性がないことが要求される. 各観測値の残差を調べてみると, 2 期の残差はすべて負である. そこで, 「2 期である」という影響を考慮した説明変数 $x_4$ を追加することにする. 具体的には, 2 期であるかどうかを区別する説明変数 $x_4$ を追加したモデルを考える. 新たに追加するダミー変数 $x_4$ は 2 期であると 1 をとり, そうでないと 0 とする.

表 4.7 モデル 2 の残差

| 年 | 期 | 観測値 ($y$) | 推測値 ($\hat{y}$) | 残差 ($e$) | 年 | 期 | 観測値 ($y$) | 推測値 ($\hat{y}$) | 残差 ($e$) |
|---|---|---|---|---|---|---|---|---|---|
| 73 | 1 | 145000.27 | 142176.82 | 2823.45 | 74 | 3 | 151903.11 | 150784.76 | 1118.35 |
| 73 | 2 | 147645.55 | 151709.28 | $-4063.73$ | 74 | 4 | 169281.77 | 169222.80 | 58.97 |
| 73 | 3 | 151429.60 | 150817.90 | 611.70 | 75 | 1 | 147033.26 | 146417.64 | 615.62 |
| 73 | 4 | 177244.87 | 172706.97 | 4537.90 | 75 | 2 | 152051.34 | 157875.75 | $-5824.41$ |
| 74 | 1 | 138277.54 | 136276.86 | 2000.68 | 75 | 3 | 155318.26 | 157671.80 | $-2353.54$ |
| 74 | 2 | 146817.84 | 149995.84 | $-3178.00$ | 75 | 4 | 176644.22 | 174532.98 | 2111.24 |

$$x_4 = 1, \quad 1973\,\text{年}\,2\,\text{期}, \cdots, 1980\,\text{年}\,2\,\text{期}$$
$$= 0, \quad \text{その他}$$

4つの説明変数 $x_1, x_2, x_3, x_4$ を用いた回帰モデルは

$$M_3: \; y = \beta_0 + \beta_1 x_1 + \beta_2 x_2 + \beta_3 x_3 + \beta_4 x_4 + \varepsilon$$

である.予測式は

$$\hat{y} = 92030 + 0.2417 x_1 + 116.3 x_2 - 4574 x_3 - 5636 x_4$$

となる.残差平方和は 289078026 で,残差分散は

$$V_{(M3)} = \frac{289078026}{30 - 4 - 1} = 11563121$$

表 4.8 モデル 3 の残差

| 年 | 期 | 観測値 ($y$) | 推測値 ($\hat{y}$) | 残差 ($e$) | 年 | 期 | 観測値 ($y$) | 推測値 ($\hat{y}$) | 残差 ($e$) |
|---|---|---|---|---|---|---|---|---|---|
| 73 | 1 | 145000.27 | 143591.45 | 1408.82 | 77 | 1 | 152348.88 | 152649.15 | $-300.27$ |
| 73 | 2 | 147645.55 | 147329.63 | 315.92 | 77 | 2 | 156666.25 | 156473.93 | 192.32 |
| 73 | 3 | 151429.60 | 152120.01 | $-690.41$ | 77 | 3 | 158261.27 | 161805.69 | $-3544.42$ |
| 73 | 4 | 177244.87 | 173598.21 | 3646.66 | 77 | 4 | 177820.32 | 180458.15 | $-2637.83$ |
| 74 | 1 | 138277.54 | 137935.58 | 341.96 | 78 | 1 | 155783.76 | 154651.63 | 1132.13 |
| 74 | 2 | 146817.84 | 145779.94 | 1037.90 | 78 | 2 | 157651.28 | 159194.80 | $-1543.52$ |
| 74 | 3 | 151903.11 | 152229.57 | $-326.46$ | 78 | 3 | 160735.92 | 163429.08 | $-2693.16$ |
| 74 | 4 | 169281.77 | 170335.17 | $-1053.40$ | 78 | 4 | 183678.81 | 182262.42 | 1416.39 |
| 75 | 1 | 147033.26 | 148087.03 | $-1053.77$ | 79 | 1 | 160185.78 | 156853.49 | 3332.29 |
| 75 | 2 | 152051.34 | 153701.88 | $-1650.54$ | 79 | 2 | 164394.91 | 161689.08 | 2705.83 |
| 75 | 3 | 155318.26 | 159151.27 | $-3833.01$ | 79 | 3 | 165840.26 | 165965.24 | $-124.98$ |
| 75 | 4 | 176644.22 | 175697.31 | 946.91 | 79 | 4 | 185120.57 | 184494.85 | 625.72 |
| 76 | 1 | 150457.12 | 150280.22 | 176.90 | 80 | 1 | 162600.77 | 157383.66 | 5217.11 |
| 76 | 2 | 153228.73 | 153603.65 | $-374.92$ | 80 | 2 | 161216.46 | 161899.45 | $-682.99$ |
| 76 | 3 | 156517.46 | 158834.16 | $-2316.70$ | | | | | |
| 76 | 4 | 178330.05 | 178000.54 | 329.51 | | | | | |

## 4.4 残差分散, 重相関係数

となる. 時期を考慮することによって, 残差分散はさらに小さくなっている. このときの観測値 $y$ と推測値 $\hat{y}$ との差である残差は, 表 4.8 のようになる. 図 4.5 に残差のヒストグラムを示す.

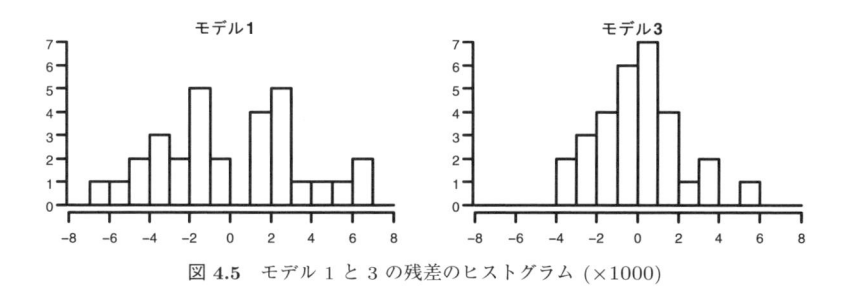

図 4.5 モデル 1 と 3 の残差のヒストグラム ($\times 1000$)

3 つのモデルに関して, 残差分散は $M_1, M_2, M_3$ の順に小さくなっている. また, 残差のヒストグラムを与えているが, $M_1$ より $M_3$ の方が 0 に集中している. これらのことから, ダミー変数 $x_3, x_4$ の追加は, 有効であることが指摘される. 4 つの変数のあらゆる組の回帰モデルのなかから, **最適なモデルを探す問題**は 4.8 節で扱う. そのなかの 1 つの AIC 規準を用いると, $M_1$ は 583.042, $M_2$ は 579.380, $M_3$ は 553.792 となる. AIC は小さいほど最適なモデルを表すことより $M_3$ が最適であることがわかる.

観測値の (平均のまわりの) 平方和は

$$(y_1 - \bar{y})^2 + (y_2 - \bar{y})^2 + \cdots + (y_N - \bar{y})^2$$

であり, これは**全体の平方和**とよばれる. この全体の平方和から残差平方和を差し引いたものは, **回帰による平方和**である. この場合の回帰による平方和は

$$38577 \times 10^5$$

となる. 数理的に

**全体の平方和 = 回帰による平方和 + 残差平方和**

が成り立つことを示すことができる.

これを視覚的にとらえるために図示したのが図 4.6 である. この図は年齢 ($x$) と最高血圧 ($y$) のデータ (杉山, 2003, p.129) による.

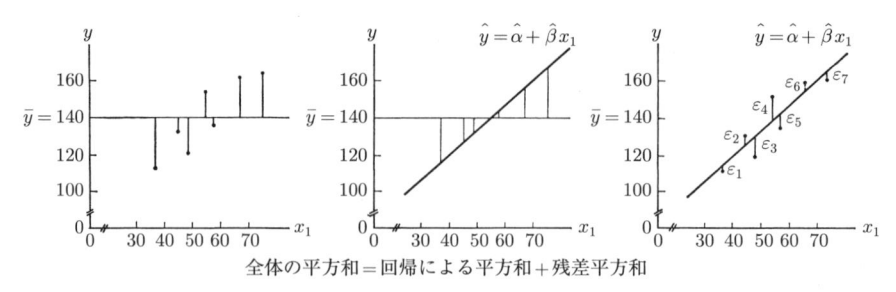

図 4.6 血圧値 $y$ の年齢 $x_1$ に対する回帰直線 $\hat{y} = 63 + 1.4x_1$ に関する図

全体の平方和 = 回帰による平方和 + 残差平方和

上式の両辺を，全体の平方和で割ると

$$\frac{回帰による平方和}{全体の平方和} + \frac{残差平方和}{全体の平方和} = 1 \tag{4.15}$$

となる．全体の平方和のなかに占める回帰による平方和の割合を示す第1項は，**重回帰式の決定係数**あるいは**寄与率**とよんだ．決定係数を $R^2$ で表すと

$$R^2 = \frac{回帰による平方和}{全体の平方和}$$

と書ける．全世帯実質消費支出 $y$ の勤労者世帯実質収入 $x_1$，消費者物価指数 $x_2$ に対する重回帰モデルを用いると

$$全体の平方和 = 42286 \times 10^5$$

$$回帰による平方和 = 38577 \times 10^5$$

となる．これより決定係数は

$$R^2 = 0.912$$

となる．決定係数の値が1に近いほど，式(4.15)の第2項は小さくなる．つまり，全体の平方和のなかに占める残差平均和の割合は少なくなり，重回帰式の当てはまりがよくなる．このことから，決定係数は重回帰式の当てはまりのよさをみるのに有用であるのがわかる．

決定係数 $R^2$ は，観測値 $y$ と推測値 $\hat{y}$ との相関係数の平方であることを数理的に示すことができる．式で書くと

$$R^2 = \frac{\{(y_1 - \bar{y})(\hat{y}_1 - \bar{y}) + \cdots + (y_N - \bar{y})(\hat{y}_N - \bar{y})\}^2}{\{(y_1 - \bar{y})^2 + \cdots + (y_N - \bar{y})^2\}\{(\hat{y}_1 - \bar{y})^2 + \cdots + (\hat{y}_N - \bar{y})^2\}}$$

となる. 全世帯実質消費支出 $y$ と推測値 $\hat{y}$ との相関係数 $R$ は, 表 4.6 より

$$R = 0.955$$

である. したがって

$$R^2 = 0.912$$

となる.

重相関係数の 2 乗 $R^2$ は, $y$ 全体の平方和 $S_0^2$ のうち, $x_1, x_2, \ldots, x_p$ に関する回帰式の平方和 $(= S_0^2 - S_e^2)$ の割合を表していて

$$R^2 = \frac{S_0^2 - S_e^2}{S_0^2} = 1 - \frac{S_e^2}{S_0^2}$$

と表せる. ここに, $S_e^2$ は誤差平方和である. $R^2$ は決定係数ともよばれるが, 変数の数が増えればその値も大きくなる. そのため, 標本数 $N$ に対して $p$ が大きいときは, 決定係数の値を調整することが考えられていて. 次の 2 つの修正が提案されている (芳賀ほか, 1976).

$$R_1^2 = 1 - \frac{S_e^2/(n-p-1)}{S_0^2/(n-1)}.$$
$$R_2^2 = 1 - \frac{\{(n+p+1)/(n-p-1)\}S_e^2}{\{(n+1)/(n-1)\}S_0^2}.$$

$R_1^2$ は自由度調整済み重相関係数の **2 乗**とよばれ, $R_2^2$ は自由度再調整済み重相関係数の **2 乗**とよばれる. これらは, $R^2$ の上の表示において, 分子 $S_e^2$ と分母 $S_0^2$ を調整したものである. $R_1^2$ においては, 分散の不偏推定量におきかえている. 一方, $R_2^2$ においては, 予測 2 乗誤差の不偏推定量におきかえている. これらは, 負の値をとることもあるが, その場合は 0 と定める.

いまの例では, $N - p - 1 = 27$ であり

$$R_1^2 = 0.918, \quad R_2^2 = 0.900$$

である. $R_1^2$ は $R^2$ とほとんど同じであるが, $R_2^2$ は若干小さな値になっている. なお, $R_2^2$ は説明変数の選択のための **AIC 規準**と漸近的に同等な性質をもつことが知られていて, 変数選択規準として利用することができる (Sakurai et al., 2009).

## 4.5 回帰係数の信頼区間

重回帰モデル

$$y = \beta_0 + \beta_1 x_1 + \beta_2 x_2 + \cdots + \beta_p x_p + \varepsilon$$

において,回帰係数 $\beta_i$ の推定値を $b_i$ で表した.次表で示すような $N$ 個のデータが抽出されると,それから $b_i$ の値が推定される.推定した重回帰は

$$\hat{y} = b_0 + b_1 x_1 + b_2 x_2 + \cdots + b_p x_p$$

と書ける.同じ条件のもとで,別の $N$ 個のデータが得られたとしよう.それから求めた回帰係数を $b_i'$ で表すと,この $b_i'$ と前に求めた $b_i$ とはより近い値であってほしい.推定した重回帰式が意味をもつためには,少なくとも回帰係数 $b_i$ が安定していることが必要である.

| 標本番号 | 1 | 2 | $\cdots$ | $j$ | $\cdots$ | $N$ |
|---|---|---|---|---|---|---|
| $x_1$ | $x_{11}$ | $x_{12}$ | $\cdots$ | $x_{1j}$ | $\cdots$ | $x_{1N}$ |
| $x_2$ | $x_{21}$ | $x_{22}$ | $\cdots$ | $x_{2j}$ | $\cdots$ | $x_{2N}$ |
| $\vdots$ | $\vdots$ | $\vdots$ | $\cdots$ | $\vdots$ | $\cdots$ | $\vdots$ |
| $x_p$ | $x_{p1}$ | $x_{p2}$ | $\cdots$ | $x_{pj}$ | $\cdots$ | $x_{pN}$ |
| $y$ | $y_1$ | $y_2$ | $\cdots$ | $y_j$ | $\cdots$ | $y_N$ |

誤差 $\varepsilon$ は正規分布に従うとする.このとき,次の統計量

$$t = \frac{b_i - \beta_i}{b_i \text{の標準偏差}}$$

は自由度 $N - p - 1$ の t 分布に従うことが示される.図 4.7 のように,自由度 $N - p - 1$ の t 分布の両側 $100\alpha\%$ 点を $t_\alpha$ で表すと

$$-t_\alpha < \frac{b_i - \beta_i}{b_i \text{の標準偏差}} < t_\alpha$$

の確率が $1 - \alpha$ である.これから $\beta_i$ の信頼係数 $(1 - \alpha)$ の信頼区間は

$$\beta_i : (b_i - t_\alpha \times (b_i \text{の標準偏差}),\ b_i + t_\alpha \times (b_i \text{の標準偏差}))$$

と書ける.

## 4.5 回帰係数の信頼区間

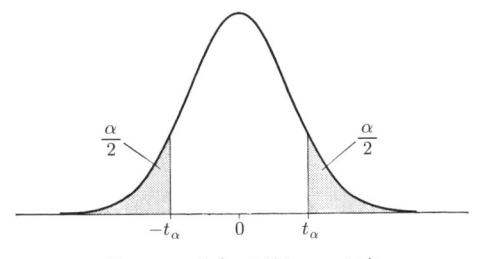

**図 4.7** $t$ 分布の両側 $100\alpha\%$ 点

1973 年 1 期から 1980 年 2 期までのデータを用いて, 勤労者世帯実質収入 $x_1$, 消費者物価指数 $x_2$ から全世帯実質消費支出 $y$ を推定する重回帰式は

$$\hat{y} = 86573.6 + 0.24667x_1 + 136.52x_2$$

であった. p.116 で用いた $a^{ii}$ という記号と残差分散 $V_e$ より, $b_i$ の標準偏差は $\sqrt{a^{ii}V_e}$ とかけるから, それぞれの回帰係数の標準偏差はデータから

$$b_1 \text{の標準偏差} = 0.01676, \quad b_2 \text{の標準偏差} = 36.33$$

と計算される. 自由度 $27 (= 30 - 2 - 1)$ の t 分布の 5%点は 2.052 であるから, 母回帰係数 $\beta_1, \beta_2$ の 95%信頼区間は次のようになる.

$$\beta_1 : (0.230,\ 0.263)$$
$$\beta_2 : (100.2,\ 172.3)$$

説明変数 $x_i$ の回帰係数が $\beta_i = 0$ ならば, その説明変数は用いる意味がない. この節で述べた $t$ 統計量

$$t = \frac{b_i - \beta_i}{b_i \text{の標準偏差}}$$

において, $\beta_i = 0$ とおくと

$$t = \frac{b_i}{b_i \text{の標準偏差}}$$

となる. この $t$ 値が小さいときは, 説明変数 $x_i$ は重回帰式のなかで有用な変数とは考えないことになる. $t$ 値が小さい (あるいは大きい) とする基準値については, 4.8 節の変数選択のところで論じるが, ここではいちおう有意水準 10%点を用いることにする.

この節で扱っている重回帰式は

$$\hat{y} = 86573.6 + 0.24667x_1 + 136.52x_2$$

であり, $b_1$ の標準偏差は 0.01676, $b_2$ の標準偏差は 36.328 であった.

これより $\beta_1 = 0$ か否かを判定する $t$ 値は

$$t = \frac{0.24667}{0.01676} = 14.72$$

であり, 自由度 $27 (= 30 - 2 - 1)$ の $t$ 分布の 10%点は 1.70 であるから, この $t$ 値は非常に大きい. $t$ 分布の 1%点 2.77 に比べても非常に大きい. よって, $\beta_1$ は 0 ではないと判定することになる. $\beta_2 = 0$ か否かを判定する $t$ 値は

$$t = \frac{136.52}{36.328} = 3.758$$

であり, この場合も $t$ 分布の 10%点 1.70 より著しく大きく, 同様に $\beta_2$ は 0 でないと判定することになる. ここでの議論は, みかけ上は仮説検定を行っているが, 実際は, その回帰式は当てはまりがよいかというモデルの妥当性を調べているのである. これは 4.8 節の変数選択へ続くことになる.

## 4.6　多重共線性

ある説明変数がほかの説明変数の 1 次式で近似的に表される場合は, 回帰係数の推定値の誤差は大きくなり, 推定値は信頼できない. この場合には推定した重回帰式の意味を解釈しても意味がないことになる. 説明変数間に強い相関関係がある場合におこるこの困難な状況を**多重共線性**という.

ドルベース輸出価格指数 $y$ を工業製品卸売物価指数 $x_1$, 先進国工業製品輸出価格指数 $x_2$ で推測することを考える. 1973 年 1 期から 1980 年 2 期までのデータ (杉山・牛沢, 1982, p.19) から計算すると, 重回帰式は

$$\hat{y} = 11.010 - 0.019x_1 + 0.933x_2$$

となる. それらの間の相関係数は

## 4.6 多重共線性

|   | $x_1$ | $x_2$ | $y$ |
|---|---|---|---|
| $x_1$ | 1 | | |
| $x_2$ | 0.900 | 1 | |
| $y$ | 0.871 | 0.990 | 1 |

である．$y$ と $x_1$ の相関は 0.871 であり，$x_1$ は $y$ に関する情報をかなりもっている説明変数である．$y$ と $x_2$ の相関はさらに大きく 0.990 であり，$x_2$ も $y$ を説明する情報を多く保持している．それらの相関係数は正であり，$x_1$ が増加すると $y$ も増加するという関係がある．つまり，$y$ の $x_1$ に対する回帰式は

$$\hat{y} = -33.3 + 1.42 x_1$$

$y$ の $x_2$ に対する回帰式は

$$\hat{y} = -10.2 + 0.923 x_2$$

であり，それぞれの回帰係数は正である．しかしながら，$y$ の $x_1, x_2$ に対する重回帰式では $x_1$ の係数は $-0.019$ と負である．重回帰式は $x_1$ が 1 単位増加したときに，$y$ は 0.019 減少することを意味している．これは予想に反することであり，しかも回帰係数の有意性を示す $t$ 統計量の絶対値も 0.14 と非常に小さい．この数値結果だけから判断すると，工業製品卸売物価が上がれば上がるほど輸出価格は下がる．あるいは工業製品卸売物価と輸出価格との間には有意な関係がないことになる．このような納得できない数値結果が出てきたのは，説明変数 $x_1, x_2$ の間に 0.900 という強い相関関係があり，それによる多重共線性の存在に起因するのである．説明変数 $x_1, x_2$ はお互いに強く関係しあいながら平行して変化し，それぞれの説明変数がどの程度 $y$ に影響しているかを明確に区分することをむずかしくしているのである．

多重共線性が存在する場合には，データが数個増えたりなどのわずかな変化に対し，回帰係数が大きく揺れ動いたりする．このことは推定した重回帰式が不安定であることを意味する．説明変数が $x_1, x_2$ の 2 つの場合を例にとると，それぞれの回帰係数の分散は

$$b_1 \text{の分散} = \frac{\text{残差の分散}}{(1-r^2)(x_1 \text{の平方和})}$$

$$b_2 \text{の分散} = \frac{\text{残差の分散}}{(1-r^2)(x_2 \text{の平方和})}$$

となる．ここで $r$ は説明変数 $x_1$ と $x_2$ の相関係数である．相関係数 $r$ が 1 に近づくにつれて $1-r^2$ は小さな値をとり，$1-r^2$ が分母にあることから，それぞれの分散は大きくなるのがわかる．つまり，回帰係数の標本誤差 (ばらつき) は大きくなり，重回帰式は不安定になる．説明変数の間に強い相関があれば多重共線性の存在を考えることになる．

説明変数を 2 つとして説明したけれども，いくつもある場合には，説明変数のいくつかの間に線形関係があれば多重共線性が存在することになる．そのような線形関係を見出す 1 つの方法は，それぞれの説明変数を目的変数にして，ほかのすべての変数の考えられる組合せに対して重回帰分析を行うことである．それらの数値結果をみて多重共線性の検出を行うことになる．

実際には**多重共線性の指標** (分散拡大係数)
$$\mathrm{VIF}_i = \frac{1}{1-R_i^2}$$
を計算する．ここで，$R_i^2$ は $i$ 番目の説明変数を式中のほかのすべての説明変数に回帰したときの重相関係数の 2 乗値である．説明変数が $p$ 個の場合には，$p$ 個の $R_i^2$ の値，つまり $\mathrm{VIF}_i$ の値を得る．その $R_i^2$ の 1 つ，あるいはいくつかの値が 1 に近づくにつれて，各説明変数 $x_i$ の間には線形関係が存在することになり，このとき $x_i$ に対応する $\mathrm{VIF}_i$ は非常に大きな値になる．この $\mathrm{VIF}_i$ が 10 を超えるような場合に，多重共線性の存在を考えることになる．

次の例は，2013 年 7 月～12 月に発売された 25 個の冷蔵庫のデータである．

| No. | $y$ | $x_1$ | $x_2$ | $x_3$ | $x_4$ | $x_5$ | $x_6$ | $x_7$ | $x_8$ |
|---|---|---|---|---|---|---|---|---|---|
| 1 | 137768 | 465 | 6 | 253 | 112 | 81 | 19 | 0 | 191 |
| 2 | 129000 | 426 | 5 | 224 | 102 | 93 | 7 | 0 | 242 |
| ⋮ | ⋮ | ⋮ | ⋮ | ⋮ | ⋮ | ⋮ | ⋮ | ⋮ | ⋮ |
| 25 | 143778 | 472 | 6 | 221 | 104 | 105 | 13 | 1 | 255 |

実勢価格 $y$ を総容量 (L) $x_1$，ドア数 (個) $x_2$，冷蔵室 (L) $x_3$，冷凍室 (L) $x_4$，野菜室 (L) $x_5$，製氷室 (L) $x_6$，切り替え室の有無 (有:1, 無:0) $x_7$，省エネ基準達成率 (%) $x_8$ で推測することを考える ([reizouko.csv])．重回帰式は

$$\hat{y} = -40517.12 - 175.05x_1 + 1701.12x_2 + 255.34x_3 + 727.18x_4$$
$$+ 280.28x_5 + 1191.77x_6 + 21767.77x_7 + 312.90x_8$$

## 4.6 多重共線性

となる.それらの変数間の相関係数は

|       | $y$  | $x_1$ | $x_2$ | $x_3$ | $x_4$ | $x_5$ | $x_6$ | $x_7$ | $x_8$ |
|-------|------|-------|-------|-------|-------|-------|-------|-------|-------|
| $y$   | 1    |       |       |       |       |       |       |       |       |
| $x_1$ | .764 | 1     |       |       |       |       |       |       |       |
| $x_2$ | .435 | .548  | 1     |       |       |       |       |       |       |
| $x_3$ | .726 | .932  | .420  | 1     |       |       |       |       |       |
| $x_4$ | .591 | .503  | .192  | .573  | 1     |       |       |       |       |
| $x_5$ | .403 | .719  | .566  | .500  | .110  | 1     |       |       |       |
| $x_6$ | .451 | .460  | .080  | .431  | .225  | −.028 | 1     |       |       |
| $x_7$ | .082 | .237  | .336  | .012  | −.593 | .414  | .155  | 1     |       |
| $x_8$ | .780 | .547  | .273  | .592  | .596  | .235  | .194  | −.159 | 1     |

である.重回帰式の総容量 $x_1$ の係数が負であり,$x_1$ が1L増加したときに,$y$ は 175.05 円減少することを意味している.これは予想に反している結果である.また,総容量と冷蔵室の相関係数は 0.932 であり,多重共線性が存在していることが考えられる.そこで,$\text{VIF}_i$ を算出すると,次のように与えられる.

|           | $x_1$    | $x_2$ | $x_3$   | $x_4$  | $x_5$   | $x_6$  | $x_7$  | $x_8$ |
|-----------|----------|-------|---------|--------|---------|--------|--------|-------|
| $\text{VIF}_i$ | 1038.703 | 1.791 | 349.778 | 65.226 | 108.836 | 20.125 | 54.973 | 1.900 |

総容量に対する $\text{VIF}_i$ が 10 を超えているので,多重共線性が存在すると考えられる.多重共線性がある場合でも,これらの説明変数 $x_1$〜$x_8$ をすべて用いて,回帰による予測式をつくりたいことがある.しかしながら,$\text{VIF}_i$ が 10 を超えているものがあると,回帰係数 $b_i$ の分散は非常に大きくなり,予測式のなかの説明変数の係数 $b_i$ は観測データを数個増やしただけで,大きく変わるようなことが起こる.これは,$b_i$ の分散が大きくなることに起因する.実際には,正の値をとることが期待される $b_i$ の値が,冷蔵庫の例のように,負の値をとったりする.回帰係数 $b_i$ のばらつきが大きくなるのは,分散を求める式の分母の部分が非常に小さくなることによる.これを避けるために,Hoerl and Kennard (1970) は,リッジ係数とよばれるパラメータ $k > 0$ を含めた推定値を提案している (数理的補足 (4.12 節) を参照).

リッジ係数 $k$ を用いた回帰係数の推定値はリッジ**推定値**とよばれており,リッジ軌跡とは,$p$ 個のリッジ推定値を 0 から 1 の間の $k$ に対して,同時にプロット

したものである．もし，多重共線性が重要な問題となっているならば，$k$ が 0 から，ごくわずかな増加に対して，リッジ推定値は急激に変化することになる．しかしながら，$k$ が 1 付近では，リッジ推定値は安定する．$k$ の関数として，リッジ推定値の動きはリッジ軌跡から読み取れる．$k$ は，リッジ推定値が安定となる最小の値が選ばれる．そのとき選ばれた $k$ の値による残差の 2 乗和と $k=0$ による残差の 2 乗和にそれほど違いがなく，重相関係数についてもあまり違いがなければ，リッジ回帰は有効な式だと考えられる．

冷蔵庫の例について，$k$ を 0 から 1 まで動かしたときの回帰係数の推定値を表 4.9 に，リッジ軌跡を図 4.8 に示す．表 4.9 では，0 付近で集中的に選ばれるようにしている．リッジ推定値が，小さな $k$ の値に対して大きな変動を示すならば，不安定であることになり，それは，多重共線性に起因していると考えられる．

図 4.8 のリッジ軌跡や表 4.9 から明らかなように，リッジ推定値は小さな $k$ の値に対してきわめて不安定である．それぞれの推定値は，0 から 0.1 という値へ急激に変化して，そこからはじめて安定となっている．特に，予測に反していた総容量 $x_1$ の係数の符号は，$k=0.040$ で負から正に変わっていて，それ以降の $k$ では，総容量 $x_1$ の係数の符号は正で安定している．

リッジ係数 $k$ の決め方は，さまざまな報告が行われてきている．ここでは，全平均 2 乗誤差 (AMSE: All Mean Square Error) が最小となる $k$ を用いることとする (数理的補足 (4.12 節) を参照)．表 4.9 より，リッジ係数を $k=0.300$ とした場合の全平均 2 乗誤差が最小となる．そのときの回帰式は

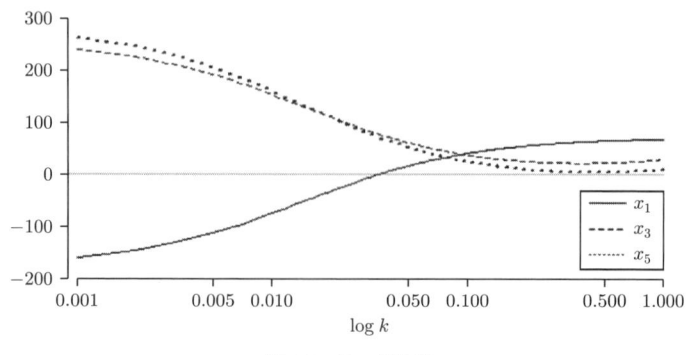

図 4.8 リッジ軌跡

## 4.6 多重共線性

表 4.9 リッジ係数とリッジ推定値

| リッジ係数 | $x_1$ | $x_2$ | $x_3$ | $x_4$ | $x_5$ | $x_6$ | $x_7$ | $x_8$ | AMSE |
|---|---|---|---|---|---|---|---|---|---|
| 0.000 | $-175.05$ | 1701.12 | 255.34 | 727.18 | 280.28 | 1191.77 | 21767.77 | 312.90 | 1.371 |
| 0.005 | $-112.32$ | 1754.54 | 191.47 | 674.90 | 205.35 | 1091.82 | 20109.55 | 313.19 | 1.327 |
| 0.010 | $-74.90$ | 1788.38 | 153.42 | 643.49 | 160.70 | 1032.30 | 19112.61 | 313.34 | 1.301 |
| 0.020 | $-32.34$ | 1831.05 | 110.27 | 607.29 | 110.04 | 964.82 | 17962.19 | 313.46 | 1.271 |
| 0.030 | $-8.79$ | 1858.96 | 86.51 | 586.77 | 82.13 | 927.72 | 17308.79 | 313.48 | 1.254 |
| 0.040 | 6.15 | 1880.15 | 71.53 | 573.34 | 64.52 | 904.36 | 16880.38 | 313.44 | 1.243 |
| 0.050 | 16.47 | 1897.71 | 61.26 | 563.74 | 52.43 | 888.37 | 16572.89 | 313.37 | 1.235 |
| 0.100 | 41.06 | 1963.68 | 37.49 | 538.10 | 24.31 | 851.53 | 15745.14 | 312.90 | 1.215 |
| 0.150 | 50.66 | 2016.60 | 28.97 | 524.98 | 14.08 | 838.47 | 15314.13 | 312.33 | 1.205 |
| 0.200 | 55.75 | 2064.62 | 25.03 | 515.75 | 9.21 | 832.50 | 15006.27 | 311.73 | 1.200 |
| 0.250 | 58.89 | 2109.78 | 23.07 | 508.29 | 6.63 | 829.52 | 14754.42 | 311.12 | 1.197 |
| 0.300 | 61.01 | 2152.87 | 22.12 | 501.81 | 5.24 | 828.05 | 14533.99 | 310.49 | 1.196 |
| 0.350 | 62.53 | 2194.27 | 21.76 | 495.98 | 4.54 | 827.43 | 14333.75 | 309.86 | 1.197 |
| 0.400 | 63.66 | 2234.20 | 21.76 | 490.59 | 4.25 | 827.30 | 14147.80 | 309.22 | 1.199 |
| 0.500 | 65.24 | 2310.18 | 22.42 | 480.78 | 4.42 | 827.87 | 13806.34 | 307.93 | 1.210 |
| 0.600 | 66.27 | 2381.59 | 23.56 | 471.90 | 5.14 | 828.95 | 13494.33 | 306.63 | 1.228 |
| 0.800 | 67.52 | 2512.63 | 26.43 | 456.10 | 7.24 | 831.44 | 12932.58 | 304.01 | 1.287 |
| 1.000 | 68.23 | 2630.18 | 29.57 | 442.23 | 9.65 | 833.72 | 12432.67 | 301.37 | 1.380 |

$$\hat{y} = -38500.25 + 61.01x_1 + 2152.87x_2 + 22.12x_3 + 501.81x_4$$
$$+ 5.24x_5 + 828.05x_6 + 14533.99x_7 + 310.49x_8$$

となる.

このとき,残差の 2 乗和は $k=0$ での値 4.2850 から $k=0.300$ での値 4.2961 へ増加し,重相関係数は 0.8215 から 0.8210 に減少したにとどまる.こうした事情を考慮した結果,$k=0.300$ での回帰式が満足できるものとなる.

一般に説明変数が多くなると,それらの間に相関が高いものが現れ,共線性が生じやすくなる.多重共線性を検出したり,あるいは多重共線性が考えられる場合の回帰分析の方法として,主成分分析を適用する方法がある.説明変数 $x_1, x_2, \ldots, x_p$ に基づいて主成分分析を行ったときの各主成分の固有値 (分散) を $\ell_1, \ell_2, \ldots, \ell_p$ で表そう.いちばん小さい固有値をもった第 $p$ 主成分を

$$y_p = h_{1p}x_1 + h_{2p}x_2 + \cdots + h_{pp}x_p$$

と書く. $y_p$ の分散である固有値 $\ell_p$ が非常に小さいということは

$$h_{1p}x_1 + h_{2p}x_2 + \cdots + h_{pp}x_p \fallingdotseq 0$$

を意味する．すなわち，$x_1, x_2, \ldots, x_p$ の間に線形関係があることになる．これらのことから推察できるように，説明変数について主成分分析を行ったとき，小さい方の固有根のいくつかが非常に小さければ，多重共線性があることが考えられる．このような場合，適当な変数の組を選ぶことが重要になる．その場合，もとの説明変数のかわりに主成分 $y_1, y_2, \ldots, y_p$ に関する回帰を考え，固有値が小さい主成分は用いないで，固有値が大きい主成分に関する回帰を考える**主成分回帰法**がある．最初から何個の主成分を用いるかについては，変数選択規準を適用できるが，これについては，4.9 節を参照されたい．

## 4.7 説明変数の選択——逐次法

4.3 節では歯の咬耗度による年齢推定の問題を考え，28 本すべてを用いたときの重回帰式を示した．しかしながら，この場合 28 変数 $x_1, x_2, \ldots, x_{28}$ すべてを用いるのは賢明ではない．変数を多く取り入れて重回帰式をつくれば，残差平方和は小さくなり，確かに重相関係数は大きくなる．その意味では予測の精度は上がっているようにみえるが，他方データの関数である回帰係数 $b_j$ の分散は大きくなり，重回帰式の安定性は悪くなる．説明変数すべてを用いた場合と，そのうちの一部を用いた場合を比較して，予測の精度がそれほど変わっていなければ，説明変数の一部を用いたときの重回帰式で十分間にあい，その方が重回帰式は安定している．私達はできるかぎり少数個の互いに相関の低い説明変数を用いて，予測精度が全変数を用いたときに比べてあまり変わらない重回帰式を求めたいのである．この節ではたくさんある変数のなかから，どのような変数の組合せを選ぶかという問題を扱う．変数選択の方法として，この節では**変数増減法**と**変数減増法**について述べる．

変数選択において，まずはじめに目的変数 $y$ と説明変数 $x_i$ との相関係数の大きさをみることは，相関係数が大きければ大きいほど $x_i$ は $y$ に関する情報をもっていることであるから参考にはなる．説明変数の間で相互に関連しあっていることを考えると，これだけでは不十分である．たとえば，$y$ と $x_i$ および $y$ と $x_j$ との相関係数は大きく，また $x_i$ と $x_j$ とは高い相関をもっているとする．この場合には $x_i$ の $y$ に関してもっている情報と，$x_j$ の $y$ に関してもっている情

## 4.7 説明変数の選択——逐次法

報とはよく似たものであり, $y$ の説明変数としては $x_i$ か $x_j$ のいずれかを用いていることで十分であろう. これらのことから $y$ との相関関係の大きさだけではなく, 説明変数相互間の関連性の強さまで考慮に入れて $x_1, x_2, \ldots, x_p$ のなかからどのような組合せを選ぶかを決めることになる.

重回帰モデル

$$y = \beta_0 + \beta_1 x_1 + \beta_2 x_2 + \cdots + \beta_p x_p + \varepsilon$$

において, 誤差 $\varepsilon$ は平均 0, 分散 $\sigma^2$ の正規分布に従うとする. これは $y$ が平均 $\beta_0 + \beta_1 x_1 + \beta_2 x_2 + \cdots + \beta_p x_p$ の正規分布に従うことを意味する. いま表 4.1 のようにデータが得られているとしよう. 回帰係数 $\beta_i$ の推定値 $b_i$ は, 正規分布に従う $y_1, y_2, \ldots, y_N$ の 1 次式で表されるから, 正規分布に従い

$$F = \frac{(b_i - \beta_i)^2}{b_i \text{の分散}}$$

は自由度 $(1, N - p - 1)$ の F 分布に従うことを示すことができる. いま, 説明変数 $x_1, x_2, \ldots, x_p$ のなかから $q$ 個 $x_{(1)}, x_{(2)}, \ldots, x_{(q)}$ が選ばれているとする. このとき, この $q$ 個の説明変数に基づく重回帰モデルを

$$y = \beta_{(0)} + \beta_{(1)} x_{(1)} + \cdots + \beta_{(q)} x_{(q)} + \varepsilon$$

で表す. データから計算した重回帰式を

$$\hat{y} = b_{(0)} + b_{(1)} x_{(1)} + b_{(2)} x_{(2)} + \cdots + b_{(q)} x_{(q)}$$

とする. もし $x_{(i)}$ の係数 $b_{(i)}$ が小さいならば, $x_{(i)}$ は $y$ を説明する変数として役に立っていないとして取り除く. この係数が大きいならば $x_{(i)}$ は除去しない. 回帰係数 $b_{(i)}$ が小さいとか大きいとかは

$$F = \frac{b_{(i)}^2}{b_{(i)} \text{の分散}}$$

の値で決まる. これは自由度 $(1, N - q - 1)$ の F 分布に従う. 説明変数を除去する際の $F$ の基準値を $F_{\text{OUT}}$ で表すと, $F$ 値が $F_{\text{OUT}}$ より小さいときは $x_{(i)}$ は除去する. $b_1$ の $F$ 値, $b_2$ の $F$ 値, $\cdots$, $b_q$ の $F$ 値と $F_{\text{OUT}}$ とをそれぞれ比較して, $F_{\text{OUT}}$ より小さいのが 2 つ以上あるときには, いちばん小さい $F$ 値に対応する変数のみを除去する. これが説明変数を除去する規則である.

説明変数 $x_{(1)}, x_{(2)}, \ldots, x_{(q-1)}$ が選ばれていて,残りの変数のなかの1つを追加したときに,決定係数が最大になるような変数 $x_{(q)}$ について考えよう. このとき,回帰係数 $b_{(q)}$ が大きいならば $x_{(q)}$ は $y$ を説明する変数として役立っているとして追加する. また,小さいときには追加しない. 前と同じで,この場合も回帰係数が大きいとか小さいとかは

$$F = \frac{b_{(q)}^2}{b_{(q)} \text{の分散}}$$

の値で決める. これも自由度 $(1, N-q-1)$ の F 分布に従う. 説明変数を追加する際の $F$ の基準値を $F_{\text{IN}}$ で表すと, $F$ 値が $F_{\text{IN}}$ 値より大きければ $x_{(q)}$ を取り入れる. この変数を除去する基準値 $F_{\text{OUT}}$ と追加する基準値 $F_{\text{IN}}$ とは,データ以外のほかの理由による特別な要請がなく,標本数が大きければともに 2.0 にするのがよい. このことは標本数 $N$ が大きいときは,F 分布の有意水準 16,17%の点を $F_{\text{OUT}}, F_{\text{IN}}$ の値としていることになる. $F_{\text{OUT}} = F_{\text{IN}} = 2.0$ がよいというのは情報量規準から導くことができるが,それについての詳しいことは 4.9 節で述べる.

変数増減法や変数減増法の手続きは,判別分析の場合とほぼ同様である.

歯の咬耗度による年齢推定を例にして説明しよう. その変数選択を説明する前に,データの特徴について詳しく説明することにする. データは次のような分類番号で与えられている. 前に述べたように,分類1はエナメル質の局面が,狭い範囲で独立している場合, 2 はエナメル質の大部分が摩耗している場合, 3 は象牙質の摩耗が進んで部分的に露出している場合, 4 は象牙質のかなりの部分が広くあるいは強く摩耗している場合, 5 は欠如している場合である.

それぞれの歯の咬耗度と年齢の関連性を把握するために,咬耗度を横軸,年齢を縦軸にとって描いたのが図 4.9 である.

回帰式による年齢推定という立場からこの散布図をみた場合に, 5 段階の分類をそのまま 1 から 5 という形で数量化し,重回帰分析を適用してよいかという疑問にぶつかる. 特に 5 という段階は,除去した方が全体として直線的な関係があるように思える. しかしながら,分類 5 の入っているデータは多く,取り除くことはできない. この欠測値を補うのに,分類 1 から 4 を数量化したあとに,最小 2 乗法を用いた補い方などが考えられるが,いろいろな観点から検討した末に,ここでは 4 という段階と同一視して分析することにした. 実際には段階 3

図 4.9 歯の咬耗度 $(x)$ と年齢 $(y)$

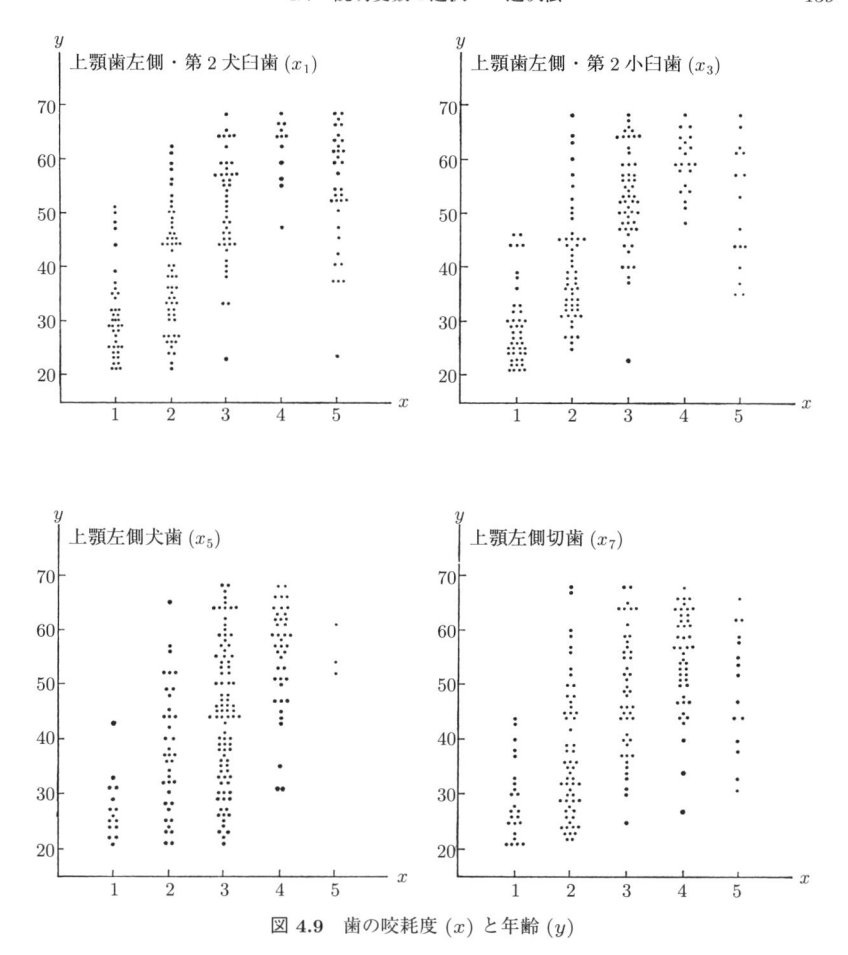

の歯が何らかの原因で欠如して5になるか,あるいは段階4であった歯が欠如して5になるかは紙一重であり,数量化は3.5がよいのではないかという専門家の意見もあった.このような経過を経て,分類1には1,分類2には2,分類3には3,分類4,5には4という数値を割りふることにした.数量化1類による数量化についても杉山ほか(1976)のなかで議論されている.

この数量化に基づいて,28変数と$y$とによる相関行列を表4.10に示す.データ数$N$は189である.年齢$y$との相関係数をみると,最も相関の高いのは上顎左側小臼歯$x_3$の0.73,上顎右側第2大臼歯$x_{14}$の0.70,下顎右側第1小臼

表 4.10　歯の咬耗度の相関行列 (表 2.2 を再掲)

| | $x_1$ $x_2$ $x_3$ $x_4$ $x_5$ $x_6$ $x_7$ | $x_8$ $x_9$ $x_{10}$ $x_{11}$ $x_{12}$ $x_{13}$ $x_{14}$ | $x_{15}$ $x_{16}$ $x_{17}$ $x_{18}$ $x_{19}$ $x_{20}$ $x_{21}$ | $x_{22}$ $x_{23}$ $x_{24}$ $x_{25}$ $x_{26}$ $x_{27}$ $x_{28}$ | $y$ |
|---|---|---|---|---|---|
| $x_1$ | 1 | | | | |
| $x_2$ | .65　1 | | | | |
| $x_3$ | .61 .56　1 | | | | |
| $x_4$ | .48 .46 .65　1 | | | | |
| $x_5$ | .41 .44 .43 .50　1 | | | | |
| $x_6$ | .40 .46 .52 .49 .46　1 | | | | |
| $x_7$ | .46 .48 .55 .45 .51 .67　1 | 左右対称の位置にある上顎歯 ↙ | | | |
| $x_8$ | .46 .43 .50 .46 .46 .60 .81 | 1 | | | |
| $x_9$ | .38 .43 .47 .46 .38 .74 .57 | .60　1 | | | |
| $x_{10}$ | .45 .46 .48 .49 .67 .56 .53 | .46 .49　1 | | | |
| $x_{11}$ | .60 .54 .61 .57 .45 .52 .50 | .41 .41 .55　1 | 同位置にあって咬み合う上顎歯と下顎歯 ↙ | | |
| $x_{12}$ | .58 .50 .70 .55 .38 .53 .48 | .43 .43 .48 .65　1 | | | |
| $x_{13}$ | .52 .51 .43 .42 .30 .39 .30 | .29 .28 .32 .40 .49　1 | | | |
| $x_{14}$ | .64 .48 .56 .44 .39 .39 .46 | .44 .39 .40 .49 .53 .46　1 | | | |
| $x_{15}$ | .40 .29 .42 .45 .45 .37 .41 | .42 .31 .38 .43 .37 .30 .49 | 1 | | |
| $x_{16}$ | .38 .33 .35 .29 .29 .31 .30 | .30 .28 .22 .34 .36 .34 .37 | .49　1 | | |
| $x_{17}$ | .53 .47 .61 .54 .39 .52 .50 | .45 .42 .43 .55 .50 .36 .41 | .52 .39　1 | | |
| $x_{18}$ | .55 .54 .60 .52 .44 .58 .57 | .53 .47 .51 .52 .55 .36 .47 | .44 .34 .67　1 | 左右対称の位置にある下顎歯 ↙ | |
| $x_{19}$ | .48 .44 .52 .57 .72 .49 .57 | .50 .38 .63 .45 .42 .28 .44 | .35 .21 .50 .57　1 | | |
| $x_{20}$ | .45 .43 .56 .53 .51 .71 .67 | .59 .58 .56 .52 .53 .29 .39 | .34 .21 .54 .62 .65　1 | | |
| $x_{21}$ | .42 .40 .52 .49 .41 .69 .65 | .60 .56 .53 .49 .53 .32 .37 | .36 .18 .47 .53 .50 .72　1 | | |
| $x_{22}$ | .38 .38 .50 .41 .34 .57 .57 | .49 .54 .44 .48 .43 .26 .37 | .29 .09 .45 .51 .43 .66 .73 | 1 | |
| $x_{23}$ | .42 .43 .54 .47 .40 .64 .57 | .54 .65 .51 .53 .48 .33 .47 | .37 .26 .48 .60 .49 .72 .65 | .64　1 | |
| $x_{24}$ | .43 .42 .45 .50 .62 .54 .54 | .49 .48 .71 .53 .41 .27 .41 | .38 .20 .48 .51 .70 .63 .49 | .50 .54　1 | |
| $x_{25}$ | .48 .42 .58 .47 .32 .48 .44 | .43 .35 .42 .54 .53 .35 .40 | .37 .24 .56 .62 .44 .53 .44 | .46 .53 .50　1 | |
| $x_{26}$ | .52 .42 .57 .47 .31 .44 .45 | .47 .39 .50 .55 .48 .29 .41 | .43 .32 .58 .60 .40 .48 .41 | .41 .51 .50 .69　1 | |
| $x_{27}$ | .43 .37 .51 .38 .22 .32 .34 | .30 .27 .32 .44 .44 .23 .47 | .44 .57 .44 .43 .29 .30 .29 | .24 .34 .28 .37 .46　1 | |
| $x_{28}$ | .46 .35 .51 .47 .29 .43 .43 | .30 .41 .46 .39 .31 .44 | .58 .50 .53 .45 .43 .34 .35 | .29 .38 .40 .45 .51 .54　1 | |
| $y$ | .68 .59 .73 .57 .57 .57 .64 | .59 .51 .59 .62 .63 .49 .70 | .58 .41 .65 .70 .56 .57 .57 | .50 .57 .54 .56 .56 .53 .59 | 1 |

歯 $x_{18}$ の 0.70, 以下略して, 大臼歯 $x_1$ の 0.68, 小臼歯 $x_{17}$ の 0.65, 切歯 $x_7$ の 0.64, 小臼歯 $x_{12}$ の 0.63, 小臼歯 $x_{11}$ の 0.62 と続き, そのほかの歯はほぼ 0.55 程度である. なお, 上顎歯の方に比較的相関の高いものが集まっている.

変数選択の代表的方法の 1 つは, **変数増減法**と**変数減増法**である. 変数増減法は, 最初に $y$ との相関係数が最大のものを選び, これを出発点として変数の追加と除去という上記の手続きを繰返し行う. また, 変数減増法は $p$ 変数のすべてを取り入れた重回帰式から出発し, 変数の除去と追加の手続きを繰返し行う.

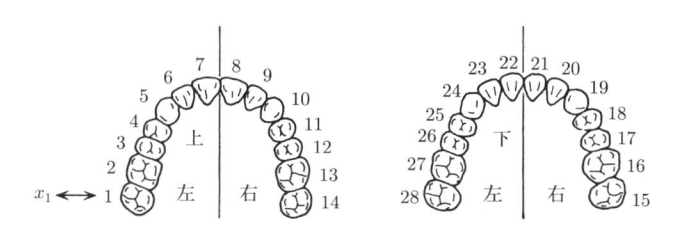

**図 4.10** 歯と変数名との対応関係

変数選択に際しては $F_{\text{IN}} = F_{\text{OUT}} = 2.0$ として変数選択を行うと, 28 個が 10 個まで減少する. 変数増減法で最後の段階で変数の入れかわりが一度あったほかは, 一度取り込まれた変数が再び除去されたことも, また変数減増法でいえば除去された変数が再び取り込まれたこともなかった. 変数選択の途中のステップを省略し, 変数の取り入れられた順序だけを記すと次のようになる.

変数増減法; $x_3 \to x_{14} \to x_{18} \to x_5 \to x_{28} \to x_7 \to x_1 \to x_{15}$
$\to x_{19} \to x_{21} \to x_{17} \to (x_{15})$

変数減増法; $x_{12} \to x_{25} \to x_2 \to x_{23} \to x_6 \to x_{24} \to x_9 \to x_{11} \to x_{22} \to x_8$
$\to x_{26} \to x_4 \to x_{10} \to x_{20} \to x_{16} \to x_{13} \to x_{15} \to x_{27}$

また全変数を用いた場合と最終段階で選ばれた 10 個の変数の場合とについて, 回帰係数と $F$ 値を表 4.11 に与え, 簡単な説明を加えることにする.

(1) 最終的に残ったものが上顎歯左側半分のしかも 1 本おきのものであり, あとはそれらと相関の最も低い部分である下顎歯の右半分の 1 本おきのもの, すなわち互い違いの位置にあるものである.

(2) 大臼歯 4 本のうち 3 本が残っている.

表 4.11 28 変数での重回帰分析と変数選択によって選ばれた 10 変数による重回帰分析の結果

| 全変数 28 個の場合 ||| | 全変数 28 個の場合 ||| 選択した 10 変数の場合 |||
|---|---|---|---|---|---|---|---|---|
| 変数番号 | 回帰係数 | $F$ 値 | 変数番号 | 回帰係数 | $F$ 値 | 変数番号 | 回帰係数 | $F$ 値 |
| (1) | 1.30 | 2.86 | 15 | 0.85 | 1.68 | 1 | 1.47 | 5.09 |
| 2 | −0.09 | 0.02 | 16 | −0.80 | 1.36 | 3 | 2.38 | 11.54 |
| (3) | 2.58 | 9.15 | (17) | 1.14 | 2.50 | 5 | 2.87 | 11.62 |
| 4 | −0.82 | 1.10 | (18) | 2.83 | 11.82 | 7 | 1.22 | 3.13 |
| (5) | 2.39 | 5.43 | (19) | −1.64 | 1.88 | 14 | 3.27 | 28.62 |
| 6 | −0.16 | 0.03 | 20 | −0.69 | 0.54 | 17 | 1.15 | 3.08 |
| (7) | 1.12 | 1.38 | (21) | 1.27 | 1.71 | 18 | 2.75 | 14.19 |
| 8 | 0.41 | 0.20 | 22 | −0.45 | 0.26 | 19 | −2.11 | 4.53 |
| 9 | 0.25 | 0.09 | 23 | −0.12 | 0.02 | 21 | 1.08 | 2.38 |
| 10 | 0.86 | 0.82 | 24 | 0.20 | 0.04 | 28 | 1.09 | 3.79 |
| 11 | 0.29 | 0.12 | 25 | 0.04 | 0.00 | | | |
| 12 | 0.04 | 0.00 | 26 | −0.49 | 0.44 | | | |
| 13 | 0.72 | 1.43 | 27 | 1.00 | 2.12 | | | |
| (14) | 2.75 | 15.67 | (28) | 0.72 | 1.11 | | | |
| | | | 寄与率 | 0.794 | | 寄与率 | 0.783 | |

(3) 最終的に残ったものは, $y$ との単相関の高いものはほぼ選ばれているものの, すべてがその順序通りではない.

(4) 最初の段階において有意でなかったものが, 必ずしも除去はされていない.

(5) $x_{19}$ と年齢 $y$ とは正の相関をしているにもかかわらず, 係数は負であるという特性を下顎の右側犬歯はもっている.

(6) 最初の段階で上顎歯右側第 2 小臼歯 $x_{12}$ は除去されたが, これの $F$ 値は当然最低ではあったが, $y$ との相関は高い方であった.

最終段階で選択された 10 本による重相関係数の 2 乗である寄与率は 0.783 であり, 説明変数が 18 本も減少しているにもかかわらず 0.011 しか寄与率は落ちていない. 普通, 1 割から 2 割減少することが多いのだが, この場合は各変数の相関が 0.4〜0.6 程度にもかかわらず, 1% 程度しか落ちていないのはなぜだろうか. そのひとつの理由は, ひとつひとつの変数の散らばり方がパターンとして似ているからであろう. 最終的に選ばれた 10 個の変数を除いた 18 個はほとんど寄与する力はなく, 18 個は除いてもよいといえる.

選択された 10 本の歯のなかでの $x_{19}$ (表 4.11), また, それと対称な位置にある 10 本の歯による重回帰式 (表 4.12) での $x_{24}$ は, それぞれの係数がともに負

## 4.7 説明変数の選択——逐次法

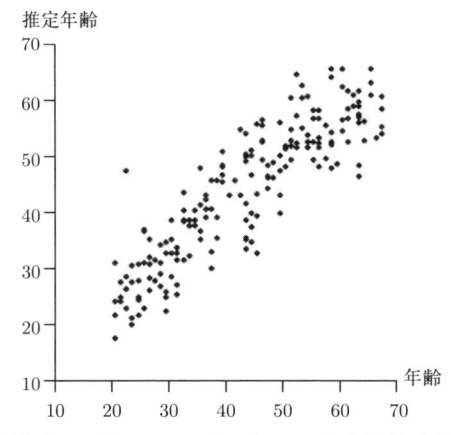

図 4.11 最終段階で選ばれた 10 本の歯による推定年齢と年齢との相関図

になっていることに気がつく．上顎の犬歯が下顎の犬歯に及ぼす影響はほかの歯の上下顎歯の咬み合わせとは異なり，その動きを妨げようとする力が働くことを考えると，この符号の意味は偶然ではないといえよう．

表 4.12 選択した変数と左右対称の位置にある 10 本の歯に基づく重回帰分析

| 変数番号 | 回帰係数 | $F$ 値 |
|---|---|---|
| 1 | 2.36 | 10.50 |
| 8 | 1.85 | 7.08 |
| 10 | 2.30 | 6.46 |
| 12 | 1.76 | 5.46 |
| 14 | 3.12 | 19.69 |
| 15 | 2.07 | 11.85 |
| 22 | 0.95 | 1.70 |
| 24 | −0.15 | 0.02 |
| 25 | 1.12 | 1.73 |
| 26 | 0.23 | 0.09 |
| 寄与率 | 0.727 | |

この例では変数増減法と変数減増法との結果が一致した．数理的には一致するという保証は何もない．一般によく用いられるのは計算時間が少なくてすむ変数増減法である．

変数選択で $F_{\mathrm{IN}} = F_{\mathrm{OUT}} = 2.0$ という基準で選ばれた 10 本の歯による寄与率は 0.783 であったが，実際に年齢推定を行う際には 0.783 より 0.01 程度小さ

い, すなわち, 0.773 より大きくなる 10 本の歯の組合せに基づく年齢推定式を, すべて求めておくとよいであろう. 0.773 以上と述べたが, これは何ら根拠のある数字ではなく, 場合によっては 0.763 以上としてもよいであろうし, また 9 本あるいは 8 本の歯の組合せまで含めたいろいろな場合の推定式を求めておくことは実用上有益である.

## 4.8 説明変数の選択——AIC と $C_p$

前節において, いくつかの説明変数から 1 つの目的変数を予測するとき, どの説明変数を用いた方がよいかに関して, 逐次法による方法を説明した. ここでは, 情報量規準あるいはモデル選択規準量を用いた変数選択法を説明する.

目的変数 $y$ に対して, $p$ 個の説明変数 $x_1, x_2, \ldots, x_p$ が考えられ, これらの変数が $N$ 個の個体について観測されているとしよう. このとき, 全説明変数を用いた回帰モデルを

$$M_p: y = \beta_0 + \beta_1 x_1 + \cdots + \beta_p x_p + \varepsilon \tag{4.16}$$

と表す. 最初の $q$ 個の説明 $x_1, x_2, \ldots, x_q$ を用いた回帰モデルは

$$M_q: y = \beta_0 + \beta_1 x_1 + \cdots + \beta_q x_q + \varepsilon \tag{4.17}$$

と表せる. モデル $M_q$ は, モデル $M_p$ において, 制約条件

$$\beta_{q+1} = \beta_{q+2} = \cdots = \beta_p = 0$$

を課したモデルである. あるいは, 変数 $x_{q+1}, x_{q+2}, \ldots, x_p$ は, 変数 $x_1, x_2, \ldots, x_q$ を用いると追加情報をもたない変数であるというモデルである. そこで, モデルのよさを測る規準量を適用して, モデル $M_q$ が選ばれると, 変数 $x_1, x_2, \ldots, x_q$ を選ぶことにすれば, 1 つの変数選択法が提案されたことになる.

モデルのよさを測る規準量として, AIC 規準と $C_p$ 規準を適用することを考える. **AIC 規準**は予測尤度が大きなモデルを選ぶことを目的とし, 具体的には, "$(-2) \times$ 対数予測尤度" の推定量として提案された (Akaike, 1973). 一般に, $q$ 個の説明変数を用いた線形回帰モデル $M_q$ の AIC 規準は

$$\text{AIC}_q = N \log\left(\frac{1}{N} S_q^2\right) + N\{\log(2\pi) + 1\} + 2d_q \tag{4.18}$$

## 4.8 説明変数の選択——AIC と $C_p$

として定義される.ここに,$S_q^2$ はモデル $M_q$ を用いたときの残差平方和である.$d_q$ はモデル $M_q$ のもとでの未知パラメータ数であって,

$$d_q = (q+1) + 1 = q + 2$$

となる.各モデルに対して,AIC の値を求め,その値が最小となるモデルを最適なモデルとして選択する.

一方,$\mathbf{C}_p$ 規準は,"規準化予測誤差の 2 乗和" の推定量として提案された (Mallows, 1973).モデル $M_q$ に対する規準は

$$\mathrm{C}_{p,q} = \frac{1}{\hat{\sigma}^2} S_q^2 + 2(q+1) \tag{4.19}$$

で定義される.ここに,$\hat{\sigma}^2$ は $\sigma^2$ の推定量で,通常最大モデルのもとでの不偏推定量が用いられる.いまの場合

$$\hat{\sigma}^2 = \frac{1}{N-p-1} S_p^2$$

である.ここに,$S_p^2$ はモデル $M_p$ のもとでの残差平方和である.なお,Mallows (1973) では,

$$\frac{1}{\hat{\sigma}^2} S_q^2 + 2(q+1) - N$$

を $C_p$ 規準として定義している.モデルの選択規準としては,どちらを用いても同じであるが,前者の場合はその値が規準化予測誤差の 2 乗和の推定量であると考えられるので,$C_p$ は式 (4.19) で定義されたものとする.

全世帯実質消費支出 $y$ を予測する問題において,説明変数として勤労者世帯実質実収入 $x_1$,消費者物価指数 $x_2$ に対して 2 つのダミー変数;第 1 次オイルショックの影響 $x_3$,および,2 期の影響 $x_4$ を加えるとより妥当な分析結果が得られることをみてきた.すべての変数を用いたときの回帰係数,および,変数を標準化したときの回帰係数 (回帰係数 × 標準偏差) である**標準化回帰係数**は次のようになる.

|  | $x_1$ | $x_2$ | $x_3$ | $x_4$ |
|---:|---:|---:|---:|---:|
| 回帰係数 | 0.242 | 116.261 | −4574.431 | −5638.741 |
| 標準偏差 | 42634.140 | 19.671 | 0.346 | 0.450 |
| 標準化回帰係数 | 10306.990 | 2286.928 | −1581.591 | −2536.173 |

ここでは,AIC 規準,および,$C_p$ 規準を用いて,4 つの説明変数のあらゆる組

合せに基づく回帰モデルのなかから，最適なモデルを探すことを試みる．全部で 16 個のモデルが考えられるが，2 つの規準のベスト 5 のモデルは次のように与えられる．この結果，2 つの規準によるベスト 5 のモデルは同じであって，最適なモデルは 4 つの変数を用いたモデルである．

表 4.13 AIC と $C_p$ によるベスト 5

| 変数の組 | AIC | 変数の組 | $C_p$ |
|---|---|---|---|
| $\{x_1, x_2, x_3, x_4\}$ | 553.8 | $\{x_1, x_2, x_3, x_4\}$ | 35.0 |
| $\{x_1, x_2, x_4\}$ | 564.2 | $\{x_1, x_2, x_4\}$ | 45.8 |
| $\{x_1, x_3, x_4\}$ | 572.6 | $\{x_1, x_3, x_4\}$ | 58.0 |
| $\{x_1, x_2, x_3\}$ | 579.4 | $\{x_1, x_2, x_3\}$ | 70.7 |
| $\{x_1, x_2\}$ | 583.0 | $\{x_1, x_2\}$ | 81.7 |

歯の咬耗度から年齢を予測する問題において，これらの規準量を用いて最適な変数の組を探すことを考える．説明変数は 28 本の歯の咬耗度 $x_1, x_2, \ldots, x_{28}$ である．規準量を調べる前に，28 変数に基づく回帰係数，および標準化回帰係数を求める．これらは，次のように与えられる．標準化回帰係数の絶対値は 28 変数のなかでの各説明変数の重要度と考えられる．

| | $x_1$ | $x_2$ | $x_3$ | $x_4$ | $x_5$ | $x_6$ | $x_7$ | $x_8$ | $x_9$ | $x_{10}$ |
|---|---|---|---|---|---|---|---|---|---|---|
| 回帰係数 | 1.30 | −0.10 | 2.61 | −0.91 | 2.39 | −0.18 | 1.10 | 0.43 | 0.26 | 0.86 |
| 標準化回帰係数 | 1.41 | −0.11 | 2.72 | −0.88 | 2.05 | −0.19 | 1.15 | 0.43 | 0.28 | 0.78 |

| | $x_{11}$ | $x_{12}$ | $x_{13}$ | $x_{14}$ | $x_{15}$ | $x_{16}$ | $x_{17}$ | $x_{18}$ | $x_{19}$ |
|---|---|---|---|---|---|---|---|---|---|
| 回帰係数 | 0.34 | 0.04 | 0.72 | 2.74 | 0.88 | −0.81 | 1.14 | 2.83 | −1.61 |
| 標準化回帰係数 | 0.33 | 0.04 | 0.80 | 2.96 | 0.96 | −0.81 | 1.26 | 2.87 | −1.27 |

| | $x_{20}$ | $x_{21}$ | $x_{22}$ | $x_{23}$ | $x_{24}$ | $x_{25}$ | $x_{26}$ | $x_{27}$ | $x_{28}$ |
|---|---|---|---|---|---|---|---|---|---|
| 回帰係数 | −0.69 | 1.28 | −0.46 | −0.12 | 0.20 | 0.04 | −0.50 | 1.00 | 0.71 |
| 標準化回帰係数 | −0.72 | 1.21 | −0.42 | −0.12 | 0.16 | 0.03 | −0.54 | 1.05 | 0.79 |

標準化回帰係数の絶対値が大きい順に，上位 12 個の変数を並べると次のようになる．

$x_{14} \to x_{18} \to x_3 \to x_5 \to x_1 \to x_{19} \to x_{17} \to x_{21} \to x_7 \to x_{27} \to x_{15} \to x_4$

変数増減法あるいは変数減増法で 10 変数が選ばれたが，これらは標準化回帰係数による順位の上位 10 個の変数と，この場合は一致している．

## 4.8 説明変数の選択——AIC と $C_p$

AIC 規準や $C_p$ 規準を適用するとき,すべての変数の組に対して規準値を計算する必要がある.いまの場合,可能な変数の組は $2^{28}$ 個あり,これは膨大な数であるため,すべての組に対して AIC や $C_p$ の値を計算するは困難である.そこで,判別分析における規準量に基づく変数選択法で述べているように,2 つの方法;

(1) 選択される変数の数を限定する方法

(2) 逐次計算法 (変数増加法,変数減少法)

で検討する.

方法 (1) で選択される変数の数が 12 以下とするとき,AIC および $C_p$ によるベスト 5 は表 4.14, 4.15 のようになる.この結果,AIC 規準によって選ばれた最適な変数の組と $C_p$ 規準によって選ばれた変数の組とは一致していて

$$x_1, x_3, x_5, x_7, x_{14}, x_{17}, x_{18}, x_{19}, x_{21}, x_{28}$$

である.これらの変数の組は,逐次法によって選ばれた 10 個の変数の組と同じものである.また選ばれる組の変数を 11, 12 と増やしてもそれらのなかにはよりよい変数の組がなかったことから,すべてのなかで最適なものと考えられる.

次に変数増加法により,最適な AIC を求めると,次の

$$x_3 \to x_{14} \to x_{18} \to x_5 \to x_{28} \to x_7 \to x_1 \to x_{15} \to x_{19} \to x_{21}$$

の順で変数が取り入れられ,最終的に 10 変数が選択された.この結果は $C_p$ 規

表 4.14 選択変数の数が 12 以下の場合; AIC によるベスト 5

| 変数の組 | AIC |
|---|---|
| $\{x_1, x_3, x_5, x_7, x_{14}, x_{17}, x_{18}, x_{19}, x_{21}, x_{28}\}$ | 1258.54 |
| $\{x_1, x_3, x_5, x_7, x_{10}, x_{14}, x_{17}, x_{18}, x_{19}, x_{28}\}$ | 1258.67 |
| $\{x_1, x_3, x_5, x_7, x_{10}, x_{14}, x_{15}, x_{17}, x_{18}, x_{19}, x_{28}\}$ | 1258.91 |
| $\{x_1, x_3, x_5, x_7, x_{10}, x_{14}, x_{15}, x_{17}, x_{18}, x_{19}\}$ | 1258.95 |
| $\{x_1, x_3, x_5, x_7, x_{10}, x_{14}, x_{17}, x_{18}, x_{19}, x_{21}, x_{28}\}$ | 1258.99 |

表 4.15 選択変数の数が 12 以下の場合; $C_p$ によるベスト 5

| 変数の組 | $C_p$ |
|---|---|
| $\{x_1, x_3, x_5, x_7, x_{14}, x_{17}, x_{18}, x_{19}, x_{21}, x_{28}\}$ | 190.94 |
| $\{x_1, x_3, x_5, x_7, x_{10}, x_{14}, x_{17}, x_{18}, x_{19}, x_{28}\}$ | 191.06 |
| $\{x_1, x_3, x_5, x_7, x_{14}, x_{17}, x_{18}, x_{19}, x_{28}\}$ | 191.20 |
| $\{x_1, x_3, x_5, x_7, x_{10}, x_{14}, x_{15}, x_{17}, x_{18}, x_{19}\}$ | 191.30 |
| $\{x_1, x_3, x_5, x_7, x_{14}, x_{15}, x_{17}, x_{18}, x_{19}\}$ | 191.44 |

準の場合も同様であった．

変数減少法により最適な AIC および $C_p$ を求めると，次のように変数を除去した．2つの規準とも同じ順で，

$$x_{12} \to x_{25} \to x_{23} \to x_2 \to x_6 \to x_{24} \to x_9 \to x_{11} \to x_{22} \to x_8$$
$$\to x_{26} \to x_{20} \to x_{10} \to x_4 \to x_{16} \to x_{13} \to x_{15} \to x_{27}$$

残った10変数は，変数増加法で選ばれた10変数の組と一致していた．

## 4.9 逐次法における規準値と AIC 規準

目的変数 $y$ と相関のある説明関数 $x_1, x_2, \ldots, x_p$ があるとしよう．それぞれ説明変数1つずつと $y$ とで考えると，どの $x_i$ も $y$ を推定するのに有効な変数である．いま，$p$ 変数のなかの $(q-1)$ 変数 $x_{(1)}, x_{(2)}, \ldots, x_{(q-1)}$ を用いて，データから重回帰式を求めたとする．ここで説明変数 $x_{(q)}$ を追加することを考えよう．追加した変数 $x_{(q)}$ は，$y$ を推定するのにプラスする情報（シグナル）と，マイナスする雑音（ノイズ）とを同時にもちこむ．説明変数の間には関連性があるのが普通であり，$x_{(q)}$ と $x_{(1)}$，$x_{(q)}$ と $x_{(2)}$，$\cdots$，$x_{(q)}$ と $x_{(q-1)}$ との間に関連性があるということは，$x_{(q)}$ のもっている $y$ の推定にプラスする情報の一部分は，すでに $x_{(1)}, x_{(2)}, \ldots, x_{(q-1)}$ によって肩代わりされてしまっていることを意味している．つまり，その部分の情報を除いたあとで，なお $x_{(q)}$ がもっている $y$ の推定にプラスする情報とマイナスする雑音の量を比較することになる．

説明変数 $x_{(q)}$ を追加したときの重回帰モデルを

$$M_{(q)}: y = \beta_{(0)} + \beta_{(1)} x_{(1)} + \cdots + \beta_{(q-1)} x_{(q-1)} + \beta_{(q)} x_{(q)} + \varepsilon$$

で表す．データから計算した重回帰式を

$$\hat{y} = b_{(0)} + b_{(1)} x_{(1)} + \cdots + b_{(q-1)} x_{(q-1)} + b_{(q)} x_{(q)}$$

とする．説明変数 $x_{(q)}$ が $y$ の推定にプラスしている変数かどうかを調べるために，いいかえれば，雑音に比べ情報をより多くもちこんだかあるいは雑音の方をより多くもちこんだかを調べるために，仮説検定

$$H_0: \beta_{(q)} = 0$$

## 4.9 逐次法における規準値と AIC 規準

を行う.この仮説検定によって, $(q-1)$ 個の説明変数による重回帰モデル

$$M_{(q-1)}: y = \beta_{(0)} + \beta_{(1)}x_{(1)} + \cdots + \beta_{(q-1)}x_{(q-1)} + \varepsilon$$

が当てはまっているのか, $q$ 個の説明変数による重回帰モデル $M_{(q)}$ が当てはまっているかを決めることになる.ここで行っている仮説検定は,普通よく用いられている意味での仮説検定ではなく,どちらのモデルがより当てはまっているかという,モデル選択を行っていることになる.このことから,仮説検定でよく用いられる有意水準 5%(あるいは 1%)という検定基準を適用するわけにはいかない.このモデルの当てはまりのよさをみる規準量としては, AIC 規準が知られている.

説明変数 $x_{(1)}, x_{(2)}, \ldots, x_{(q-1)}$ を用いた重回帰モデル $M_{(q-1)}$ の AIC 規準は

$$\mathrm{AIC}_{(q-1)} = N \log \frac{1}{N} S^2_{(q-1)} + N\{\log(2\pi) + 1\} + 2(q+1)$$

で与えられる.ここで, $N$ はデータ数, $S^2_{(q-1)}$ はモデル $M_{(q-1)}$ のもとでの残差平方和である.いま, $x_{(q)}$ を追加したときの残差平方和を $S^2_{(q)}$ と書くと

$$S^2_{(q)} = S^2_{(q-1)} - \frac{b^2_{(q)}}{a^{(qq)}}$$

となる(数理的補足(4.12 節)を参照).ここで, $a^{(qq)}$ は説明変数 $x_{(1)}, x_{(2)}, \ldots, x_{(q)}$ の平方和・積和行列の逆行列の $(q,q)$ 要素である.この $q$ 個の説明変数を用いたモデル $M_{(q)}$ に対する $\mathrm{AIC}_{(q)}$ 規準は

$$\mathrm{AIC}_{(q)} = N \log \left( \frac{1}{N} S^2_{(q)} \right) + N\{\log(2\pi) + 1\} + 2(q+2)$$

であるから,

$$\begin{aligned}\mathrm{AIC}_{(q-1)} &= N \log \left\{ \frac{1}{N} \left( S^2_{(q)} + \frac{b^2_{(q)}}{a^{(qq)}} \right) \right\} + N\{\log(2\pi) + 1\} + 2(q+1) \\ &= \mathrm{AIC}_{(q)} + N \log \left( 1 + \frac{1}{N-q-2} \cdot \frac{b^2_{(q)}}{a^{(qq)}V_{(q)}} \right) - 2\end{aligned}$$

である.ここに, $V_{(q)} = S^2_{(q)}/(N-q-2)$ である. $N$ が大きいときは,対数のなかの第 2 項は小さな値をとる.小さい $t$ に対して $\log(1+t) \doteqdot t$ より,上式は近似的に

$$\mathrm{AIC}_{(q-1)} = \mathrm{AIC}_{(q)} + \frac{b_{(q)}^2}{a^{(qq)}V_{(q)}} - 2$$
$$= \mathrm{AIC}_{(q)} + (F - 2)$$

となる．ここで，$F = b_{(q)}^2 / (a^{(qq)} V_{(q)})$ は仮説 $\beta_{(q)} = 0$ の検定統計量であり，仮説のもとで自由度 $(1, N-q-2)$ の F 分布に従う．$F > 2$ ならば $\mathrm{AIC}_{(q)} < \mathrm{AIC}_{(q-1)}$ となり，$x_{(q)}$ を追加したときの $\mathrm{AIC}_{(q)}$ の方が小さくなる．このとき $x_{(q)}$ は，$y$ の推定にプラスする情報を (マイナスにする雑音に比べ) より多くもちこむと判断し，追加した変数 $x_{(q)}$ を取り入れることになる．F 分布に従う検定統計量 $F$ 値が 2 より大きいか否かによって，その説明変数を追加するか否かを決めることになる．データ数 $N$ が大きいときの F 分布の 2.0 は，上側 16.7% 点である．

説明変数 $x_{(q)}$ を追加する場合について説明したが，$q$ 個の説明変数が選ばれていて，そのなかの 1 つを除去するか否かの場合も同じである．いま，$q$ 個の説明変数 $x_{(1)}, x_{(2)}, \ldots, x_{(q)}$ が選ばれていて，説明変数 $x_{(q)}$ を除去するか否かの場合で考えよう．説明変数を 1 つ除去したときの情報量規準は $\mathrm{AIC}_{(q-1)}$ と表され，除去する前の情報量規準は $\mathrm{AIC}_{(q)}$ と表される．このとき，変数を追加する場合と同様にして，近似的に

$$\mathrm{AIC}_{(q-1)} = \mathrm{AIC}_{(q)} + (F - 2)$$

となる．$F < 2$ ならば，$F - 2 < 0$ であり

$$\mathrm{AIC}_{(q-1)} < \mathrm{AIC}_{(q)}$$

となる．その説明変数を除去することにより情報量規準は小さくなり．その変数を除去した方が，よりよい予測ができるモデル式を得ることになる．よって，F 分布に従う検定統計量 $F$ が 2 より小さければ除去と判定する．

歯の咬耗度のデータに変数増減法と変数減増法を適用したときの AIC の変化のようすを示したのが図 4.12 である．変数減増法の場合で説明すると，変数が 18 個くらいまではほぼ直線的に 2.0 ずつ減少している．このことは，28 変数から 18 変数に至る各段階において除去される変数の $F$ 値が 0 に近いということを意味している．いいかえれば，それらの説明変数はほかの変数によって説明されてしまい，それらの説明変数を残しておくことによって情報量はほとんど増えず，かえって雑音を大きくしてしまうのである．さらに変数選択が進むに

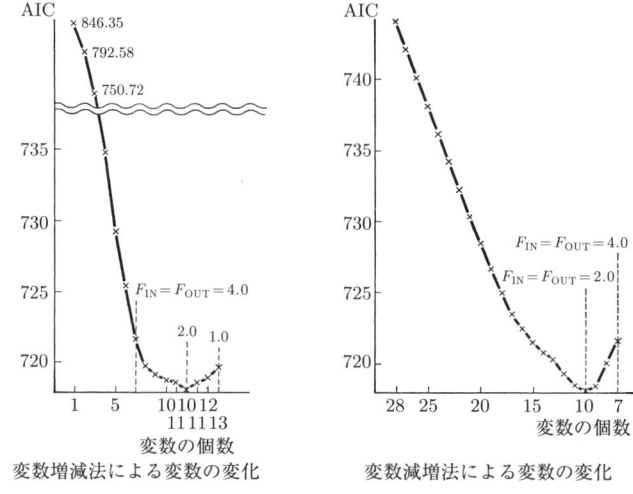

図 4.12 変数増減法と変数減増法による AIC の変化

つれて，$F$ 値はその基準値 2.0 に接近していく．そのことが，グラフに減少の速度の鈍化として出ている．また $F$ 値が 2.0 を超える段階からそれをも除去することによって，今度は AIC が増加を始めているのがみえる．

## 4.10 主成分回帰

回帰モデルにおいて，説明変数 $x_1, x_2, \ldots, x_k$ の間に強い従属関係がみられる場合，多重共線性が生じることをみてきた．その問題を避ける 1 つの方法として主成分回帰法がある．これは，説明変数に関する主成分を考え，主成分に関する回帰法を適用する方法である．いま，$k$ 個の変数 $x_1, x_2, \ldots, x_k$ の第 1 主成分を $u_1$，第 2 主成分を $u_2, \cdots$，第 $k$ 主成分を $u_k$ とし，これらの主成分の平均は 0 であるとしよう．このとき，説明変数が主成分である通常の回帰モデル

$$y = \alpha_0 + \alpha_1 u_1 + \alpha_2 u_2 + \cdots + \alpha_k u_k + \varepsilon \tag{4.20}$$

を考える．これが，主成分回帰モデルであるが，そのモデルの特徴とし，説明変数 $u_1, u_2, \ldots, u_k$ の変動に関してこの順に分散が小さくなり，さらに，互いに無相関になっていることが指摘される．さらに，最初の少数個の主成分で予測されることが期待される．しかし，一方，各説明変数の意味が必ずしも明確でない

という問題点がある．

　主成分回帰モデルにおいては，説明変数に順序がついているので，最初から何個の主成分を用いればよいかに関心が寄せられるであろう．しかし，最適なものとなると，次にあげる 2 つの例のうちの，2 番目の例にみられるように，必ずしもそのような変数の組になっていないので注意されたい．

　4.6 節において，ドルベース輸出価格指数 $y$ を工業製品卸売物価指数 $x_1$, 先進国工業製品輸出価格指数 $x_2$ で推測することを考えた．そこでは，1973 年 1 期から 1980 年 2 期までのデータ (杉山・牛沢, 1982, p.19) を用いると，多重共線性が生じていることをみた．ここでは，円の対ドルレート指数を加えて推測することを考える．変数間の相関係数は

|       | $x_1$ | $x_2$ | $x_3$ | $y$ |
|-------|-------|-------|-------|-----|
| $x_1$ | 1     |       |       |     |
| $x_2$ | 0.900 | 1     |       |     |
| $x_3$ | 0.448 | 0.730 | 1     |     |
| $y$   | 0.871 | 0.990 | 0.801 | 1   |

である．通常の回帰式は

$$y = -51.108 + 0.603x_1 + 0.365x_2 + 0.532x_3$$

となり，標準化回帰係数は次のように与えられる．

|           | $x_1$  | $x_2$  | $x_3$  |
|-----------|--------|--------|--------|
| 回帰係数    | 0.603  | 0.365  | 0.532  |
| 標準偏差    | 16.188 | 27.788 | 17.320 |
| 標準化回帰係数 | 9.763 | 10.138 | 9.208 |

標準化回帰係数はほぼ等しく，どの説明変数も重要と思われる．そのことを確かめるため，説明変数 $x_1, x_2, x_3$ の変数選択問題を考える．変数 $x_1$ を用いたモデルを $M_1$, 変数 $x_1, x_2$ を用いたモデルを $M_{12}, \cdots$ と表す．AIC および $C_p$ 規準を用いたときのモデルのよさの順位は等しく表 4.16 (左) で与えられる．この結果，全説明変数を用いたモデルが推奨される．

　次に，変数 $x_1, x_2, x_3$ の主成分 $u_1, u_2, u_3$ を用いた回帰を考える．変数 $x_1, x_2, x_3$ の相関行列の固有値，寄与率，固有ベクトルは次のように与えられる．

## 4.10 主成分回帰

**表 4.16** 回帰モデルの AIC と $C_p$

| 通常の回帰モデル | | | 主成分回帰モデル | | |
|---|---|---|---|---|---|
| モデル | AIC | $C_p$ | モデル | AIC | $C_p$ |
| $M_{123}$ | 178.7 | 38.0 | $U_1$ | 175.2 | 34.4 |
| $M_{13}$ | 194.4 | 56.4 | $U_{12}$ | 176.8 | 36.1 |
| $M_{23}$ | 201.6 | 68.4 | $U_{13}$ | 177.1 | 36.4 |
| $M_2$ | 215.9 | 104.6 | $U_{123}$ | 178.7 | 38.0 |
| $M_{12}$ | 217.9 | 106.5 | $U_2$ | 323.5 | 2390.7 |
| $M_1$ | 273.4 | 550.3 | $U_3$ | 323.5 | 2391.0 |
| $M_3$ | 288.7 | 860.5 | $U_{23}$ | 325.5 | 2392.7 |

**表 4.17** 相関行列の固有値・固有ベクトル

| | 固有値 | | | | 固有ベクトル | | |
|---|---|---|---|---|---|---|---|
| | 第1 | 第2 | 第3 | | 第1 | 第2 | 第3 |
| 固有値 | 2.401 | .566 | .034 | $x_1$ | .574 | .594 | −.564 |
| 寄与率 | .800 | .189 | .011 | $x_2$ | .637 | .110 | .763 |
| 累積寄与率 | .800 | .989 | 1.000 | $x_3$ | .515 | −.797 | −.315 |

第1主成分は,すべて大きさがほぼ等しく,総合変数と考えられる.また,寄与率は 80% と高い.全部の主成分 $u_1, u_2, u_3$ を用いたときの回帰式は

$$y = -105.538 - 16.800 u_1 + 0.428 u_2 + 0.673 u_3$$

となる.標準化回帰係数は次のように与えられる.

| | $x_1$ | $x_2$ | $x_3$ |
|---|---|---|---|
| 回帰係数 | −16.800 | 0.428 | 0.673 |
| 標準偏差 | 1.549 | 0.752 | 0.183 |
| 標準化回帰係数 | −26.031 | 0.322 | 0.123 |

説明変数 $u_1, u_2, u_3$ の変数選択問題を考える.変数 $u_1$ を用いたモデルを $U_1$,変数 $u_1, u_2$ を用いたモデルを $U_{12}$, $\cdots$ と表す.AIC および $C_p$ 規準を用いたときのモデルのよさの順位は等しく表 4.16 (右) で与えられる.この結果 $u_1$ のみを用いたモデルが推奨される.

歯の咬耗度から年齢を予測する問題において,説明変数として 28 本の歯の咬耗度 $x_1, x_2, \ldots, x_{28}$ から求められる主成分 $u_1, u_2, \ldots, u_{28}$ を考える.このときの回帰式は次のように与えられる.

$$y = -3.09u_1 - 1.3u_2 - 0.40u_3 - 0.56u_4 + 0.56u_5 + 1.11u_6 + 0.90u_7$$
$$-1.37u_8 - 0.41u_9 - 1.21u_{10} + 0.32u_{11} - 0.46u_{12} - 0.43u_{13} - 0.14u_{14}$$
$$-1.80u_{15} - 2.20u_{16} - 0.07u_{17} - 0.67u_{18} - 0.87u_{19} - 0.26u_{20} - 0.36u_{21}$$
$$-1.96u_{22} - 0.74u_{23} - 0.36u_{24} + 0.39u_{25} - 1.20u_{26} - 0.94u_{27} + 2.88u_{28}$$

次に変数増加計算法により,最適なAICを求めると,次の順

$$u_1 \to u_2 \to u_{16} \to u_8 \to u_{15} \to x_6 \to x_{28} \to u_{22} \to u_{10} \to u_7$$

で変数が取り入れられ,最終的に10個の主成分が選択された.この結果は$C_p$規準の場合も同様であった.さらに,標準化回帰係数の絶対値の大きさの順序とも一致している.

最適な変数の組として選ばれた主成分の寄与率を表4.18に与えている.また,各主成分の意味あいは2.6節を参照されたい.これらのなかには,寄与率の小さい主成分も含まれていることに注意しよう.

表 4.18 AICの変数増加計算法による最適主成分の固有値

| | 主成分 | | | | | | | | | |
|---|---|---|---|---|---|---|---|---|---|---|
| | $u_1$ | $u_2$ | $u_{16}$ | $u_8$ | $u_{15}$ | $u_6$ | $u_{28}$ | $u_{22}$ | $u_{10}$ | $u_7$ |
| 固有値 | 10.287 | 2.551 | .437 | .794 | .489 | 1.045 | .120 | .254 | .709 | .852 |
| 寄与率 | .367 | .091 | .016 | .028 | .017 | .037 | .004 | .009 | .025 | .030 |

## 4.11 偏相関係数

いくつかの変数 $x_1, x_2, \ldots, x_p$ の間の関連性は,あらゆる組の相関関係を調べることによってある程度理解できるであろう.また,ある変数と残りの変数との相関関係は重相関係数を通してみることができる.ここでは,2つの変数の相関関係を考えるが,残りの変数の影響を除いた相関関係を考える.たとえば,$x_1$ と $x_2$ の関係に関心があるとき,いま両者に関係する第3の変数 $x_3$ があるとしよう.このとき,$x_1$ と $x_2$ の相関係数 $r_{12}$ において,$x_1$ が $x_3$ と関係し,さらに,$x_2$ が $x_3$ と関係することによる部分,すなわち,$x_3$ の影響による部分が含まれている.そこで,$x_3$ の影響を除いた,変数 $x_1$ と $x_2$ との相関関係に関心がよせられる.このような相関係数は,$x_3$ を与えたときの $x_1$ と $x_2$ との**偏相関係数**と

## 4.11 偏相関係数

よばれる．変数 $x_1$ と $x_2$ に関連すると思われる変数が $x_3, \ldots, x_p$ と複数個ある場合には，$x_3, \ldots, x_p$ を与えたときの $x_1$ と $x_2$ との偏相関係数が同様に定義される．

このような相関は回帰分析の理論を用いて導入される．中学 2 年生 166 人の 5 教科の成績データで考えてみよう．ここでは，記号簡単のため，英語 $x_9 \to x_1$，国語 $x_1 \to x_2$，数学 $x_3 \to x_3$，理科 $x_4 \to x_4$，社会 $x_2 \to x_5$ と表すことにする．まず，簡単のため，3 教科，英語 $x_1$，国語 $x_2$，数学 $x_3$ の成績データのみで考えることにする．$\boldsymbol{x} = (x_1, x_2, x_3)'$ の平均ベクトル，相関行列は次のように求められる．

$$\bar{\boldsymbol{x}} = \begin{bmatrix} 39.0 \\ 52.4 \\ 45.4 \end{bmatrix}, \quad R = \begin{bmatrix} 1 & & \\ .769 & 1 & \\ .807 & .735 & 1 \end{bmatrix}.$$

$x_1$ と $x_2$ のそれぞれから $x_3$ の影響を取り除いた変数を考える．このため，まず，$x_1$ を目的変数，$x_3$ を説明変数としたときの回帰式 (あるいは予測式) $\hat{x}_{1\cdot 3}$，および，$x_1$ から回帰式を引いた残差 $e_{1\cdot 3}$ を考える．この残差は $x_1$ から $x_3$ の影響を除いた部分と考えられる．これらの変数は

$$\hat{x}_{1\cdot 3} = -5.916 + 0.988 x_3$$
$$e_{1\cdot 3} = x_1 - \hat{x}_{1\cdot 3} = x_1 + 5.916 - 0.988 x_3$$

となる．同様に，$x_2$ を目的変数，$x_3$ を説明変数としたときの回帰式と残差は

$$\hat{x}_2 = 22.488 + 0.660 x_3$$
$$e_{2\cdot 3} = x_2 - \hat{x}_2 = x_2 - 22.488 - 0.660 x_3$$

となる．そこで，$e_{1\cdot 3}$ と $e_{2\cdot 3}$ との相関係数が，$x_3$ を与えたときの $x_1$ と $x_2$ の偏相関係数 $r_{12\cdot 3}$ とよばれるものであって

$$r_{12\cdot 3} = 0.441$$

となる．したがっていまの場合，$x_1$ と $x_2$ の相関は 0.769 であったが，$x_3$ の影響を除くと 0.441 となり，$x_3$ を通しての関係がかなりを占めていることがわかる．このとき，相関係数 $r_{12} = 0.769$ はみかけ上の相関とよばれる．

偏相関係数を求めるために回帰分析を実行する必要はなく，3変数の場合，3つの単相関係数 $r_{ij}$ よりの公式

$$r_{12\cdot 3} = r_{21\cdot 3} = \frac{r_{12} - r_{13}r_{23}}{\sqrt{(1-r_{13}^2)(1-r_{23}^2)}} \tag{4.21}$$

用いて求めることができる．3教科のデータの場合

$$r_{12\cdot 3} = \frac{0.769 - 0.807 \times 0.735}{\sqrt{(1-0.807^2)(1-0.735^2)}} = 0.441$$

としても求められる．

同様にして，$x_2$ を与えたときの $x_1$ と $x_3$ の偏相関係数 $r_{13\cdot 2}$，および，$x_1$ を与えたときの $x_2$ と $x_3$ の偏相関係数 $r_{23\cdot 1}$ を求める公式は次のように与えられる．

$$r_{13\cdot 2} = r_{31\cdot 2} = \frac{r_{13} - r_{12}r_{23}}{\sqrt{(1-r_{12}^2)}\sqrt{(1-r_{23}^2)}},$$

$$r_{23\cdot 1} = r_{32\cdot 1} = \frac{r_{23} - r_{12}r_{13}}{\sqrt{(1-r_{12}^2)}\sqrt{(1-r_{13}^2)}}.$$

3教科のデータの場合，

$$r_{13\cdot 2} = 0.558, \quad r_{23\cdot 1} = 0.302$$

となる．これらの偏相関係数の値を次のように行列の形に並べたものを偏相関行列とよぶ．

$$R_{rest} = \begin{bmatrix} - & & \\ r_{21\cdot 3} & - & \\ r_{31\cdot 2} & r_{32\cdot 1} & - \end{bmatrix} = \begin{bmatrix} - & & \\ .441 & - & \\ .558 & .302 & - \end{bmatrix} \tag{4.22}$$

相関行列の場合と同様に対称であるので，対角線の下側だけを表示している．

これまでは，3つの変数に基づいた偏相関係数を説明してきた．変数が4つ以上ある場合も，偏相関の考え方は同様である．4つの変数 $(x_1, x_2, x_3, x_4)$ があるとしよう．このとき，たとえば，$x_3$ と $x_4$ を与えたときの $x_1$ と $x_2$ の偏相関係数というように，偏相関の対象となる変数の対を決め，残りのすべての変数を与えたときの偏相関係数を考えることができる．$x_3$ と $x_4$ を与えたときの $x_1$ と $x_2$ の偏相関係数を $r_{12\cdot 34}$ または $r_{12\cdot rest}$ と表示する．ここに，rest は"残りの変数"という意味である．

回帰分析による偏相関係数の導出は，偏相関係数の意味を理解する上で重要である．しかし，4変数以上の場合でも，回帰分析を実行せずに，偏相関係数を相関係数から次のようにして直接求めることができる．いま，(標本)相関行列を $R = (r_{ij})$ とし，その逆行列を $R^{-1} = (r^{ij})$ (逆行列では添え字を上付きにする)とすれば，$x_i$ と $x_j$ 以外のすべての変数を与えたときの $x_i$ と $x_j$ の偏相関係数は

$$r_{ij \cdot rest} = -\frac{r^{ij}}{\sqrt{r^{ii} r^{jj}}} \tag{4.23}$$

で与えられる．

式 (4.23) を利用して，5科目の偏相関行列は次のように求められる．

$$R_{rest} = \begin{bmatrix} r_{21 \cdot 345} & & & \\ r_{31 \cdot 245} & r_{32 \cdot 145} & & \\ r_{41 \cdot 235} & r_{42 \cdot 135} & r_{43 \cdot 125} & \\ r_{51 \cdot 234} & r_{52 \cdot 134} & r_{53 \cdot 124} & r_{54 \cdot 123} \end{bmatrix} = \begin{bmatrix} .292 & & & \\ .348 & .127 & & \\ .084 & .014 & .400 & \\ .207 & .326 & .095 & .435 \end{bmatrix}. \tag{4.24}$$

2つの偏相関係数 $r_{41 \cdot 235} = 0.084$, $r_{42 \cdot 135} = 0.014$ はほぼ0になっている．したがって，英語と理科の相関 0.763 は，国語，数学，社会を通してのものである．また，国語と理科の相関 0.715 は，英語，数学，社会を通してのものであるといえる．

## 4.12 数理的補足——重回帰分析

**回帰係数の推定と平方和**

目的変数 $y$ と $p$ 個の説明変数 $x_1, \ldots, x_p$ について，表 4.19 のデータが与えられているとしよう．さらに，$x_i$ と $y$ との偏差積和 (平均のまわりの積和) を $a_{iy}$ とし，$x_i$ と $x_j$ の偏差積和を $a_{ij}$ としよう．観測データに対して重回帰モデル

$$M_p : y_j = \beta_0 + \beta_1 x_{1j} + \beta_2 x_{2j} + \cdots + \beta_p x_{pj} + \varepsilon_j \quad (j = 1, 2, \ldots, N) \tag{4.25}$$

を想定する．誤差 $\varepsilon_1, \varepsilon_2, \ldots, \varepsilon_N$ は互いに独立で，それぞれ平均 0，分散 $\sigma^2$ の正規分布に従うとする．このとき，$y_j$ の誤差の2乗は

表 4.19 観測データと要約統計量

| 標本番号 | 1 | 2 | $\cdots$ | $N$ | 平均 | 偏差平方和 |
|---|---|---|---|---|---|---|
| $y$ | $y_1$ | $y_2$ | $\cdots$ | $y_N$ | $\bar{y}$ | $a_{yy}$ |
| $x_1$ | $x_{11}$ | $x_{12}$ | $\cdots$ | $x_{1N}$ | $\bar{x}_1$ | $a_{11}$ |
| $x_2$ | $x_{21}$ | $x_{22}$ | $\cdots$ | $x_{2N}$ | $\bar{x}_2$ | $a_{22}$ |
| $\vdots$ | $\vdots$ | $\vdots$ | $\ddots$ | $\vdots$ | $\vdots$ | $\vdots$ |
| $x_p$ | $x_{p1}$ | $x_{p2}$ | $\cdots$ | $x_{pN}$ | $\bar{x}_p$ | $a_{pp}$ |

$$\varepsilon_j^2 = \{y_j - (\beta_0 + \beta_1 x_{1j} + \beta_2 x_{2j} + \cdots + \beta_p x_{pj})\}^2$$

で, $E = \varepsilon_1^2 + \varepsilon_2^2 + \cdots + \varepsilon_N^2$ を最小にする $\beta_0, \beta_1, \ldots, \beta_p$ を $b_0, b_1, \ldots, b_p$ とする. $E$ を $\beta_0, \beta_1, \ldots, \beta_p$ に関して偏微分して 0 とおくことにより, $b_0 = \bar{y} - b_1 \bar{x}_1 - \cdots - b_p \bar{x}_p$, および, $b_1, b_2, \ldots, b_p$ は次の連立方程式の解であることがわかる.

$$\begin{aligned} a_{11}b_1 + a_{12}b_2 + \cdots + a_{1p}b_p &= a_{1y} \\ a_{21}b_1 + a_{22}b_2 + \cdots + a_{2p}b_p &= a_{2y} \\ &\vdots \\ a_{p1}b_1 + a_{p2}b_2 + \cdots + a_{pp}b_p &= a_{py} \end{aligned} \tag{4.26}$$

この連立方程式を行列表示するため

$$\boldsymbol{b} = \begin{bmatrix} b_1 \\ b_2 \\ \vdots \\ b_p \end{bmatrix}, \quad \boldsymbol{a}_y = \begin{bmatrix} a_{1y} \\ a_{2y} \\ \vdots \\ a_{py} \end{bmatrix}, \quad A = \begin{bmatrix} a_{11} & a_{12} & \cdots & a_{1p} \\ a_{21} & a_{22} & \cdots & a_{2p} \\ \vdots & \vdots & \ddots & \vdots \\ a_{p1} & a_{p2} & \cdots & a_{pp} \end{bmatrix}$$

とする. このとき, 上の連立方程式は

$$A\boldsymbol{b} = \boldsymbol{a}_y \tag{4.27}$$

と表せる. この両辺に $A^{-1}A = I_p$ となる $A$ の逆行列 $A^{-1}$ を左から掛けると,

$$\boldsymbol{b} = A^{-1}\boldsymbol{a}_y$$

となる. ここで, $I_p$ は $p$ 次の単位行列であり, $A^{-1}$ の $(i,j)$ 要素を $a^{ij}$ とする. すなわち,

$$I_p = \begin{bmatrix} 1 & 0 & \cdots & 0 \\ 0 & 1 & \cdots & 0 \\ \vdots & \vdots & \ddots & \vdots \\ 0 & 0 & \cdots & 1 \end{bmatrix}, \quad A^{-1} = \begin{bmatrix} a^{11} & a^{12} & \cdots & a^{1p} \\ a^{21} & a^{22} & \cdots & a^{2p} \\ \vdots & \vdots & \ddots & \vdots \\ a^{p1} & a^{p2} & \cdots & a^{pp} \end{bmatrix}$$

## 4.12 数理的補足——重回帰分析

である．このとき，$b_1, b_2, \ldots, b_p$ は次のように表せる．

$$\begin{aligned}
b_1 &= a^{11}a_{1y} + a^{12}a_{2y} + \cdots + a^{1p}a_{py} \\
b_2 &= a^{21}a_{1y} + a^{22}a_{2y} + \cdots + a^{2p}a_{py} \\
&\vdots \\
b_p &= a^{p1}a_{1y} + a^{p2}a_{2y} + \cdots + a^{pp}a_{py}
\end{aligned} \quad (4.28)$$

$y_j$ の予測式を

$$\begin{aligned}
\hat{y}_j &= b_0 + b_1 x_{1j} + b_2 x_{2j} + \cdots + b_p x_{pj} \\
&= \bar{y} + b_1(x_{1j} - \bar{x}_1) + b_2(x_{2j} - \bar{x}_2) + \cdots + b_p(x_{pj} - \bar{x}_p)
\end{aligned}$$

と表すことができる．これより，$y_j$ の残差は，$b_1, b_2, \ldots, b_p$ が式 (4.28) を満たすことより

$$y_j - \hat{y}_j = y_j - \bar{y} - b_1(x_{1j} - \bar{x}_1) - b_2(x_{2j} - \bar{x}_2) - \cdots - b_p(x_{pj} - \bar{x}_p)$$

と表され，残差平方和 $S_e^2$ は

$$\begin{aligned}
S_e^2 &= (y_1 - \hat{y}_1)^2 + (y_2 - \hat{y}_2)^2 + \cdots + (y_N - \hat{y}_N)^2 \\
&= S_0^2 - 2(b_1 a_{1y} + b_2 a_{2y} + \cdots + b_p a_{py}) \\
&\quad + b_1(a_{11}b_1 + a_{12}b_2 + \cdots + a_{1p}b_p) \\
&\quad + b_2(a_{21}b_1 + a_{22}b_2 + \cdots + a_{2p}b_p) \\
&\quad \vdots \\
&\quad + b_p(a_{p1}b_1 + a_{p2}b_2 + \cdots + a_{pp}b_p) \\
&= S_0^2 - b_1 a_{1y} - b_2 a_{2y} - \cdots - b_p a_{py}
\end{aligned}$$

となる．ここに，$S_0^2$ は $y_1, y_2, \ldots, y_N$ の偏差平方和 $s_{yy}$ であって，全平方和とよばれる．予測値 $\hat{y}_1, \hat{y}_2, \ldots, \hat{y}_N$ の偏差平方和 $S_r^2$ は，回帰による平方和とよばれる．予測値の平均は $\bar{y}$ であるから，

$$\begin{aligned}
S_r^2 &= (\hat{y}_1 - \bar{y})^2 + (\hat{y}_2 - \bar{y})^2 + \cdots + (\hat{y}_N - \bar{y})^2 \\
&= b_1(a_{11}b_1 + a_{12}b_2 + \cdots + a_{1p}b_p) \\
&\quad + b_2(a_{21}b_1 + a_{22}b_2 + \cdots + a_{2p}b_p) \\
&\quad \vdots \\
&\quad + b_p(a_{p1}b_1 + a_{p2}b_2 + \cdots + a_{pp}b_p) \\
&= b_1 a_{1y} + b_2 a_{2y} + \cdots + b_p a_{py}
\end{aligned}$$

となる．したがって，
$$S_0^2 = S_r^2 + S_e^2$$
すなわち，全平方和が回帰による平方和と残差平方和の和に分解されることがわかる．

$y$ と予測式 $\hat{y}$ の相関が重相関係数 $R$ である．$y$ の偏差平方和は $S_0^2$ である．$\hat{y}$ の偏差平方和は回帰による平方和であって，$S_r^2$ である．$y$ と $\hat{y}$ の偏差積和は

$$\begin{aligned}
s_{y\hat{y}} &= (y_1 - \bar{y})\{b_1(x_{11} - \bar{x}_1) + b_2(x_{21} - \bar{x}_2) + \cdots + b_1(x_{p1} - \bar{x}_p)\} \\
&\quad + (y_2 - \bar{y})\{b_1(x_{12} - \bar{x}_1) + b_2(x_{22} - \bar{x}_2) + \cdots + b_p(x_{p2} - \bar{x}_p)\} \\
&\quad \vdots \\
&\quad + (y_N - \bar{y})\{b_1(x_{1N} - \bar{x}_1) + b_2(x_{2N} - \bar{x}_2) + \cdots + b_1(x_{pN} - \bar{x}_p)\} \\
&= b_1 a_{1y} + b_2 a_{2y} + \cdots + b_p a_{py} \\
&= \text{回帰による平方和}
\end{aligned}$$

になる．したがって

$$\begin{aligned}
R^2 &= \frac{(y\text{と}\hat{y}\text{の偏差積和})^2}{(y\text{の平方和})(\hat{y}\text{の平方和})} \\
&= \frac{(\text{回帰による平方和})^2}{(\text{全平方和})(\text{回帰による平方和})} = \frac{\text{回帰による平方和}}{\text{全平方和}}
\end{aligned}$$

となる．

### 理論的基礎

回帰係数 $b_1, b_2, \ldots, b_p$ は予測式
$$\hat{y} = \bar{y} + b_1(x_{1j} - \bar{x}_1) + b_2(x_{2j} - \bar{x}_2) + \cdots + b_p(x_{pj} - \bar{x}_p)$$
として用いられる．また，残差平方和 $S_e^2$ は，残差分散
$$V_e = \frac{1}{N-p-1} S_e^2$$
として，$\sigma^2$ の推定に用いられる．これらの推定量について次が成り立つ．

(1) $b_i$ $(i = 1, 2, \ldots, p)$ は，平均 $\beta_i$，分散 $a^{ii}\sigma^2$ の正規分布に従う．より一般に，$\boldsymbol{b} = (b_1, b_2, \ldots, b_p)'$ は，平均 $\boldsymbol{\beta} = (\beta_1, \beta_2, \ldots, \beta_p)'$，共分散行列 $\sigma^2 A^{-1}$ の $p$ 変量正規分布に従う．

(2) 残差平方和 $S_e^2$ について，$S_e^2/\sigma^2$ が自由度 $(N-p-1)$ のカイ 2 乗分布に従う．

(3) $(b_1, b_2, \ldots, b_p)$ と $S_e^2$ は独立である．

$p = 2$ のとき, $(b_1, b_2)$ の共分散行列は次のように表せる.

$$\sigma^2 \begin{bmatrix} a_{11} & a_{12} \\ a_{21} & a_{22} \end{bmatrix}^{-1} = \frac{\sigma^2}{1-r^2} \begin{bmatrix} \frac{1}{a_{11}} & -\frac{r}{\sqrt{a_{11}}\sqrt{a_{22}}} \\ -\frac{r}{\sqrt{a_{11}}\sqrt{a_{22}}} & \frac{1}{a_{22}} \end{bmatrix}.$$

ここで, $r$ は $x_1$ と $x_2$ の相関係数で, $r = a_{12}/(\sqrt{a_{11}}\sqrt{a_{22}})$ である. したがって,

$$b_1 \text{の分散} = \frac{\sigma^2}{(1-r^2)a_{11}}, \quad b_2 \text{の分散} = \frac{\sigma^2}{(1-r^2)a_{22}}$$

となる.

**信頼区間と検定**

$\beta_i$ の信頼区間を構成することを考える. (2) から, $(b_i - \beta_i)/\sqrt{\sigma^2 a^{ii}}$ が標準正規分布に従うことがわかる. $\sigma^2$ が既知であると, その結果を利用して信頼区間が構成できる. 多くの場合, $\sigma^2$ は未知であり, その場合には, $\sigma^2$ を $V_e$ でおきかえた統計量

$$T_0 = \frac{b_i - \beta_i}{\sqrt{V_e a^{ii}}}$$

を考える. $T_0$ を

$$T_0 = \frac{b_i - \beta_i}{\sqrt{\sigma^2 a^{ii}}} \times \frac{1}{\sqrt{V_e/\sigma^2}}$$

と表すと, $T_0$ が自由度 $(N-p-1)$ の t 分布をすることがわかる. したがって, 自由度 $(N-p-1)$ の t 分布の両側 $\alpha$ 点を $t_\alpha$ とすると, 次が成り立つ.

$$P\left(-t_\alpha < \frac{b_i - \beta_i}{\sqrt{V_e a^{ii}}} < t_\alpha\right) = 1 - \alpha$$

これより, $\beta_i$ の信頼係数 $(1-\alpha)$ の信頼区間

$$(b_i - t_\alpha \sqrt{V_e a^{ii}}, \ b_i + t_\alpha \sqrt{V_e a^{ii}})$$

が求まる.

次に, 仮説; $\beta_i = 0$ の検定を考えよう. 直感的には $b_i$ が 0 に近いかどうかを判断すればよい. そのためには, $b_i$ を標準化した

$$\frac{b_i}{b_i \text{の標準偏差}} = \frac{b_i}{\sqrt{\sigma^2 a^{ii}}}$$

を用いて, その大きさの程度を知ることができる. しかし, 信頼区間の場合と同様に, 未知の母数 $\sigma^2$ が含まれているので, $\sigma^2$ を推定量 $V_e$ でおきかえた統計量

$$T = \frac{b_i}{\sqrt{V_e a^{ii}}}$$

を考える. 仮説のもとで, $T$ の分布は $T_0$ の分布と等しく, 自由度 $(N-p-1)$ の t 分

布に従う．したがって，有意水準 $\alpha$ の検定方式は，$|T| \geq t_\alpha$ のとき仮説を棄却し，そうでないとき仮説を受容する．

検定方式を求める別なアプローチとして，$p$ 個の説明変数を用いた重回帰モデル $M_p$ での残差平方和 $S_p^2$ と，$x_i$ を除いた $(p-1)$ 個の説明変数を用いた重回帰モデル $M_{p-1}$ の残差平方和 $S_{p-1}^2$ を比較する方法がある．記号簡単のため，仮説を $\beta_p = 0$ として考える．変数の並べかえをすればよいので，このようにしても一般性を失わない．そうすると，モデル $M_{p-1}$ は

$$M_{p-1}: y_j = \beta_0 + \beta_1 x_{1j} + \beta_2 x_{2j} + \cdots + \beta_{p-1} x_{p-1,j} + \varepsilon_j$$
$$(j = 1, 2, \ldots, N) \quad (4.29)$$

と表せる．このとき，次の等式を示せる．

$$S_{p-1}^2 - S_p^2 = \boldsymbol{a}_y' A^{-1} \boldsymbol{a}_y - \boldsymbol{a}_{y(1)}' A_{11}^{-1} \boldsymbol{a}_{y(1)} = \frac{b_p^2}{a^{pp}} \quad (4.30)$$

ここに，$A_{11}$ は $A$ の最初の $(p-1) \times (p-1)$ 部分行列で，$\boldsymbol{a}_{y(1)}$ は $\boldsymbol{a}_y$ の最初の $(p-1)$ 部分列ベクトルである．$b_p^2/a^{pp}$ が，大きな値であると仮説 $\beta_p = 0$ を棄却し，0 に近いと仮説を受容する．一般に，$b_p/\sqrt{\sigma^2 a^{pp}}$ は，平均 $\beta/\sqrt{\sigma^2 a^{pp}}$，分散 1 の正規分布に従い，仮説のもとで標準正規分布に従う．したがって，$\sigma^2$ をその推定量 $V_e$ でおきかえた統計量

$$F = \frac{b_p^2}{V_e a^{pp}} \quad (4.31)$$

を用いて検定する．統計量 $F$ は，仮説のもとで自由度 $(1, N-p-1)$ の F 分布に従う．したがって，自由度 $(1, N-p-1)$ の F 分布の上側 $\alpha$ 点を $f_{1,N-p-1}(\alpha)$ とするとき，統計量 $F$ の値が $f_{1,N-p-1}(\alpha)$ より大きければ仮説を棄却し，小さければ仮説を受容する．この検定は先に述べた $T$ に基づく検定と同じものである．なお，上の導出において，次の関係式を示している．

$$\frac{(M_{p-1} のもとでの残差平方和) - (M_p のもとでの残差平方和)}{(M_p のもとでの残差平方和)/(N-p-1)} = \frac{b_p^2}{V_e a^{pp}} \quad (4.32)$$

## リッジ回帰

重回帰モデルでは，通常式 (4.27) におけるように切片項 $\beta_0$ を含むモデルを考える．ここでは，切片項がない場合にも対応できるモデル

$$y_j = \beta_1 x_{1j} + \beta_2 x_{2j} + \cdots + \beta_p x_{pj} + \varepsilon_j \quad (j = 1, 2, \ldots, N) \quad (4.33)$$

を考える．切片項がある場合には，$x_{1j} = 1$ $(j = 1, 2, \ldots, N)$ とすればよい．モデル (4.33) を行列表示するため

$$\boldsymbol{y} = \begin{bmatrix} y_1 \\ y_2 \\ \vdots \\ y_N \end{bmatrix}, \ X = \begin{bmatrix} x_{11} & x_{21} & \cdots & x_{p1} \\ x_{12} & x_{22} & \cdots & x_{p2} \\ \vdots & \vdots & \cdots & \vdots \\ x_{1N} & x_{2N} & \cdots & x_{pN} \end{bmatrix}, \ \boldsymbol{\varepsilon} = \begin{bmatrix} \varepsilon_1 \\ \varepsilon_2 \\ \vdots \\ \varepsilon_N \end{bmatrix}, \ \boldsymbol{\beta} = \begin{bmatrix} \beta_1 \\ \beta_2 \\ \vdots \\ \beta_p \end{bmatrix}$$

とおく. このとき, モデル (4.33) は

$$\boldsymbol{y} = X\boldsymbol{\beta} + \boldsymbol{\varepsilon}$$

と表せる. $\boldsymbol{\beta}$ の最小2乗推定値は,

$$\hat{\boldsymbol{\beta}} = (X'X)^{-1}X'\boldsymbol{y}$$

となる. $X'X$ の固有値を $\lambda_1 \geq \lambda_2 \geq \cdots \geq \lambda_p$ とすると,

$$E[(\hat{\boldsymbol{\beta}} - \boldsymbol{\beta})'(\hat{\boldsymbol{\beta}} - \boldsymbol{\beta})] = \sigma^2 \sum_{j=1}^{p} \lambda_j^{-1} \tag{4.34}$$

が成り立つことが示されている. 式 (4.34) の左辺は, 全平均2乗誤差と呼ばれる. 個々の回帰係数の推定値の真値からの2乗距離を総合した尺度である.

多重共線性がある場合には, 小さな固有値が含まれていることと同じであり, 式 (4.34) から, いくつかの $\lambda$ が小さい値をとるとき, $\hat{\boldsymbol{\beta}}$ の全平均2乗誤差は大きくなる. それゆえ, $\lambda$ は最小2乗推定法における不正確さを表していることがわかる. リッジ回帰法は, 最小2乗法にかわって, より全平均2乗誤差が小さい推定量をつくろうという試みである.

Hoerl and Kennard (1970) はパラメータ $k > 0$ をもつ推定量のクラスを提案している. その推定量は (ある与えられた $k$ に対して) リッジ推定量とよばれ

$$\hat{\boldsymbol{\beta}}(k) = (X'X + kI_p)^{-1}X'\boldsymbol{y}$$
$$= (X'X + kI_p)^{-1}X'X\hat{\boldsymbol{\beta}}$$

と表される. このとき, $\hat{\boldsymbol{\beta}}(k)$ の期待値は

$$E[\hat{\boldsymbol{\beta}}(k)] = (X'X + kI_p)^{-1}X'X\boldsymbol{\beta}$$

となり, 共分散行列は,

$$Var[\hat{\boldsymbol{\beta}}(k)] = (X'X + kI_p)^{-1}X'X(X'X + kI_p)^{-1}\sigma^2$$

と与えられる. また, 残差の2乗和は,

$$(\boldsymbol{y} - X\hat{\boldsymbol{\beta}}(k))'(\boldsymbol{y} - X\hat{\boldsymbol{\beta}}(k))$$
$$= (\boldsymbol{y} - X\hat{\boldsymbol{\beta}})'(\boldsymbol{y} - X\hat{\boldsymbol{\beta}}) + (\hat{\boldsymbol{\beta}}(k) - \hat{\boldsymbol{\beta}})'X'X(\hat{\boldsymbol{\beta}}(k) - \hat{\boldsymbol{\beta}})$$

と書くことができる. さらに, 全平均 2 乗誤差は,

$$
\begin{aligned}
E[(\hat{\boldsymbol{\beta}}(k) &- \boldsymbol{\beta})'(\hat{\boldsymbol{\beta}}(k) - \boldsymbol{\beta})] \\
&= \sigma^2 \mathrm{tr}[(X'X + kI_p)^{-1} X'X (X'X + kI_p)^{-1}] + k^2 \boldsymbol{\beta}'(X'X + kI_p)^{-2}\boldsymbol{\beta} \\
&= \sigma^2 \sum_{i=1}^{p} \lambda_i (\lambda_i + k)^{-2} + k^2 \boldsymbol{\beta}'(X'X + kI_p)^{-2}\boldsymbol{\beta}
\end{aligned} \quad (4.35)
$$

となる. ここで, 式 (4.35) の右辺の第 1 項は, $\hat{\boldsymbol{\beta}}(k)$ の成分の分散の和 (全分散) であり, $k$ の減少関数である. 一方, 第 2 項は, 偏りの 2 乗となっていて, その偏りは $k$ とともに増加するため増加関数である. $0 < k < 1$ の範囲で式 (4.35) が最小となる $k$ を探すことになる.

### 情報量規準 AIC と $C_p$

まず, 2 つの規準量 AIC と $C_p$ を, 簡単な例で説明する (杉山・藤越, 2009). いま, $x$ の値とともに変化する $y$ について, 次のような 11 個の観測値が与えられているとしよう.

| 標本番号 | 1 | 2 | 3 | 4 | 5 | 6 | 7 | 8 | 9 | 10 | 11 |
|---|---|---|---|---|---|---|---|---|---|---|---|
| $x$ | 1.50 | 2.00 | 2.50 | 3.00 | 3.50 | 4.00 | 4.50 | 5.00 | 5.50 | 6.00 | 6.50 |
| $y$ | −4.86 | −4.10 | −1.49 | −3.66 | −1.92 | −1.42 | 2.60 | 5.54 | 7.66 | 11.41 | 16.23 |

これらの観測値の組を順に $(x_1, y_1), (x_2, y_2), \ldots, (x_N, y_N)$ と表すことにする. ここに, 標本数 $N$ は 11 である. このデータに対して, 1 次式を当てはめたモデルは,

$$M_1 : y_j = \beta_0 + \beta_1 x_j + \varepsilon_j \quad (j = 1, 2, \ldots, N)$$

と表せる. ここで, 誤差項 $\varepsilon_1, \ldots, \varepsilon_n$ は互いに独立で, それぞれ平均 0, 分散 $\sigma^2$ をもつとする. また, $\beta_0, \beta_1, \sigma^2$ は未知パラメータである. 同様に 2 次式, 3 次式を当てはめたモデルは, それぞれ

$$M_2 : y_j = \beta_0 + \beta_1 x_j + \beta_2 x_j^2 + \varepsilon_j \quad (j = 1, 2, \ldots, N)$$
$$M_3 : y_j = \beta_0 + \beta_1 x_j + \beta_2 x_j^2 + \beta_3 x_j^3 + \varepsilon_j \quad (j = 1, 2, \ldots, N)$$

と表せる. これら 3 つのモデルのうち, どのモデルが最適であろうか.

モデルのよさにはいろいろな側面が考えられる. 当てはまりがよいこともよさの重要な側面である. 当てはまりのよさは, 最小 2 乗法によって予測式を求めたときの, 残差平方和で測ることができる. モデル $M_1, M_2, M_3$ を用いたときの予測式はそれぞれ

$$M_1 : \hat{y} = -13.48 + 3.96x,$$
$$M_2 : \hat{y} = -0.58 - 3.69x + 0.96x^2,$$
$$M_3 : \hat{y} = -5.13 + 0.61x - 0.23x^2 + 0.10x^3$$

であって, 残差平方和は $S_1^2 = 58.59, S_2^2 = 9.59, S_3^2 = 8.65$ となる. 図 4.13 には, データの散布図と, 各モデルのもとで当てはめられた直線あるいは曲線が描かれている. 残差平方和は当てはめる多項式の次数が増えれば, 小さくなることがわかる. 残差平方和の値から, モデル $M_3, M_2, M_1$ の順に当てはまりがよいことになる.

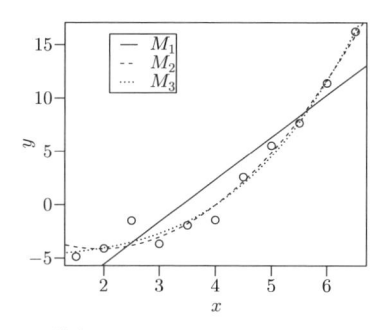

**図 4.13** 散布図とモデル $M_1, M_2, M_3$ の当てはめ

一方, モデルのよさを測る別な尺度として, モデルの**複雑度**がある. モデルが単純であればあるほど, 解釈も簡単で, また, 予測に際して安定していると考えられる. そこで, モデルの複雑さを測る簡単な尺度として, モデルに含まれる未知パラメータの数が用いられる. 誤差が正規分布に従うとしよう. このとき, モデル $M_q$ の複雑度を $d_q$ とすると, $d_1 = 3, d_2 = 4, d_3 = 5$ となる.

これらの 2 つの規準をよりどころにして, よいモデルを特定することを考えると, 当てはまりをよくしようとすると複雑なモデルになり, また, 簡単なモデルであると当てはまりが悪くなる, というジレンマに陥ってしまう. 両者をうまく取り入れた規準として, AIC 規準と $C_p$ 規準がある. AIC 規準は予測尤度が大きなモデルを選ぶことを目的とし, 具体的には, "$(-2) \times$ 平均対数予測尤度" の推定量として提案された (Akaike, 1973). 一般に, $p$ 個の説明変数を用いた線形回帰モデル $M_p$ の AIC 規準は

$$\text{AIC}_p = N \log\left(\frac{S_p^2}{N}\right) + N\{\log(2\pi) + 1\} + 2d_p \tag{4.36}$$

として定義される. ここに, $S_p^2$ はモデル $M_p$ を用いたときの残差平方である. $d_p$ はモデル $M_p$ のもとでの未知パラメータ数であって, $d_p = p + 1 + 1 = p + 2$ となる. 各

モデルに対して，AIC の値を求め，その値が最小となるモデルを最適なモデルとして選択する．いまの例の場合，各モデルに対して AIC の値を求めると

$$\text{AIC}_1 = 55.62, \quad \text{AIC}_2 = 37.68, \quad \text{AIC}_3 = 38.54$$

となり，モデル $M_2$ の AIC の値 $\text{AIC}_2$ が最小になる．したがって，AIC 規準を用いると，モデル $M_2$ が最適モデルとして選ばれる．

一方，$C_p$ 規準は，規準化予測誤差の 2 乗和の推定量として提案された (Mallows, 1973)．モデル $M_p$ に対するこの規準は

$$C_p = \frac{S_p^2}{\hat{\sigma}^2} + 2(d_p - 1) \tag{4.37}$$

で定義される．ここに，$\hat{\sigma}^2$ は $\sigma^2$ の推定量で，通常最大モデルのもとでの不偏推定量が用いられる．なお，Mallows (1973) では，

$$\frac{S_p^2}{\hat{\sigma}^2} + 2(d_p - 1) - N$$

を $C_p$ 規準として定義している．モデルの選択規準としては，どちらを用いても同じであるが，前者の場合その値が規準化予測誤差の 2 乗和の推定量であると考えられるので，$C_p$ は式 (4.37) で定義されたものとする．いまの場合，$M_3$ が最大モデルであるので，$\hat{\sigma}^2 = s_3^2/(N-4)$ として，各モデルに対して $C_p$ の値を求めると

$$C_{p,1} = 51.59, \quad C_{p,2} = 13.76, \quad C_{p,3} = 15.00$$

となる．したがって，モデル $M_2$ が最適なモデルとして選ばれることになる．

AIC は "$(-2) \times$ 平均対数予測尤度" の推定量と述べたが，これについて $p$ 個の説明変数をもつ重回帰モデル (4.25) で説明しよう．第 $j$ 番目の観測が $y_j$ となる度合いを示している確率密度関数は

$$\left(\frac{1}{2\pi\sigma^2}\right)^{1/2} \exp\left(-\frac{1}{2\sigma^2}\varepsilon_j^2\right)$$

である．ここに，$\varepsilon_j = y_j - \beta_0 - \beta_1 x_{1j} - \beta_2 x_{2j} - \cdots - \beta_p x_{pj}$．$N$ 個の観測値 $y_1, y_2, \ldots, y_N$ の確率密度関数は，それぞれの確率密度関数を掛けたもので，それを $L$ で表す．$L$ は，観測値と未知パラメータ $\beta_0, \beta_1, \ldots, \beta_p, \sigma^2$ に依存している．$L$ は，観測値を固定して未知パラメータの関数とみなしたとき，尤度とよばれる．$L$ のかわりに，尤度の対数を $(-2)$ 倍した，$\ell = (-2)\log L$ が用いられる．$L$ を最大にすることと，$\ell$ を最小にすることは同値である．最小な $\ell$ を $\hat{\ell}$ とし，そのときのパラメータは最尤推定量とよばれる．いまの場合，最尤推定量は

$$\hat{\beta}_i = b_i \quad (i = 0, 1, \ldots, p), \quad \hat{\sigma}^2 = \frac{1}{N}S_p^2$$

## 4.12 数理的補足——重回帰分析

となる．ここに，$S_p^2$ はモデル $M_p$ のもとでの残差平方和である．回帰係数の最尤推定量は最小 2 乗推定量と一致しているが，$\sigma^2$ については，残差分散 $V_e = S_p^2/(N-p-1) = [N/(N-p-1)]\hat{\sigma}^2$ とは多少異なっている．また，

$$\hat{\ell} = N \log\left(\frac{1}{N}S_p^2\right) + N\{\log(2\pi) + 1\}$$

である．

いま，予測としてのモデルのよさを考えるため，観測値 $y_1, y_2, \ldots, y_N$ が得られたときと同じ説明変数の値に対して，新たな観測値 $\tilde{y}_1, \tilde{y}, \ldots, \tilde{y}_N$ が観測されたとしよう．$\tilde{y}_1, \tilde{y}, \ldots, \tilde{y}_N$ の尤度において，パラメータを最尤推定でおきかえたものを $\tilde{L}$ と表す．$\tilde{L}$ は予測的尤度とよばれ，$\tilde{\ell} = (-2)\log\tilde{L}$ とする．$\tilde{\ell}$ の平均が小さいモデルを選ぶというのが AIC 規準の本質である．平均的な "$(-2) \times$ 対数予測尤度" の推定量として，AIC 規準である

$$\hat{\ell} + 2d_p$$

が導入された．

$C_p$ の場合，標準化予測 2 乗誤差が小さいモデルを選ぶことを目的にしていると述べたが，具体的には

$$\frac{1}{\sigma^2}\left\{(\tilde{y}_1 - \hat{y}_1)^2 + (\tilde{y}_2 - \hat{y}_2)^2 + \cdots + (\tilde{y}_N - \hat{y}_N)^2\right\}$$

の平均 $R_C$ を考えている．$R_C$ の推定量として $C_p$ が提案される．

# 5

# 因 子 分 析

## 5.1 因子分析とは

因子分析は，主成分分析と同じく変数 $x_1, x_2, \ldots, x_p$ の間の相関関係を少数の因子で説明することを目的にしている．主成分分析では変数の 1 次結合で説明するが，因子分析では**潜在因子**あるいは**共通因子** $f_1, f_2, \ldots, f_k$ で説明し，さらに次のモデルを想定する．各変数は平均 0, 分散 1 に標準化されているとし，たとえば $k=2$ の場合の**因子分析** (あるいは単に**因子**) モデルは

$$
\begin{aligned}
x_1 &= a_{11}f_1 + a_{12}f_2 + e_1 \\
x_2 &= a_{21}f_1 + a_{22}f_2 + e_2 \\
&\vdots \\
x_p &= a_{p1}f_1 + a_{p2}f_2 + e_p
\end{aligned}
\tag{5.1}
$$

を想定する．このようなモデルにおいて，$e_1, e_2, \ldots, e_p$ は互いに無相関で，共通因子 $f_1, f_2$ とも無相関である．さらに，各 $e_i$ は平均 0 で分散 $d_i^2$ をもち，また，通常 $f_1, f_2$ も互いに無相関で，各 $f_i$ は平均 0, 分散 1 であると仮定する．ここで

$$
A = \begin{bmatrix} a_{11} & a_{12} \\ a_{21} & a_{22} \\ \vdots & \vdots \\ a_{p1} & a_{p2} \end{bmatrix}
$$

を**因子負荷量行列** (あるいは単に**因子負荷量**) といい，$(f_1, f_2)$ を共通因子ベクトルという．因子負荷行列の各要素は未知の定数である．

## 5.1 因子分析とは

たとえば, $x_1, x_2, \ldots, x_p$ は国語, 数学, $\cdots$, 英語のような科目の試験の得点であり, $f_1$ は文系の能力, $f_2$ は理系の能力などで説明されるというモデルである. これは変数 $x_1, x_2, \ldots, x_p$ の背後にある構造を, 共通因子 $f_1, f_2$ を通して明らかにすることであり, $e_1, e_2, \ldots, e_p$ は共通因子では説明しきれない誤差であるが, 各変数独自の変動も含んでいることから**独自因子**あるいは**特殊因子**とよばれる.

因子分析は主として, 心理学, 教育学, マーケティング, 人事評価などの人間を対象とする分野で利用されている分析法である. いま, 観測者は $N$ 人で, $j$ 番目の人の $x_1, x_2, \ldots, x_p$ の観測値を $x_{1j}, x_{2j}, \ldots, x_{pj}$ で表すと, モデル (5.1) は

$$
\begin{aligned}
x_{1j} &= a_{11} f_{1j} + a_{12} f_{2j} + e_{1j} \\
x_{2j} &= a_{21} f_{1j} + a_{22} f_{2j} + e_{2j} \\
&\vdots \\
x_{pj} &= a_{p1} f_{1j} + a_{p2} f_{2j} + e_{pj}
\end{aligned}
\tag{5.2}
$$

を意味している. ここで, $j = 1, 2, \ldots, N$ とする. 上式において, 因子負荷量は観測者には依存しない. 一方, 共通因子 (得点) $f_{1j}, f_{2j}$ は, 観測者に依存しているが, 観測不可能な変数である. 因子分析では, 変量 $x_1, x_2, \ldots, x_p$ の変動をできるだけ共通因子で説明できることを前提にしており, 独自因子の部分が小さければ, そのモデルの妥当性が高いと考えられる.

一般に, $k$ 個の共通因子をもつモデルにおいて, 因子数 $k$ は未知である. また, 共通因子の係数 $a_{i1}, a_{i2}, \ldots, a_{ik}$ ($i = 1, 2, \ldots, p$) は**因子負荷量**とよばれ, この値はデータから決めることになる. それらの値の大きさをみて, 共通因子 $f_1, f_2, \ldots, f_k$ の意味を推測することになる. 因子分析法を適用するにあたって, 共通因子の個数 $k$ を定める必要がある. 1つは, $k = 1$ から順次モデルの共通因子を推定し, 解釈のしやすさ, 適合度, モデル選択規準 AIC などをもとにして決められる. また, 経験的に, 相関行列の固有値で 1 より大きい固有値の数も次元の目安として利用される. なお, 因子数 $k$ が増えると因子モデルのパラメータである因子負荷量が増え, 因子負荷行列 $A$ や独自因子の分散が一意に定まらなくなりこの観点からの制約がある. 詳しくは, 表 5.6 に与えている.

いま, 「白人の手のデータ」に対して, 因子分析モデルを適用してみよう. こ

のデータの測定部位については, 1.2 節を参照されたい. ここでは, まず5つの部位 $x_1$ (手のこう側の親指), $x_3$ (手のこう側の中指), $x_5$ (手のこう側の小指), $x_{14}$ (親指を除く指の横幅), $x_{15}$ (手の幅) を取り上げる. それらの変数の平均, 標準偏差, 相関行列を表 5.1, 5.2 に与えている.

**表 5.1** 白人男性の手のデータの平均と標準偏差

|  | 平均 | 標準偏差 |
|---|---|---|
| $x_1$ (手のこう側の親指) | 59.30 | 3.988 |
| $x_3$ (手のこう側の中指) | 99.97 | 4.965 |
| $x_5$ (手のこう側の小指) | 75.52 | 3.641 |
| $x_{14}$ (親指を除く指の横幅) | 81.24 | 4.039 |
| $x_{15}$ (手の幅) | 92.12 | 4.748 |

**表 5.2** 白人男性の手のデータの相関行列

|  | $x_1$ | $x_3$ | $x_5$ | $x_{14}$ | $x_{15}$ |
|---|---|---|---|---|---|
| $x_1$ | 1 | | | | |
| $x_3$ | .674 | 1 | | | |
| $x_5$ | .615 | .653 | 1 | | |
| $x_{14}$ | .304 | .452 | .282 | 1 | |
| $x_{15}$ | .272 | .473 | .302 | .865 | 1 |

相関行列に基づく主成分分析の結果を表 5.3 に与えている. 第1主成分の係数は 0.43〜0.50 であり, 手の大きさの因子を表している. 第2主成分の係数は, 長さの変数に関しては負であり幅の変数に関しては正であるので, 両者の差を表し, 指の長さと手のひらの幅に関する型の因子と考えられる. これらの2つの主成分の寄与率は 0.84 である.

**表 5.3** 相関行列の固有値・固有ベクトル

| 主成分 | $y_1$ | $y_2$ | $y_3$ | $y_4$ | $y_5$ |
|---|---|---|---|---|---|
| 固有値 | 2.965 | 1.224 | .389 | .291 | .130 |
| 固有ベクトル | | | | | |
| $x_1$ (手のこう側の親指) | .433 | −.425 | .650 | −.444 | .113 |
| $x_3$ (手のこう側の中指) | .497 | −.230 | .099 | .826 | −.090 |
| $x_5$ (手のこう側の小指) | .430 | −.414 | −.748 | −.288 | −.036 |
| $x_{14}$ (親指を除く指の横幅) | .435 | .545 | .055 | −.191 | −.688 |
| $x_{15}$ (手の幅) | .437 | .546 | −.075 | −.025 | .710 |
| 寄与率 | .593 | .245 | .078 | .058 | .026 |
| 累積寄与率 | .593 | .838 | .916 | .974 | 1.000 |

因子モデルを記述する場合, 記号簡単のため,

$$x_1 \to x_1 \quad x_3 \to x_2 \quad x_5 \to x_3 \quad x_{14} \to x_4 \quad x_{15} \to x_5$$

と表すことにする. まず, それぞれの変数が1つの共通因子で説明できるというモデル

## 5.1 因子分析とは

$$x_i = a_{i1}f_1 + e_i$$
$$= a_{i1}f_1 + d_i\varepsilon_i \quad (i = 1, 2, \ldots, 5) \tag{5.3}$$

を考える.ここで,独自因子 $e_i$ を $d_i\varepsilon_i$ と表しているので,$\varepsilon_i$ は平均 0,分散 1 となり,共通因子 $f_i$ とは無相関である.$d_i$ は,変数 $x_i$ の独自因子の標準偏差であるが,**独自係数**ともよばれる.$\varepsilon_i$ も独自因子あるいは誤差とよばれる.式 (5.3) の両辺の分散を考えると

$$x_i \text{の分散} = a_i^2 + d_i^2 \quad (i = 1, 2, \ldots, 5) \tag{5.4}$$

が成り立ち,これらを加えると,**全分散の分解**

$$\text{全分散} = (a_1^2 + a_2^2 + a_3^2 + a_4^2 + a_5^2) + (d_1^2 + d_2^2 + d_3^2 + d_4^2 + d_5^2)$$
$$= (\text{共通性}) + (\text{独自性}) \tag{5.5}$$

を得る.いま各 $x_i$ の分散は 1 に標準化しているので,因子負荷量が推定されると,式 (5.4) を用いて独自分散あるいは独自係数を推定することができる.

因子付加量の推定法については,後の節で説明するが,**最尤法**を用いて因子負荷量を推定し,その推定値が真値であるとみなすと,

$$x_1 = 0.357f_1 + e_1 = 0.357f_1 + 0.934\varepsilon_1$$
$$x_2 = 0.533f_1 + e_2 = 0.533f_1 + 0.846\varepsilon_2$$
$$x_3 = 0.361f_1 + e_3 = 0.361f_1 + 0.936\varepsilon_3$$
$$x_4 = 0.922f_1 + e_4 = 0.922f_1 + 0.387\varepsilon_4$$
$$x_5 = 0.929f_1 + e_5 = 0.929f_1 + 0.370\varepsilon_5$$

を得る.このとき,独自因子の分散は

$$d_1^2 = .872 \quad d_2^2 = .716 \quad d_3^2 = .877 \quad d_4^2 = .150 \quad d_5^2 = .137$$

となる.1 因子モデルでは,全分散のうち共通因子の占める割合は

$$\frac{1}{5}(\text{共通性}) = \frac{1}{5}(0.357^2 + 0.533^2 + \cdots + 0.929^2) = 0.411$$

となり,それほど大きくない.求められた因子の係数は,幅に関する変数の係数が大きく,幅に関する因子と考えられる.手のデータが幅の因子だけで説明で

きるというのは適切でない．そこで，因子数を2としたモデルを考えることにする．

因子数が2である2因子モデルは，$e_i$ を $d_i\varepsilon_i$ と表すことにより

$$x_i = a_{i1}f_1 + a_{i2}f_2 + d_i\varepsilon_i \quad (i = 1, 2, \ldots, 5)$$

と表せる．このとき，両辺の分散を考えると

$$x_i\text{の分散} = h_i^2 + d_i^2, \quad h_i^2 = a_{i1}^2 + a_{i2}^2 \quad (i = 1, 2, \ldots, 5) \tag{5.6}$$

が成り立ち，これらを加えると，全分散の分解

$$\text{全分散} = (h_1^2 + h_2^2 + h_3^2 + h_4^2 + h_5^2) + (d_1^2 + d_2^2 + d_3^2 + d_4^2 + d_5^2)$$
$$= (\text{共通性}) + (\text{独自性}) \tag{5.7}$$

を得る．1因子モデルの場合と同様に，因子負荷量を最尤法で推定する．この場合，次節で説明するが，因子に回転による自由性があるので，回転によって解釈がより鮮明になるようにされた因子負荷量を用いることになる．回転の最適化法として，次節で詳しくのべるバリマックス回転法を適用すると，1因子モデルの場合と同様にして，

$$x_1 = 0.797f_1 + 0.120f_2 + 0.592\varepsilon_1$$
$$x_2 = 0.799f_1 + 0.325f_2 + 0.506\varepsilon_2$$
$$x_3 = 0.748f_1 + 0.160f_2 + 0.644\varepsilon_3$$
$$x_4 = 0.229f_1 + 0.837f_2 + 0.497\varepsilon_4$$
$$x_5 = 0.194f_1 + 0.981f_2 + 0.002\varepsilon_5$$

を得る．全分散のうち，共通性の占める割合は

$$\frac{1}{5}(\text{共通性}) = \frac{1}{5}(0.649 + 0.744 + 0.586 + 0.753 + 0.999) = 0.746$$

となり，共通因子でかなり説明できることになる．第1因子の係数をみると，長さに関する変数 $x_1, x_2, x_3$ の係数はほぼ等しく，また，幅に関する係数もほぼ等しい．さらに，長さに関する係数が幅に関する係数の約4倍である．第2因子の係数についても，長さに関する係数はほぼ等しく，幅に関する係数もほぼ等しい．また，それらの大きさに関しては，第1因子の場合とは逆で，幅に関する係

## 5.1 因子分析とは

表 5.4 因子負荷量と共通性の推定 (2 因子モデル, 最尤法—バリマックス回転)

| 変数 | 負荷量:回転前 | | 負荷量:回転後 | | 共通性 |
|---|---|---|---|---|---|
| | 1 | 2 | 1 | 2 | |
| $x_1$ (手のこう側の親指) | .274 | .758 | .797 | .120 | .649 |
| $x_2$ (手のこう側の中指) | .475 | .720 | .799 | .325 | .744 |
| $x_3$ (手のこう側の小指) | .304 | .703 | .748 | .160 | .586 |
| $x_4$ (親指を除く指の横幅) | .866 | .060 | .229 | .837 | .753 |
| $x_5$ (手の幅) | .999 | −.003 | .194 | .981 | .999 |
| 負荷量平方和 | 2.14 | 1.59 | 1.92 | 1.81 | |
| 全分散の% | 42.84 | 31.79 | 38.47 | 36.16 | |
| 累積% | 42.84 | 74.64 | 38.47 | 74.64 | |

表 5.5 因子負荷量と共通性の推定 (2 因子モデル, 主因子法—バリマックス回転)

| 変数 | 負荷量:回転前 | | 負荷量:回転後 | | 共通性 |
|---|---|---|---|---|---|
| | 1 | 2 | 1 | 2 | |
| $x_1$ (手のこう側の親指) | .670 | .438 | .789 | .133 | .640 |
| $x_2$ (手のこう側の中指) | .808 | .305 | .800 | .324 | .746 |
| $x_3$ (手のこう側の小指) | .654 | .405 | .755 | .147 | .592 |
| $x_4$ (親指を除く指の横幅) | .756 | −.498 | .217 | .879 | .819 |
| $x_5$ (手の幅) | .785 | −.546 | .206 | .934 | .915 |
| 負荷量平方和 | 2.72 | 1.00 | 1.92 | 1.79 | |
| 全分散の% | 54.32 | 19.90 | 38.45 | 35.77 | |
| 累積% | 54.32 | 74.22 | 38.45 | 74.22 | |

数が長さに関する係数の約 4 倍である. 第 1 因子は長さに関する因子で, 第 2 因子は幅に関する因子といえよう.

2 因子モデルの因子付加量と共通性の推定結果は, 表 5.4 にまとめている. 因子付加量の推定法として, 主因子法を適用したときの計算結果を表 5.5 に与えている. いまの場合, ほぼ同様な結果が得られている. 最尤法は変数の正規性を想定しての推定法であるが, 主因子法は正規性を前提にしない推定法である. このほかの推定法として**最小 2 乗法**もある. 因子分析モデルでは, 因子負荷量の推定に加え, 因子モデルの適合性, 因子数の選択, 共通因子得点の推定, などにも関心がある. 因子分析に関しては, 多くの和書も出版されている. 数式を用いない, より詳しい解説書として, 松尾・中村 (2002) がある. 理論的な解説書として, 柳井ほか (1990), 市川 (2010) などがある. ソフト付きの解説書として, たとえば, 豊田編 (2012) を参照されたい. これらについては, 次節以降で説明する.

## 5.2 因子分析モデルと回転

変数 $x_1, x_2, \ldots, x_p$ に対して, $k$ 個の因子をもつ $k$ 因子モデル

$$x_i = \mu_i + a_{i1}f_1 + a_{i2}f_2 + \cdots + a_{ik}f_k + e_i \quad (i = 1, 2, \ldots, p) \tag{5.8}$$

を想定しよう. このとき, 次のことが仮定される.

(1) 係数 $a_{i1}, a_{i2}, \ldots, a_{ik}$ $(i = 1, 2, \ldots, p)$ は**因子負荷量**とよばれ, 通常未知の定数である.

(2) $f_1, f_2, \ldots, f_k$ は**共通因子**とよばれ, それぞれ平均 0, 分散 1 で互いに無相関である.

(3) $e_1, e_2, \ldots, e_p$ は**独自因子**とよばれ, 平均 0, 分散 $d_1^2, d_2^2, \ldots, d_p^2$ で互いに無相関である.

(4) 独自因子と共通因子は互いに無相関である.

因子モデルにおいては, 各変数は平均 0, 分散 1 に標準化してモデルを考える場合が多いが, ここでは一般に, $x_i$ の平均は $\mu_i$, 分散は $\sigma_{ii} = \sigma_i^2$ としている. 変数が標準化されている場合は, $\mu_i = 0$, $\sigma_{ii} = 1$ とすればよい. 共通因子に関しては互いに無相関であることを仮定している. このような共通因子は直交因子であるという. 一方, 共通因子が無相関でない場合は, 斜交因子とよばれる. 以下では, 直交因子であることを仮定している. 独自因子は

$$e_i = d_i \varepsilon_i \quad (i = 1, 2, \ldots, p)$$

と表される. このとき, $\varepsilon_1, \varepsilon_2, \ldots, \varepsilon_p$ は平均 0, 分散 1 で互いに無相関である.

変数が $N$ 個の個体に対して観測されて, それらを次のように表す.

| 変数 | 標本番号 | | | |
|---|---|---|---|---|
|  | 1 | 2 | $\cdots$ | $N$ |
| $x_1$ | $x_{11}$ | $x_{12}$ | $\cdots$ | $x_{1N}$ |
| $x_2$ | $x_{21}$ | $x_{22}$ | $\cdots$ | $x_{2N}$ |
| $\vdots$ | $\vdots$ | $\vdots$ | $\cdots$ | $\vdots$ |
| $x_p$ | $x_{p1}$ | $x_{p2}$ | $\cdots$ | $x_{pN}$ |

このとき, 第 $j$ 番目の標本の観測値 $(x_{1j}, x_{2j}, \ldots, x_{pj})$ に対しては,

## 5.2 因子分析モデルと回転

$$x_{1j} = \mu_1 + a_{11}f_{1j} + a_{12}f_{2j} + \cdots + a_{1k}f_{kj} + e_{1j}$$
$$x_{2j} = \mu_1 + a_{21}f_{1j} + a_{22}f_{2j} + \cdots + a_{2k}f_{kj} + e_{2j}$$
$$\vdots \tag{5.9}$$
$$x_{pj} = \mu_1 + a_{p1}f_{1j} + a_{p2}f_{2j} + \cdots + a_{pk}f_{kj} + e_{pj}$$

を想定する．ここで，第 $j$ 標本の $(f_{1j}, f_{2j}, \ldots, f_{kj})$，および，$(e_{1j}, e_{2j}, \ldots, e_{pj})$ に対して，上記の (2), (3), (4) を想定する．

$x_i$ の分散 $\sigma_i^2$ と $x_i$ と $x_j$ の共分散は，因子モデル (5.8) より

$$\sigma_i^2 = h_i^2 + d_i^2, \quad h_i^2 = a_{i1}^2 + a_{i2}^2 + \cdots + a_{ik}^2 \quad (i = 1, 2, \ldots, p)$$
$$\sigma_{ij} = a_{i1}a_{j1} + a_{i2}a_{j2} + \cdots + a_{ip}a_{jp} \quad (i, j = 1, 2, \ldots, p,\ i \neq j) \tag{5.10}$$

と表せる．$h_i^2$ は $x_i$ の共通因子による変動を表し，$x_i$ の**共通性**とよばれる．さらに，これらの和

$$h^2 = h_1^2 + h_2^2 + \cdots + h_p^2$$

は ($\boldsymbol{x}$ の) 共通性とよばれる．また，第 $i$ 共通因子の係数の平方和

$$a_{1i}^2 + a_{2i}^2 + \cdots + a_{pi}^2$$

の全分散 ($= \sigma_1^2 + \sigma_2^2 + \cdots + \sigma_p^2$) のなかで占める割合は第 $i$ 因子の**寄与率**とよばれる．関係式 (5.10) は**共通因子分解**とよばれ，因子負荷量と独立因子の分散の推定において用いられる．

因子モデルには，**回転の自由性**があると述べたが，このことを「白人の手のデータ」の 2 因子モデルで考えてみよう．回転後の因子負荷量 (表 5.4) を用いると

$$x_1 = .797f_1 + .120f_2 + e_1$$
$$x_2 = .799f_1 + .325f_2 + e_2$$
$$x_3 = .748f_1 + .160f_2 + e_3$$
$$x_4 = .229f_1 + .837f_2 + e_4$$
$$x_5 = .194f_1 + .981f_2 + e_5$$

と表せる. 第1因子と第2因子の負荷量を用いて, 各変数を2次元空間に表示したのが図5.1で, **因子プロット**とよばれる. たとえば, $x_1$ の座標は $(0.797, 0.120)$, $x_2$ の座標は $(0.799, 0.325)$, $\cdots$ である. 因子プロットから, 手の長さに関する変数と, 幅に関する変数がよくグループに分かれていることがみてとれる.

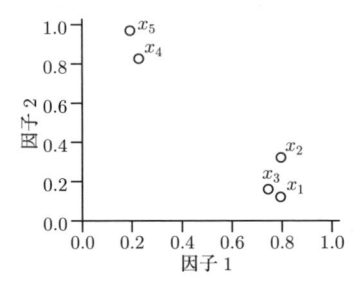

図 5.1 回転後の因子空間の因子プロット (因子抽出:最尤法)

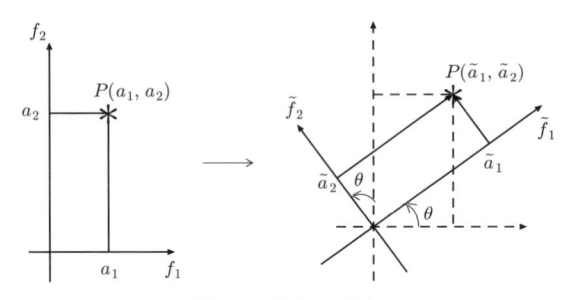

図 5.2 座標軸の回転

因子分析モデルに関しては, 因子プロットの座標軸を回転しても, モデルとしては不変であるという性質がある. このことを2因子モデルで考えてみよう. 変数 $x_i$ は誤差 $e_i$ を無視すると $a_{i1}f_1 + a_{i2}f_2$ と表せる. これは, 直交軸 $f_1, f_2$ をもつ2次元平面上の座標 $(a_{i1}, a_{i2})$ をもつ点と考えられる. 図5.2におけるように, 座標軸; $f_1$ 軸, $f_2$ 軸を $\theta$ 回転した, 新しい軸を $\tilde{f}_1$ 軸, $\tilde{f}_2$ 軸とする. 図では, 点 $P(a_1, a_2)$ の座標が回転により $(\tilde{a}_1, \tilde{a}_2)$ に移動するとしているが, 一般に $(a_{i1}, a_{i2})$ が $(\tilde{a}_{i1}, \tilde{a}_{i2})$ となるとしよう. このとき, 回転後のモデルは次のように表せる.

$$
\begin{array}{ccc}
\text{2 因子モデル} & \Rightarrow & \text{回転後} \\
x_1 = a_{11}f_1 + a_{12}f_2 + e_1 & & x_1 = \tilde{a}_{11}\tilde{f}_1 + \tilde{a}_{12}\tilde{f}_2 + e_1 \\
x_2 = a_{21}f_1 + a_{22}f_2 + e_2 & & x_2 = \tilde{a}_{21}\tilde{f}_1 + \tilde{a}_{22}\tilde{f}_2 + e_2 \\
\vdots & & \vdots \\
x_p = a_{p1}f_1 + a_{p2}f_2 + e_2 & & x_p = \tilde{a}_{p1}\tilde{f}_1 + \tilde{a}_{p2}\tilde{f}_2 + e_2
\end{array}
$$

このような変換 (回転) によって, 次の性質が保たれる.

(1) 各変数の共通性は不変である. すなわち, 図 5.2 からわかるように回転で原点から点 $(a_{i1}, a_{i2})$ までの距離と, 原点から点 $(\tilde{a}_{i1}, \tilde{a}_{i2})$ まで距離は等しく,

$$a_{i1}^2 + a_{i2}^2 = \tilde{a}_{i1}^2 + \tilde{a}_{i2}^2 \quad (i = 1, 2, \ldots, p)$$

(2) 共通因子が平均 0, 分散 1 で互いに無相関であるという性質は不変である. すなわち, $\tilde{f}_1$ と $\tilde{f}_2$ はそれぞれ平均 0, 分散 1 で互いに無相関である.

したがって, $a_{ij}$ を $\tilde{a}_{ij}$ に変換しても因子数 $k$ の因子モデルであり, 各変数の共通性は不変である. そこで, 因子負荷行列の各列の特徴がより鮮明になるような軸の変換を探すことが試みられる. いくつかの回転法があるが, そのなかでよく用いられる回転の 1 つとしてバリマックス回転がある. これは, 因子負荷行列の各列の各要素の 2 乗の分散の和を最大にする回転である. 表 5.4, 5.5 に手のデータの回転前の因子負荷量と回転後の因子負荷量が与えられている. いまの場合, 主因子法の第 1 因子に対して, 回転の効果がみられるが, その他の因子についてはそれほどの違いはない. 因子の寄与率は, 回転によってほぼ等しくなっており, 解釈上は 2 つの因子に関して重みは考えなくてよいであろう. なお, 最尤法で推定した場合, 回転によって第 1 因子と第 2 因子が入れかわっているが, 2 つの因子の寄与率はほぼ等しいので, このようなことが生じる.

## 5.3 推 測 法

**因子負荷量と独自係数の推定**

$p$ 次元変数 $\boldsymbol{x} = (x_1, x_2, \ldots, x_p)'$ の $k$ 因子分析モデルにおいて, 因子負荷量と, 独自因子の分散 (独自分散と略記) を推定することを考える. このような推

定は因子の抽出ともよばれる．因子負荷量は，$p \times k$ の因子負荷量行列 $A$ としてまとめられ，独自分散は $(d_1^2, d_2^2, \ldots, d_p^2)$ としてまとめられる．因子負荷量と独自分散の推定において，$\boldsymbol{x}$ の共分散行列 $\Sigma$ が因子負荷量と独自分散を用いて表されるという共通因子分解 (5.10) は基本となる．共通因子分解 (5.10) を用いて，$\Sigma$ の各要素を因子負荷量と独自分散を用いて表せて，これを $\Sigma_k$ と表すことにする．$\Sigma$ が $\Sigma_k$ であるとき，**因子共分散構造をもつ**という．因子負荷量と独自分散を推定するには，$\Sigma$ の推定量である標本共分散行列 $S$ を用いて，$\Sigma_k$ が近似的に $S$ となる因子負荷量と独自分散を定めるとよい．変数が基準化されている場合は，$\Sigma$ は母相関行列となり，その場合は $S$ のかわりに標本相関行列 $R$ を用いればよい．さまざまな推定法が提案されているが，ここでは，最尤法と主因子法について，その考え方を説明する．これらの推定法の詳細については，数理的補足 (5.5 節) を参照されたい．

因子分析モデルにおいて，共通因子と独自因子が独立で，それぞれ正規分布に従う場合は，変数 $\boldsymbol{x} = (x_1, x_2, \ldots, x_p)'$ が $p$ 次元正規分布に従う．このとき，観測値 $\boldsymbol{x}_1, \boldsymbol{x}_2, \ldots, \boldsymbol{x}_N$ の分布，あるいは，標本共分散行列 $S$ の分布に関して最尤法を適用して，因子負荷行列および独自分散の推定値を求めることができる．具体的には，$S$ の確率密度関数を $f(S; \Sigma)$ と表すとき，$\Sigma$ が因子共分散構造をもつとして，$f(S; \Sigma_k)$ の因子負荷量と独自分散に関する最大化を考え，最大になるときの因子負荷量と独自分散の値を推定値とする．このような推定方法は**最尤推定法**とよばれ，また，推定値は最尤推定値とよばれる．いまの場合，最尤推定値はある種の非線形方程式の解として表される．この解を具体的に表すことはできないので，反復計算により数値的に求めることになる．

別な推定法として，**主因子法**がある．この推定法は，尺度不変ではないので，通常，$\Sigma_k$ が近似的に標本相関行列になるように因子負荷量と独自分散が求められる．すなわち，$\Sigma_k$ が近似的に $R$ となるように因子負荷量と独自分散を求める．具体的には，以下の反復計算を行って解を求める．まず，各変数の共通性 $h_i^2$ $(i = 1, 2, \ldots, p)$ に対して初期値を与え，最適値 $A$ を求める．この場合，$k$ 個の因子負荷量が求められるが，それらには寄与の程度に基づく順位がついている．以下，求められた因子負荷量から共通性が定まり，先の計算を行う．このような計算を繰り返し，因子負荷量と独自分散の変化がある一定値以下になったところで反復を終了し，最後に求められた因子負荷量と独自分散を推定値とす

る.この方法で,解が求められない場合が生じるが,それについては,数理的補足 (5.5 節) を参照されたい.

**適合性検定と因子数の選択**

因子数 $k$ の因子モデルが適合しているかどうかを検定する方法を考える.因子数 $k$ が増えると,モデルに含まれるパラメータが増え,パラメータが一意に定まらなくなる.このため,各 $p$ に対して,$k$ について次の制約が課される.

$$k \leq \frac{1}{2}\left(2p+1-\sqrt{8p+1}\right)$$

上の不等式の右辺の値を超えない最大な $k$ を $k^*$ とする.このとき,各 $p$ に対する因子数の最大値 $k^*$ は次のようになる.

表 5.6 因子数 $k$ の最大値 $k^*$

| $p$ | 2 | 3 | 4 | 5 | 6 | 7 | 8 | 9 | 10 | 11 | 12 |
|---|---|---|---|---|---|---|---|---|---|---|---|
| $k$ の最大値 $k^*$ | 0 | 1 | 1 | 2 | 3 | 3 | 4 | 5 | 6 | 6 | 7 |

たとえば,$p=5$ のとき,$k^*=2$ であるので,因子モデルの候補として 1 因子モデルと 2 因子モデルを考えればよいことになる.

$k$ 因子モデルの適合性をみるため,因子数に関する次の仮説検定問題を考える.帰無仮説 "共通因子の個数は $k$ である",対立仮説 "共通因子の個数は $k$ でない".尤度比に基づく検定は,検定統計量 $\chi^2$ が仮説のもとで漸近的に自由度 $q = (1/2)\{(p-k)^2-(p+k)\}$ のカイ 2 乗分布に従うことを利用して検定する (数理的補足 (5.5 節) を参照されたい).5 変数の手のデータに適用すると,1 因子モデルの適合性に関する検定統計量の値は 30.2 で,これは自由度 5 のカイ 2 乗分布の有意確率 0.000 以下であり,1 因子モデルが適合しているとはいえない.2 因子モデルの適合性に関する検定統計量の値は 0.292 で,これは自由度 1 のカイ 2 乗分布の有意確率 0.589 に相当し,2 因子モデルは適合しているといえる.

一般に,$p$ 変数 $\boldsymbol{x}$ に対して,1 因子モデル $M_1$,2 因子モデル $M_2$,$\cdots$,$k^*$ 因子モデル $M_{k^*}$ が考えられる.これらのモデルのなかから,適切なモデルを選ぶことを考える.因子モデルでは,共通因子の解釈が可能であるということが重要であるが,ここでは,予測的な意味でのモデルのよさに基づく AIC 規準を適用する.$k$ 因子モデル $M_k$ の AIC 規準を $\mathrm{AIC}_k$ とするとき,$\mathrm{AIC}_k$ の値が小さい

モデルがよいモデルである．

5変数の手のデータに対して，モデル選択規準 AIC は

$$\text{AIC}_1 = 20.2, \quad \text{AIC}_2 = -1.7$$

となり，1因子モデルより2因子モデルがよいと判断される．適合性検定とモデル選択に関する結果は表 5.7 のようにまとめられる．

表 5.7 白人男性の手のデータ 5 変数：適合度検定・AIC 規準

| モデル | $\chi^2$ 値 | 自由度 | 有意確率 | AIC |
| --- | --- | --- | --- | --- |
| $M_1$ | 30.20 | 5 | .000 | 20.2 |
| $M_2$ | 0.292 | 1 | .589 | $-1.7$ |

### 因子得点の推定法

$k$ 因子モデル (5.8) には，$k$ 個の共通因子 $f_1, f_2, \ldots, f_k$ が用いられる．これらの因子は観測不可能な変数である．ここでは，$f_1, f_2, \ldots, f_k$ を，$x_1, x_2, \ldots, x_p$ の1次式として推定することを考える．

変数は標準化されているものとし，$k=2$ としよう．このとき

$$f_1 = b_{11}x_1 + b_{21}x_2 + \cdots + b_{p1}x_p$$
$$f_2 = b_{12}x_1 + b_{22}x_2 + \cdots + b_{p2}x_p$$

と推定される．第 $j$ 番目の標本の共通因子は

$$f_{1j} = b_{11}x_{1j} + b_{21}x_{2j} + \cdots + b_{p1}x_{pj}$$
$$f_{2j} = b_{12}x_{1j} + b_{22}x_{2j} + \cdots + b_{p2}x_{pj} \quad (j=1,2,\ldots,N)$$

と推定され，$(f_{1j}, f_{2j})$ は第 $j$ 番目の標本の**因子得点**とよばれる．係数は

$$B = \begin{bmatrix} b_{11} & b_{12} \\ b_{21} & b_{22} \\ \vdots & \vdots \\ b_{p1} & b_{p2} \end{bmatrix}$$

とまとめられ，因子得点係数行列とよばれる．$B$ の第1列は第1因子に関係し，第2列は第2因子に関係し，第 $i$ 行の係数 $(b_{i1}, b_{i2})$ は変量 $x_i$ の係数である．

因子得点係数の推定には，**回帰法**と**バートレット法**がある．詳しくは数理的補足 (5.5 節) を参照されたい．表 5.8 には 2 因子モデルを想定し，因子負荷行列を最尤法で推定し，さらにバリマックス回転した因子負荷行列に基づく因子得点係数行列を与えている．そこでは，回帰法を用いている．第 1 共通因子の係数に関しては，変量 $x_4$ の係数がほぼ 0 で関係しないことを示している．第 2 共通因子の係数に関しては，変量 $x_5$ のみに依存している．

表 5.8　因子得点係数行列 (回帰法)
(2 因子モデル，最尤法—バリマックス回転)

| 変数 | 因子 | |
|---|---|---|
| | 1 | 2 |
| $x_1$ | .361 | −.071 |
| $x_2$ | .470 | −.092 |
| $x_3$ | .283 | −.056 |
| $x_4$ | .041 | −.005 |
| $x_5$ | −.248 | 1.065 |

## 5.4　白人の手のデータ

「白人の手のデータ」については，5 変数 $x_1, x_3, x_5, x_{14}, x_{15}$ を用いて因子分析モデルを適用した．ここでは，さらに，3 変数 $x_{11}, x_{13}, x_{16}$ を加えて分析する．変数の名称とそれらの平均，標準偏差，相関行列については，次の表 5.9, 5.10 に与えている．追加した 3 変数のうち，$x_{11}$ (手のひらの縦)，$x_{13}$ (手首から小指の下) は手の長さに関係し，$x_{16}$ (手首) は手の幅に関する変数である．

表 5.9　白人男性の手のデータの平均と標準偏差

| | $x_1$ | $x_3$ | $x_5$ | $x_{11}$ | $x_{13}$ | $x_{14}$ | $x_{15}$ | $x_{16}$ |
|---|---|---|---|---|---|---|---|---|
| 平均 | 59.30 | 99.97 | 75.52 | 109.33 | 85.94 | 81.24 | 92.12 | 65.03 |
| 標準偏差 | 3.988 | 4.965 | 3.641 | 4.518 | 5.226 | 4.039 | 4.748 | 3.941 |

相関行列に基づく主成分分析の結果を，表 5.11 に与えている．第 1 主成分の係数は 0.30〜0.40 であり，手の大きさの因子を表している．第 2 主成分の係数は，長さの変数に関しては $x_{11}$ を除き負であり，幅の変数に関しては正である．$x_{11}$ の係数はほぼ 0 である．5 変数の場合と同様，第 2 主成分は，両者の差を表し，指の長さと手のひらの幅に関する型の因子と考えられる．これらの 2 つの

表 5.10 白人男性の手のデータの相関行列

|  | $x_1$ | $x_3$ | $x_5$ | $x_{11}$ | $x_{13}$ | $x_{14}$ | $x_{15}$ | $x_{16}$ |
|---|---|---|---|---|---|---|---|---|
| $x_1$ (手のこう側の親指) | 1 | | | | | | | |
| $x_3$ (手のこう側の中指) | .674 | 1 | | | | | | |
| $x_5$ (手のこう側の小指) | .615 | .653 | 1 | | | | | |
| $x_{11}$ (手のひらの縦) | .459 | .650 | .439 | 1 | | | | |
| $x_{13}$ (手首から小指の下) | .473 | .578 | .516 | .676 | 1 | | | |
| $x_{14}$ (親指を除く指の横幅) | .304 | .452 | .282 | .571 | .418 | 1 | | |
| $x_{15}$ (手の幅) | .272 | .473 | .302 | .600 | .354 | .865 | 1 | |
| $x_{16}$ (手首) | .435 | .557 | .417 | .696 | .596 | .804 | .801 | 1 |

表 5.11 相関行列の固有値・固有ベクトル

| 主成分 | $y_1$ | $y_2$ | $y_3$ | $y_4$ | $y_5$ | $y_6$ | $y_7$ | $y_8$ |
|---|---|---|---|---|---|---|---|---|
| 固有値 | 4.766 | 1.368 | .616 | .399 | .342 | .235 | .160 | .115 |
| 固有ベクトル | | | | | | | | |
| $x_1$ | .306 | −.441 | .363 | .539 | .468 | .210 | −.111 | .115 |
| $x_3$ | .372 | −.286 | .140 | .218 | −.537 | −.629 | .152 | −.073 |
| $x_5$ | .305 | −.445 | .276 | −.740 | −.091 | .262 | −.049 | −.078 |
| $x_{11}$ | .383 | .029 | −.431 | .269 | −.459 | .587 | −.139 | −.145 |
| $x_{13}$ | .342 | −.190 | −.692 | −.177 | .383 | −.323 | −.173 | .238 |
| $x_{14}$ | .355 | .450 | .201 | −.049 | .190 | −.190 | −.514 | −.541 |
| $x_{15}$ | .353 | .460 | .261 | −.078 | −.132 | .034 | −.094 | .750 |
| $x_{16}$ | .400 | .273 | −.024 | −.044 | .270 | .078 | .800 | −.208 |
| 寄与率 | .596 | .171 | .077 | .050 | .043 | .029 | .020 | .014 |
| 累積寄与率 | .596 | .767 | .844 | .894 | .936 | .966 | .986 | 1.000 |

主成分の寄与率は 0.767 である．第 3 主成分の寄与率は 0.077 と小さく，その貢献度は無視できるであろう．

因子モデルを記述する場合，記号簡単のため，

$$x_1 \to x_1 \quad x_3 \to x_2 \quad x_5 \to x_3 \quad x_{11} \to x_4$$

$$x_{13} \to x_5 \quad x_{14} \to x_6 \quad x_{15} \to x_7 \quad x_{16} \to x_8$$

と表すことにする．5 変数の場合，1 因子モデルは適切でなく 2 因子モデルが適切であった．8 変数の場合も，2 因子モデルが適切であることが期待される．相関行列の固有値で 1 より大きいものは 2 つあり，因子数が 2 であることの目安になる．

2 因子モデルを想定したときの最尤法に基づく因子負荷量と独自分散の推定に関する計算結果を表 5.12 に与えている．5 変数から 8 変数に増やしてもほぼ

## 5.4 白人の手のデータ

同様な結果が得られている．バリマックス回転後の第 1 因子は，$x_6, x_7, x_8$ に対して係数が大きく，手の幅に関する因子と考えられる．第 2 因子は，$x_1 \sim x_5$ に対して係数が大きく，手の長さに関する因子と考えられる．2 つの因子の寄与率は 2.80, 2.77 とほぼ等しい．共通性は，5 変数の場合は 74.6% であったが，8 変数の場合は 69.6% と若干減っている．なお，主因子法に基づく計算結果を表 5.13 に与えているが，最尤法の場合とほぼ同様な結果が得られている．

表 5.12 因子負荷量と共通性の推定 (2 因子モデル，最尤法—バリマックス回転)

| 変数 | 回転前 1 | 回転前 2 | 回転後 1 | 回転後 2 | 共通性 |
|---|---|---|---|---|---|
| $x_1$ (手のこう側の親指) | .501 | .578 | .145 | .751 | .585 |
| $x_2$ (手のこう側の中指) | .676 | .526 | .323 | .794 | .734 |
| $x_3$ (手のこう側の小指) | .497 | .563 | .149 | .736 | .564 |
| $x_4$ (手のひらの縦) | .753 | .245 | .530 | .588 | .626 |
| $x_5$ (手首から小指の下) | .599 | .411 | .313 | .655 | .528 |
| $x_6$ (親指を除く指の横幅) | .884 | −.275 | .903 | .203 | .857 |
| $x_7$ (手の幅) | .886 | −.282 | .909 | .198 | .865 |
| $x_8$ (手首) | .901 | −.030 | .795 | .424 | .812 |
| 負荷量平方和 | 4.26 | 1.31 | 2.80 | 2.77 | |
| 全分散の% | 53.22 | 16.42 | 35.00 | 34.63 | |
| 累積% | 53.22 | 69.63 | 35.00 | 69.63 | |

表 5.13 因子負荷量と共通性の推定 (2 因子モデル，主因子法—バリマックス回転)

| 変数 | 回転前 1 | 回転前 2 | 回転後 1 | 回転後 2 | 共通性 |
|---|---|---|---|---|---|
| $x_1$ (手のこう側の親指) | .624 | .437 | .145 | .748 | .580 |
| $x_2$ (手のこう側の中指) | .790 | .352 | .324 | .802 | .747 |
| $x_3$ (手のこう側の小指) | .620 | .436 | .143 | .744 | .575 |
| $x_4$ (手のひらの縦) | .795 | .025 | .554 | .570 | .632 |
| $x_5$ (手首から小指の下) | .690 | .211 | .350 | .631 | .520 |
| $x_6$ (親指を除く指の横幅) | .779 | −.477 | .892 | .198 | .834 |
| $x_7$ (手の幅) | .778 | −.492 | .901 | .187 | .847 |
| $x_8$ (手首) | .873 | −.265 | .812 | .417 | .833 |
| 負荷量平方和 | 4.48 | 1.09 | 2.84 | 2.73 | |
| 全分散の% | 55.99 | 13.61 | 35.53 | 34.08 | |
| 累積% | 55.99 | 69.60 | 35.53 | 69.60 | |

2 因子モデル $M_2$ をほかのモデル，1 因子モデル $M_1$，3 因子モデル $M_3$，4 因子モデル $M_4$ と比較するために，適合度検定およびモデル選択規準を求めた．な

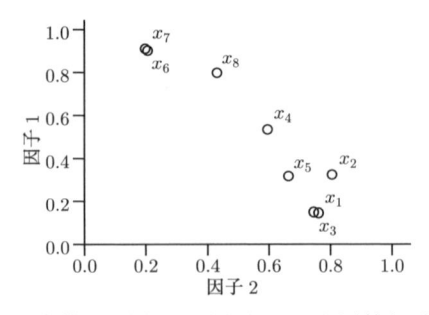

図 5.3　回転後の因子空間の因子プロット (因子抽出：最尤法)

表 5.14　白人男子の手のデータ 8 変数：適合度検定・AIC 規準

| モデル | $\chi^2$ 値 | 自由度 | 有意確率 | AIC |
|---|---|---|---|---|
| $M_1$ | 50.15 | 20 | .000 | 10.2 |
| $M_2$ | 10.72 | 13 | .635 | $-15.3$ |
| $M_3$ | 2.88 | 7 | .896 | $-11.1$ |
| $M_4$ | 0.80 | 2 | .671 | $-3.2$ |

お, 8 変数の場合, 候補のモデルとしては, 4 因子モデルまで考えておけばよい. 表 5.14 より, 2 因子モデル $M_2$ が適切であると考える.

各個体の因子得点を計算するための回帰法による因子得点係数行列を表 5.15 に与えている. 因子得点係数行列の第 1 行は $x_6, x_7, x_8$ の係数が大きい. また, 第 2 行は $x_1 \sim x_5$ の係数が大きい. これらは, 共通因子 $f_1, f_2$ の解釈を反映するものになっている.

表 5.15　因子得点係数行列 (回帰法) (2 因子モデル, 最尤法―バリマックス回転)

| 変数 | $x_1$ | $x_2$ | $x_3$ | $x_4$ | $x_5$ | $x_6$ | $x_7$ | $x_8$ |
|---|---|---|---|---|---|---|---|---|
| 因子 1 | $-0.085$ | $-0.088$ | $-0.078$ | 0.018 | $-0.033$ | 0.430 | 0.461 | 0.206 |
| 因子 2 | 0.259 | 0.388 | 0.241 | 0.155 | 0.174 | $-0.178$ | $-0.196$ | 0.084 |

## 5.5　数理的補足――因子分析

### 主成分分析と因子分析の違い

因子分析法と主成分分析法は, $p$ 変数の変動を少数個の変数で説明するということでよく似ているが, しかし, 次のようにいくつかの点で異なっている.

(1) 主成分分析では, 変数の 1 次式である $p$ 個の主成分が定義される. これらの主

成分には順序がついていて，最初のいくつかの主成分で説明することを試みる．因子分析では，少数個の共通因子で説明し，説明できない残りは独自因子と考える．共通因子は，観測不能な潜在変数である．また，各共通因子には寄与率が定義されるが，回転の自由性があり，その寄与率は回転によって変化する．共通因子の重要度は解釈のしやすさとも関係している．

(2) 主成分の数が増えた場合，最初に求められた主成分は変わらない．しかし，因子分析では，因子数が変わると，すべての因子が変化する．

(3) 主成分分析法はすでにみてきたように，共分散行列から求められる主成分において，変数を基準化したときの係数は，相関行列から求められる主成分との間には対応関係がない．この意味で，主成分は不変でない．一方，因子モデルは尺度不変である．たとえば，因子モデル (5.8) において，$k=2$ の場合は

$$x_i = \mu_i + a_{i1}f_1 + a_{i2}f_2 + d_i\varepsilon_i \quad (i=1,2,\ldots,p)$$

である．これより，基準化変数 $z_i = (x_i - \mu_i)/\sigma_i$ に対して

$$z_i = \tilde{a}_{i1}f_1 + \tilde{a}_{i2}f_2 + \tilde{d}_i\varepsilon_i \quad (i=1,2,\ldots,p)$$

となる．ここに，

$$\tilde{a}_{i1} = \frac{a_{i1}}{\sigma_i}, \quad \tilde{a}_{i2} = \frac{a_{i2}}{\sigma_i}, \quad \tilde{d}_i = \frac{d_i}{\sigma_i}$$

なお，因子モデルは不変であるが，その推定法の 1 つである主因子法は尺度不変でない．

(4) 因子分析においては，因子負荷量や因子得点などの推定に関して，さまざまな方法があるが，主成分の推定法に関してはそれほどの違いはない．

**行列，ベクトルを用いた表現**

$k$ 因子モデル (5.8) における因子負荷量，共通因子，独自因子はそれぞれ，行列，ベクトルとして

$$A = \begin{bmatrix} a_{11} & a_{12} & \cdots & a_{1k} \\ a_{21} & a_{22} & \cdots & a_{2k} \\ \vdots & \vdots & \cdots & \vdots \\ a_{p1} & a_{p2} & \cdots & a_{pk} \end{bmatrix}, \quad \boldsymbol{f} = \begin{bmatrix} f_1 \\ f_2 \\ \vdots \\ f_k \end{bmatrix}, \quad \boldsymbol{e} = \begin{bmatrix} e_1 \\ e_2 \\ \vdots \\ e_p \end{bmatrix}$$

として表され，因子負荷量行列，共通因子ベクトル，独自因子ベクトルとよばれる．また，独自因子の分散を対角要素としてもつ対角行列を $D$，すなわち

とする.

因子モデル (5.8) はベクトルと行列を用いて次のように表せる.

$$D = \mathrm{diag}(d_1^2, d_2^2, \ldots, d_p^2) = \begin{bmatrix} d_1^2 & 0 & \cdots & 0 \\ 0 & d_2^2 & \cdots & 0 \\ \vdots & \vdots & \ddots & \vdots \\ 0 & 0 & \cdots & d_p^2 \end{bmatrix}$$

$$\boldsymbol{x} = \boldsymbol{\mu} + A\boldsymbol{f} + \boldsymbol{e} \tag{5.11}$$

ここに, $\boldsymbol{\mu} = (\mu_1, \mu_2, \ldots, \mu_p)'$. さらに, 第 $j$ 番目の標本 $\boldsymbol{x}_j = (x_{1j}, x_{2j}, \ldots, x_{pj})'$ に対する因子モデルは

$$\boldsymbol{x}_j = \boldsymbol{\mu} + A\boldsymbol{f}_j + \boldsymbol{e}_j \quad (j = 1, 2, \ldots, N) \tag{5.12}$$

となる. ここに, $\boldsymbol{f}_j = (f_{1j}, f_{2j}, \ldots, f_{kj})$, $\boldsymbol{e}_j = (e_{1j}, e_{2j}, \ldots, e_{pj})'$.

因子モデル (5.8), あるいは, その行列表示である式 (5.11) を想定すると, $\boldsymbol{x}$ の共分散行列 $\Sigma$ は

$$\Sigma = AA' + D \tag{5.13}$$

のように表せる. この関係は, 共分散行列 $\Sigma$ の**共通因子分解**とよばれる. 因子分析においては, 因子負荷行列 $A$ と独自因子係数の 2 乗 $d_1^2, d_2^2, \ldots, d_p^2$ を要素にもつ対角行列 $D$ を推定することが重要となる.

### 回転

図 5.2 における回転を考える. 一般に, $(a_1, a_2)$ を $(\tilde{a}_1, \tilde{a}_2)$ に移す変換は, $2 \times 2$ の行列 $T$ を用いて

$$(\tilde{a}_1, \tilde{a}_2) = (a_1, a_2)T$$

と表せる. いまの場合は, 回転であるので

$$T = \begin{bmatrix} \cos\theta & -\sin\theta \\ \sin\theta & \cos\theta \end{bmatrix}$$

と表せ, $T'T = TT' = I_2$ を満たしている. ここに, $I_2$ は 2 次の単位行列である. 一般に, $T'T = I_p$ であると, $TT' = I_p$ を満たすが, このような行列は直交行列とよばれる.

### 2 因子モデル

$$\boldsymbol{x} = A\boldsymbol{f} + \boldsymbol{e}$$

に対して，行列 $T$ を用いた回転を考えてみよう．$TT' = I_p$ であるから

$$x = ATT'f + e$$
$$= \tilde{A}\tilde{f} + e$$

と表せる．ここで，$\tilde{A} = AT$, $\tilde{f} = T'f$, すなわち

$$\tilde{A} = \begin{bmatrix} \tilde{a}_{11} & \tilde{a}_{12} \\ \tilde{a}_{21} & \tilde{a}_{22} \\ \vdots & \vdots \\ \tilde{a}_{p1} & \tilde{a}_{p2} \end{bmatrix} = \begin{bmatrix} a_{11} & a_{12} \\ a_{21} & a_{22} \\ \vdots & \vdots \\ a_{p1} & a_{p2} \end{bmatrix} \begin{bmatrix} \cos\theta & -\sin\theta \\ \sin\theta & \cos\theta \end{bmatrix}$$

$$\tilde{f} = \begin{bmatrix} \tilde{f}_1 \\ \tilde{f}_2 \end{bmatrix} = \begin{bmatrix} \cos\theta & -\sin\theta \\ \sin\theta & \cos\theta \end{bmatrix}' \begin{bmatrix} f_1 \\ f_2 \end{bmatrix}$$

このとき，各 $\tilde{f}_i$ は平均 0, 分散 1 で，$(e_1, e_2, \ldots, e_p)$ と無相関である．したがって，回転して得られた因子負荷量行列 $\tilde{A}$ も $x$ の因子負荷量行列であることがわかる．

### 斜交モデルと斜交回転

これまで，因子モデルにおいて，共通因子 $f_1, f_2, \ldots, f_k$ は互いに無相関である場合を扱ってきた．無相関である仮定を緩め，共通因子 $f_1, f_2, \ldots, f_k$ の間に相関がある場合のモデルは斜交モデルとよばれる．各共通因子の平均は 0, 分散は 1 であるとし，$f_i$ と $f_j$ の共分散を $\phi_{ij}$ とし，共通因子ベクトル $f = (f_1, f_2, \ldots, f_k)'$ の共分散行列あるいは相関行列を $\Phi$ としよう．この場合の共通因子分解は

$$\Sigma = A\Phi A' + D$$

となる．ベクトル表示した斜交因子モデルは，直交因子モデルの場合と同様に

$$x = Af + e$$

と表せるが，直交因子モデルと異なるのは，$f$ の共分散行列が $k$ 次の単位行列 $I_k$ から一般の共分散行列 $\Phi$ になっていることである．

このような斜交因子モデルにおいて，$k \times k$ の行列 $T$ を用いて

$$x = Af + e$$
$$= (AT)(T^{-1}f) + e$$

と表せる．このとき，$\tilde{f} = T^{-1}f$ は平均 0, 共分散行列

$$\tilde{\Phi} = T^{-1}\Phi(T^{-1})' = T^{-1}\Phi(T')^{-1}$$

となる．したがって，斜交モデルにおける因子負荷量 $A$ を $\tilde{A} = AT$ と変換しても斜交モデルになるが，その場合，共通因子の共分散行列は $\tilde{\Phi} = T^{-1}\Phi(T')^{-1}$ となる．この結果を利用して，直交因子モデルの場合のように，適当な $T$ を求め，より解釈が鮮明になるような方法が提案されている．変換 $T$ を定める 1 つとして，まず，直交因子モデルによる解を求め，それから期待される理想的な因子負荷量行列 $C$ を想定し，変換 $\tilde{A} = AT$ が仮説因子負荷量行列にできるだけ近い変換 $T$ を求める方法がある．このような方法はプロマックス回転とよばれている．

### 因子負荷量と独自分散の推定

因子負荷量行列 $A$ と，独自分散を対角要素にもつ対角行列 $D$ の推定法として，最尤推定法と主因子法の考え方を説明した．ここでは，それらの推定法をより具体的に述べる．まず，共分散行列の共通因子分解 (5.10) は行列 $A, D$ を用いて

$$\Sigma = AA' + D$$

と表されて，$\Sigma_k = AA' + D$ であることに注意しよう．**最尤法**は，標本共分散行列 $S$ の確率密度関数 $f(S; \Sigma)$ において，$\Sigma$ を $\Sigma_k = AA' + D$ とし，$A$ と $D$ に関しての最大化を考えることであった．確率密度関数 $f(S; \Sigma)$ は，$S$ を固定し $\Sigma$ の関数と考えると，尤度とよばれる．$(-2)$ 倍の対数尤度は，定数項を除き

$$\ell(\Sigma; S) = n\left[\mathrm{tr}\left\{\Sigma^{-1}S\right\} - \log|\Sigma^{-1}S| - p\right] \tag{5.14}$$

と表せる．ここに，$\mathrm{tr}B$ は，正方行列 $B$ に対して，$B$ の対角要素の和である．以下では，$\ell(\Sigma_k; S)$ は，$S$ を固定し $A$ と $D$ の関数であると考える．このとき，最尤推定値 $(\hat{A}, \hat{D})$ は，関数 $\ell(AA' + D; S)$ が最小になるような $A, D$ である．なお，$A$ には回転の自由性があるため，関数 $\ell(\Sigma_k; S)$ の最小値を求めるとき，"$A'A$ は対角行列である"，などの制約を課す．また，$S$ は平均のまわりの平方和・積和行列を $(N-1)$ ではなく，全標本数 $N$ で割ったものが用いられる．最尤法は，変数 $\boldsymbol{x} = (x_1, x_2, \ldots, x_p)'$ が正規分布であるときの推定法である．最尤推定値を具体的に表すことはできなく，数値的に求められる．

関数 $\ell(\Sigma; S)$ は，$S$ と $\Sigma$ の不一致度，あるいは，距離を測る関数 $F(S, \Sigma)$ の特別なものと考えられる．特に，

$$F(S, \Sigma) = \mathrm{tr}\left\{(S - \Sigma)W^{-1}\right\}^2$$

が用いられたときの推定法は**最小 2 乗法**とよばれる．ここで，$S - \Sigma$ の要素は誤差であり，$W$ は誤差に対する重みを要素とする行列である．$W = I_p$ のとき，重みなし最

小 2 乗法とよばれ，$W = S$ のとき，**一般化最小 2 乗法**とよばれる．

主因子法による推定法の考え方を説明したが，ここでは，その計算法を具体的に述べる．簡単のため，因子数 $k$ は 2 であるとし，$\Sigma_k$ ができるだけ相関行列 $R$ に等しくなるように $A, D$ を求めるとしよう．このとき，次の計算を繰り返す．

(0) まず共通性 $h_i^2$ $(i = 1, 2, \ldots, p)$ の初期値を定める．これにより，$D$ が定まる．

(1) $R - D$ を $AA'$ で近似するときの最適な $A$ を次のように求める．$R - D$ の最大固有値 $\ell_1$ と，それに対応する長さ 1 の固有ベクトル $\boldsymbol{h}_1$，および，次に大きい固有値 $\ell_2$ と，それに対応する長さ 1 の固有ベクトル $\boldsymbol{h}_2$ を用いて $A = [\sqrt{\ell_1}\boldsymbol{h}_1, \sqrt{\ell_2}\boldsymbol{h}_2]$ とする．

(2) (1) で求めた $A$ に基づいて共通性，および，新たな $D$ と $A$ の値 $\tilde{D}, \tilde{A}$ を求める．$D$ と $\tilde{D}$ の違いと，$A$ と $\tilde{A}$ の違いがある値 (たとえば，0.0001) 以下であると，そのときの $\tilde{A}, \tilde{D}$ を推定値とする．そうでないときは，$D$ を $\tilde{D}$ として (1) の計算を行う．

共通性の初期値としては，1 としたり，当該変数の重相関係数の 2 乗などが用いられる．この計算法においては，共通性の値が 1 を超え，対応する変数の独自分散が負になることが生じる場合がある．このような場合は，ヘイウッドケースとよばれる．また，(1) での固有値が負になり，(1) における $A$ が求められない場合が生じることもある．

### 適合性検定と因子数の選択

因子数 $k$ の因子モデルが適合しているかどうかは，共分散行列 $\Sigma$ が共通因子分解 (5.13) を満たすかどうかで調べるとよい．ところで，$k$ が大きくなると，共通因子分解を満たす $A$ と $D$ が無数にあることになり，このような場合はモデルとして適切でない．そこで，$\Sigma$ の独立変数の数について，"制約がないときの数" から "共通因子分解をもつときの数" を引いた数 $q$ を調べてみよう．$A$ の独立な要素の数は $pk - k(k-1)/2$ であるので

$$q = \frac{1}{2}p(p+1) - \left\{pk - \frac{1}{2}k(k-1) + p\right\}$$
$$= \frac{1}{2}\left\{(p-k)^2 - (p+k)\right\}$$

となる．因子モデルとして，$q \geq 0$ となる $k$ に注目すればよいことになる．これを $k$ について解くと

$$k \leq \frac{1}{2}\left\{2p + 1 - \sqrt{8p+1}\right\}$$

となる．

$k$ 因子モデルの適合性をみるため，$\Sigma$ が無制約であるもとで，仮説: $\Sigma = AA' + D$

を対立仮説: $\Sigma \neq AA' + D$ に対して検定する. 尤度比に基づく検定は, 統計量

$$\chi^2 \equiv \ell(\hat{\Sigma}_k, S)$$

が, 仮説のもとで漸近的に自由度 $q$ のカイ2乗分布に従うことを利用して検定する. ここに, $\hat{\Sigma}_k$ は, $\Sigma = AA' + D$ のもとでの $\Sigma$ の推定値である.

予測的な意味でのモデルのよさに基づく AIC 規準を考える. $k$ 因子モデルの AIC 規準を $\mathrm{AIC}_k$ とし, $\Sigma$ に何も制約を課さないモデルを $M_p$ とし, その AIC を $\mathrm{AIC}_p$ とする. モデル $M_k$ のもとで, $\Sigma$ の最尤推定値を $\Sigma_k$ とすると

$$\mathrm{AIC}_k - \mathrm{AIC}_p = \ell(\hat{\Sigma}_k, S) - 2q \tag{5.15}$$

となる. この章では, $\mathrm{AIC}_k - \mathrm{AIC}_p$ を単に $\mathrm{AIC}_k$ と表すことにする. $\mathrm{AIC}_k$ の値が小さいモデルがよいモデルである.

### 因子得点の推定法

$k$ 因子モデルにおいて, 変数 $\boldsymbol{x}$ の平均は $0$ であるとしよう. このとき

$$\boldsymbol{x} = A\boldsymbol{f} + D^{1/2}\boldsymbol{\varepsilon}$$

と表せる. ここに, $D^{1/2} = \mathrm{diag}(d_1, d_2, \ldots, d_p)$ で, $\boldsymbol{\varepsilon} = (\varepsilon_1, \varepsilon_2, \ldots, \varepsilon_p)$. 因子負荷量行列 $A$ と独自因子の分散を対角要素にもつ対角行列 $D$ が既知として, $\boldsymbol{f}$ を $B\boldsymbol{x}$ で予測することを考える. $\boldsymbol{x}$ の共分散行列が $\Sigma = AA' + D$, $\boldsymbol{f}$ と $\boldsymbol{x}$ の共分散行列が $A'$ であることから, 最適な $\boldsymbol{f}$ は

$$\boldsymbol{f}_R = A'(AA' + D)^{-1}\boldsymbol{x}$$

であることが知られている. 実際の推定値は, $A$ と $D$ を推定値でおきかえて得られる推定値 $\hat{\boldsymbol{f}}_R$ が用いられ, このような推定は回帰推定とよばれる.

$\boldsymbol{f}$ を与えたとき, $\boldsymbol{f}_R$ は $\boldsymbol{f}$ の推定として不偏でない. 不偏性を満たすなかで, 誤差の2乗を最小にする推定は

$$\boldsymbol{f}_B = (A'D^{-1}A)^{-1}A'D^{-1}\boldsymbol{x}$$

であることがわかる. 実際の推定値は, 回帰法の場合と同様に $A$ と $D$ を推定値でおきかえて得られる推定値 $\hat{\boldsymbol{f}}_B$ が用いられ, このような推定はバートレット推定とよばれる.

推定量の構成法から, 回帰推定は偏りがあるが誤差は小さく, バートレット推定は偏りがないが誤差は大きい, という傾向がある.

## 因子分析における問題点

因子分析モデルは，多変量の変動を少数個の潜在変数によって説明しようとする魅力的な手法であるが，そのモデルや推測に関して次のような問題点が指摘されている．

(1) 与えられた共分散行列 $\Sigma$ に対して，共分散分解 $\Sigma = AA' + D$ をもつ因子負荷行列 $A$ と独自因子の分散を対角要素にもつ対角行列 $D$ が一意的に存在するかどうかわからない場合がある．

(2) 因子モデルを満たす共通因子は一意的には定まらず，不確定性がある．

(3) 因子負荷量の推定値はある種の非線形連立方程式の解として与えられる．それを数値的に求めるには反復計算を行う必要があるが，解けない場合もある．

# 第6章 正準相関分析

## 6.1 正準相関とは

相関係数は2つの変数 $x$ と $y$ との直線的な関連の強さを計る尺度であって、対 $(x, y)$ で観測されるデータから求められた。ここでは、2組の変数間の関連性について考える。いま、1組の変数は $p$ 個あって、それらを $\boldsymbol{x} = (x_1, x_2, \ldots, x_p)'$ とし、ほかの組の変数は $q$ 個あって、それらを $\boldsymbol{y} = (y_1, y_2, \ldots, y_q)'$ とする。正準相関分析は、$x_1, \ldots, x_p$ の1次式と $y_1, \ldots, y_q$ の1次式の相関の最大化を考えることにより、両者の関連性を考察する方法である。

小学生の読書と計算の能力に関する変数;

$$\boldsymbol{x} = (x_1, x_2)', \quad x_1 = 読むスピード, \quad x_2 = 読解力$$
$$\boldsymbol{y} = (y_1, y_2)', \quad y_1 = 計算スピード, \quad y_2 = 計算力$$

が、140人の生徒に対して観測されている (Kendall, 1975)。それらの相関係数は次のように与えられている。$x_1$ と $x_2$ の相関係数は 0.6328、$y_1$ と $y_2$ の相関係数は 0.4248、$\boldsymbol{x}$ と $\boldsymbol{y}$ の相関部分は

|       | $x_1$   | $x_2$  |
|-------|---------|--------|
| $y_1$ | .2412   | .0586  |
| $y_2$ | $-.0553$ | .0655  |

である。いまの場合、$\boldsymbol{x}$ と $\boldsymbol{y}$ の相関部分はすべて小さいが、各組の1次式

$$u = a_1 x_1 + a_2 x_2, \quad v = b_1 y_1 + b_2 y_2$$

を考えて, $u$ と $v$ との相関が最大になる係数とそのときの相関係数を求めてみよう. ここで, 各変数の標準偏差は 1 になるように標準化されているとする. このとき, 相関係数が最大になる 1 次式は

$$u_1 = 1.257x_1 - 1.025x_2, \quad v_1 = 1.104y_1 - 0.435y_2$$

で与えられ, $u_1$ と $v_1$ の相関係数は $r_1 = 0.395$ となる. $u_1$ は読書のスピードと力との差を表し, $v_1$ は計算のスピードと力との差を表していると考えられる. $u_1$ と $v_1$ の間にはある程度の相関があることが指摘される. 次に, $(u_1, v_1)$ 以外に関連性が高いものがあるかを調べるため, $u$ は $u_1$ とは無相関で, $v$ は $v_1$ とは無相関であるとして, 相関が最大になる 1 次式を求めてみよう. このような 1 次式の組は

$$u_2 = 0.297x_1 + 0.785x_2, \quad v_2 = -0.018y_1 + 1.008y_2$$

で与えられ, それらの相関係数は $r_2 = 0.069$ となる. この相関係数はほぼ 0 に等しく, いまの場合, 両組の 1 次式 $u_2, v_2$ は関連性を示す変数としては意味のないものである. ここで求めた $r_1$ は**第 1 正準相関係数**, $(u_1, v_1)$ は**第 1 正準相関変数**とよばれる. 同様に, $r_2$ は**第 2 正準相関係数**, $(u_2, v_2)$ は**第 2 正準相関変数**とよばれる.

一般に, $p$ 個の変数 $\boldsymbol{x} = (x_1, x_2, \ldots, x_p)$ と $q$ 個の変数 $\boldsymbol{y} = (y_1, y_2, \ldots, y_q)'$ の間の相関関係は, $p \times q$ 個の相関係数を調べることによってある程度推察できるかも知れない. しかし, $p = 5, q = 5$ であれば, 変数 $\boldsymbol{x}$ と $\boldsymbol{y}$ との相関係数は 25 個になる. この個数が多いときは, 多くの相関係数の値をみながら, 相関関係を観察することは容易ではない. また, 個々の相関が小さくても, 変数の 1 次式を考えることによって, 両者の間に高い関連性が見出せる場合がある. そこで, 先の例でみたように, 各組の 1 次式を考えて, これらの相関が最大になる 1 次式の組を逐次求めてみよう. まず, 各組の 1 次式

$$u = a_1 x_1 + a_2 x_2 + \cdots + a_p x_p$$
$$v = b_1 y_1 + b_2 y_2 + \cdots + b_q y_q$$

を考えて, それらの相関の最大値とそのときの 1 次式を求める. $u$ と $v$ との相関係数は

$$r(\boldsymbol{a},\boldsymbol{b}) = \frac{(u \text{ と } v \text{ の共分散})}{(u \text{ の分散})^{1/2}(v \text{ の分散})^{1/2}}$$

であり，これを最大にする値 $r$ とそのときの係数 $\boldsymbol{a} = (a_1, a_2, \ldots, q_p)$ と $\boldsymbol{b} = (b_1, b_2, \ldots, b_q)$ を求めることになる．

相関係数 $r(\boldsymbol{a},\boldsymbol{b})$ の最大値を求める問題は，ある種の行列の固有値問題に帰着され，$m = \min(p,q)$ 個の固有値 $r_1^2, r_2^2, \ldots, r_m^2$ $(1 \geq r_1^2 \geq r_2^2 \geq \cdots \geq r_m^2 \geq 0)$ が求められる．詳しくは，この章の数理的補足を参照されたい．このとき，最大な相関係数は固有値 $r_1^2$ の正の平方根 $r_1$ として求まる．$r_1^2$ に対応する固有ベクトル $\boldsymbol{a}_1, \boldsymbol{b}_1$ を求め，それらを係数にもつ 1 次式 $u_1, v_1$ の相関係数が $r_1$ となる．このとき，$r_1$ を第 1 正準相関係数といい，$(u_1, v_1)$ を第 1 正準相関変数という．なお，正準相関変数の分散は 1 になるように標準化される．次に，第 1 正準相関以外で相関が高い 1 次式の組を求める．具体的には，各組の 1 次式 $u, v$ で，$u$ は $u_1$ と無相関であり，$v$ は $v_1$ と無相関であるという条件のもとで，相関係数 $r(\boldsymbol{a},\boldsymbol{b})$ が最大になるものを求める．この問題は第 1 正準相関のときの固有値問題に帰着され，いまの場合最大正準相関は第 2 固有値 $r_2^2$ の正の平方根 $r_2$ として，第 2 正準相関係数が求まる．また，係数ベクトルは $r_2^2$ に対応する固有ベクトル $\boldsymbol{a}_2, \boldsymbol{b}_2$ として与えられ，それらを係数にもつ 1 次式で相関係数が $r_2$ になる第 2 正準相関変数 $(u_2, v_2)$ が決まる．第 3 正準相関係数および第 3 正準相関変数は，$u_1, u_2$ に無相関な 1 次式 $u$ と，$v_1, v_2$ に無相関な 1 次式 $v$ のなかで最大な相関係数をもつものとして求められる．これらは，第 3 固有値 $r_3^2$ および対応する固有ベクトルから求められる．以下同様にして，第 $m$ 正準相関係数 $r_m$ と第 $m$ 正準相関変数 $(u_m, v_m)$ が定まる．

たとえば，図 6.1 におけるように $p=3$, $q=2$ であると，2 つの正準相関変数 $(u_1, v_1), (u_2, v_2)$ とそれらの相関係数 $\rho_1, \rho_2$ が求まる．このとき，それら以外の $u_1, u_2$ と $v_1, v_2$ の相関は 0 である．また，$u_1, u_2$ の間の相関も 0 で，$v_1, v_2$ 間の相関も 0 になっている．さらに，変数 $x_1, x_2, x_3$ の 1 次式については $u_3$ が求まる．$u_3$ はほかの $u_i$ $(i=1,2)$，および，すべての $v_j$ $(j=1,2)$ とも無相関である．

主成分分析の場合，変数を標準化すると主成分は異なることをみてきた．しかし，正準相関係数および正準相関変数は変数の標準化に関して不変である．一般には，共分散行列から定義されるが，変数が標準化されていれば共分散行列のかわりに相関行列を用いて定義される．

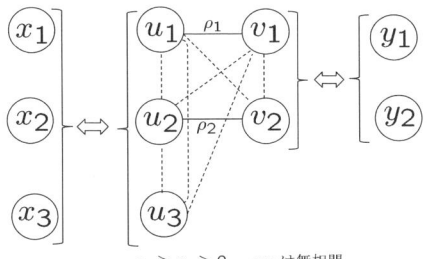

**図 6.1** 正準相関変数と正準相関係数

正準相関分析についてのより詳しい解説については, 塩谷 (1990), 柳井 (1994), 藤越・杉山 (2012) などを参照されたい.

## 6.2 正準相関——成績のデータ

高校での 5 教科の成績とセンター試験の得点の関連性を調べてみよう. 高校の 5 教科の成績を英語 $x_1$, 国語 $x_2$, 数学 $x_3$, 理科 $x_4$, 社会 $x_5$ とし, 対応するセンター試験の得点を英語 $y_1$, 国語 $y_2$, 数学 $y_3$, 理科 $y_4$, 社会 $y_5$ とする. 某高校の受験生 147 人の相関行列は以下のようであった.

|       | $x_1$ | $x_2$ | $x_3$ | $x_4$ | $x_5$ | $y_1$ | $y_2$ | $y_3$ | $y_4$ | $y_5$ |
|-------|-------|-------|-------|-------|-------|-------|-------|-------|-------|-------|
| $x_1$ | 1     |       |       |       |       |       |       |       |       |       |
| $x_2$ | .667  | 1     |       |       |       |       |       |       |       |       |
| $x_3$ | .474  | .216  | 1     |       |       |       |       |       |       |       |
| $x_4$ | .353  | .316  | .612  | 1     |       |       |       |       |       |       |
| $x_5$ | .509  | .639  | .229  | .419  | 1     |       |       |       |       |       |
| $y_1$ | .537  | .381  | .152  | .083  | .290  | 1     |       |       |       |       |
| $y_2$ | .169  | .417  | −.124 | −.017 | .367  | .256  | 1     |       |       |       |
| $y_3$ | .101  | −.043 | .571  | .395  | −.007 | .030  | −.200 | 1     |       |       |
| $y_4$ | .083  | .015  | .437  | .496  | .106  | .103  | −.083 | .474  | 1     |       |
| $y_5$ | .347  | .427  | .096  | .205  | .480  | .409  | .337  | .007  | .271  | 1     |

これより正準相関変数, 正準相関係数が求められる. 正準相関変数は, 各変数は標準化されているものとしての表示である. 第 1 正準相関変数は

$$u_1 = 0.38x_1 + 0.31x_2 - 0.67x_3 - 0.43x_4 + 0.32x_5$$
$$v_1 = 0.26y_1 + 0.26y_2 - 0.48y_3 - 0.47y_4 + 0.31y_5$$

となり，$u_1$ と $v_1$ の相関係数 (正準相関係数) は 0.718 であった．$u_1$ は英語と，文系科目と理系科目の差に関する変数で，$v_1$ も英語と，文系科目と理系科目の差に関する変数と考えられる．この相関は，総合得点を表す変数間の相関よりも高くなっている．

第 2 正準変数は

$$u_2 = 0.39x_1 + 0.16x_2 + 0.38x_3 + 0.11x_4 + 0.27x_5$$
$$v_2 = 0.50y_1 + 0.17y_2 + 0.47y_3 + 0.14y_4 + 0.39y_5$$

となり，$u_2$ と $v_2$ の相関係数 (正準相関係数) は 0.571 であった．$u_2$ と $v_2$ はともに，係数はすべて正で，かつ，よく似た係数をもっている．

第 3 正準変数は

$$u_3 = 1.21x_1 - 0.59x_2 - 0.01x_3 - 0.32x_4 - 0.56x_5$$
$$v_3 = 0.86y_1 - 0.62y_2 + 0.05y_3 - 0.33y_4 - 0.42y_5$$

となり，$u_3$ と $v_3$ の相関係数 (正準相関係数) は 0.464 であった．$u_3$ と $v_3$ はともに英語の係数が大きく，かつ，よく似た係数をもっている．

ところで，受験生 147 人には文系志望と理系志望がいる．そこで，理系志望の 82 人について正準相関分析を行った．相関行列は以下のようであった．

|  | $x_1$ | $x_2$ | $x_3$ | $x_4$ | $x_5$ | $y_1$ | $y_2$ | $y_3$ | $y_4$ | $y_5$ |
|---|---|---|---|---|---|---|---|---|---|---|
| $x_1$ | 1 | | | | | | | | | |
| $x_2$ | .703 | 1 | | | | | | | | |
| $x_3$ | .503 | .219 | 1 | | | | | | | |
| $x_4$ | .419 | .304 | .579 | 1 | | | | | | |
| $x_5$ | .486 | .702 | .138 | .437 | 1 | | | | | |
| $y_1$ | .606 | .380 | .392 | .198 | .241 | 1 | | | | |
| $y_2$ | .087 | .390 | −.192 | .022 | .489 | −.019 | 1 | | | |
| $y_3$ | .232 | .013 | .656 | .454 | .050 | .266 | −.249 | 1 | | |
| $y_4$ | .137 | −.050 | .410 | .394 | −.082 | .182 | −.353 | .448 | 1 | |
| $y_5$ | .368 | .491 | .002 | .174 | .593 | .340 | .383 | −.041 | .198 | 1 |

これより正準相関係数，正準相関変数が求められるが，全受験生の場合と同様，

標準化した変数をもとの変数と同じ記号を用いて表すことにする．このとき第1正準相関変数として

$$u_1 = -0.03x_1 - 0.23x_2 + 0.59x_3 + 0.35x_4 - 0.66x_5$$
$$v_1 = 0.08y_1 - 0.19y_2 + 0.35y_3 + 0.46y_4 - 0.62y_5$$

を得る．$u_1$ と $v_1$ の相関係数 (第1正準相関係数) は 0.767 である．$u_1$ と $v_1$ の係数はほぼ等しく，英語は相関に影響していないことがわかる．

第2正準変数は

$$u_2 = -0.44x_1 + 0.05x_2 - 0.52x_3 + 0.10x_4 - 0.48x_5$$
$$v_2 = -0.53y_1 - 0.21y_2 - 0.56y_3 + 0.06y_4 - 0.36y_5$$

である．$u_2$ と $v_2$ の相関係数 (第2正準相関係数) は 0.693 である．$u_2$ と $v_2$ の係数をみると，国語を除きほぼ同じになっている．高校成績の国語は無視できるが，センター試験の国語の係数は小さいが無視することはできない．

第3正準変数は

$$u_3 = -1.22x_1 + 0.21x_2 + 0.31x_3 + 0.50x_4 + 0.56x_5$$
$$v_3 = -0.86y_1 + 0.52y_2 + 0.61y_3 + 0.22y_4 + 0.22y_5$$

である．$u_3$ と $v_3$ の相関係数 (第3正準相関係数) は 0.513 である．$u_3$ と $v_3$ はいずれも，英語とそれ以外の科目との差になっている．

第4正準相関係数と第5正準相関係数は 0.236, 0.122 であり，これらの正準相関は無視できるであろう．文系志望の成績においては，高校成績についての正準相関変数と，対応するセンター試験の得点の正準相関変数が比較的よく似ていることが指摘される．

## 6.3 寄与率と次元

$p$ 個の変数 $\boldsymbol{x} = (x_1, x_2, \ldots, x_p)'$ と $q$ 個の変数 $\boldsymbol{y} = (y_1, y_2, \ldots, y_q)'$ の間の関連性の度合いは，正準相関係数あるいは正準相関係数の2乗 $r_1^2, \ldots, r_m^2$ に集約されると考えられる．ここに，$m = \min(p, q)$．これらの情報を1次元に表したものとして，$r_1^2 + r_2^2 + \cdots + r_m^2$ が用いられる．したがって，第 $i$ 正準相関の

寄与率として

$$\frac{r_i^2}{r_1^2 + r_2^2 + \cdots + r_m^2}$$

が用いられる．また，第 $i$ 正準相関までの**累積寄与率**として

$$\frac{r_1^2 + \cdots + r_i^2}{r_1^2 + r_2^2 + \cdots + r_m^2}$$

が用いられる．

小学生の読書・計算能力データの寄与率および累積寄与率を表 6.1 に与えている．この場合，第 1 正準相関の寄与率は 0.97 と高く，第 2 正準相関は無視できる．理系志望者の成績データの寄与率および累積寄与率を表 6.2 に与えている．

表 6.1 小学生の読書・計算能力データの寄与率

|  | $r_1$ | $r_2$ |
|---|---|---|
| 正準相関係数 | .395 | .069 |
| 寄与率 | .970 | .030 |
| 累積寄与率 | .970 | 1.000 |

表 6.2 理系志望者の成績データの寄与率

|  | $r_1$ | $r_2$ | $r_3$ | $r_4$ | $r_5$ |
|---|---|---|---|---|---|
| 正準相関係数 | .767 | .693 | .513 | .236 | .122 |
| 寄与率 | .419 | .343 | .188 | .040 | .011 |
| 累積寄与率 | .419 | .762 | .950 | .989 | 1.000 |

$p$ 個の変数 $\boldsymbol{x} = (x_1, x_2, \ldots, x_p)'$ と $q$ 個の変数 $\boldsymbol{y} = (y_1, y_2, \ldots, y_q)'$ との正準相関分析において，正準相関係数の値が小さいと，対応する正準相関変数は意味のないものである．そこで意味のある正準相関変数に関心があるが，正準相関変数は相関が高い順に番号がつけられているので，最初から何個までの正準相関変数が意味のあるものかが問題となる．観測値から求められる正準相関係数は**標本正準相関係数**とよばれ，標本相関行列に関するある種の行列の固有値の平方根として求められる．これに対して，標本相関行列のかわりに，母集団相関行列を用い定義される $r_i$ は**母集団正準相関係数**とよばれ，これを $\rho_i$ と書くことにする．このとき，$1 \geq \rho_1 \geq \cdots \geq \rho_m \geq 0$ である．そこで，0 でない母集団正準相関係数の個数は，正準相関分析の**次元**とよばれ，これを推定することが重要となる．推定する方法として，次元が $k$ であるというモデル

$$M_k : 0 \text{ でない母集団正準相関係数の個数が } k \text{ である} \tag{6.1}$$

を考える．このとき，考えられるモデルは，$M_0, M_1, \ldots, M_m$ の $(m+1)$ 個ある．ここに，$m = \min(p, q)$．このような候補のモデルに対して，モデル選択規準を

適用し，モデル $M_k$ が選ばれると次元は $k$ であると推定する．モデル $M_k$ に対する AIC 規準を $\text{AIC}_k$ と表すと

$$\begin{aligned}
\text{A}_k &= \text{AIC}_k - \text{AIC}_m, \quad k = 0, 1, \ldots, m \\
&= -n \left\{ \log(1 - r_{k+1}^2) + \log(1 - r_{k+2}^2) + \cdots + \log(1 - r_m^2) \right\} \\
&\quad - 2(p-k)(q-k)
\end{aligned} \tag{6.2}$$

となることが知られている．式 (6.2) の右辺の第 1 項は，次元が $k$ であるという仮説の検定に用いられる統計量で，仮説のもとでの漸近分布は自由度 $(p-k)(q-k)$ のカイ 2 乗分布に従う (たとえば，Anderson (2003), Fujikoshi et al. (2010) を参照されたい)．規準量 $\text{A}_k$ を用いて，$\text{A}_k$ の値が最小なモデルを選ぶことになる．なお，$\text{A}_k$ は，モデル $M_k$ と最大なモデル $M_m$ との比較を示しており，値が負であれば $M_k$ の方が適切で，正であれば $M_m$ の方が適切であることを示している．

小学生の読書能力と計算能力の相関関係の次元を AIC 規準を用いて推定すると，表 6.3 から次元は 1 であると推定される．次に，理系志望者の高校成績とセンター試験成績の相関関係の次元を 6.2 節におけるデータに基づいて推定してみよう．表 6.4 に AIC 規準に基づく $\text{A}_k$ ($k = 0, 1, 2, \ldots, 5$) の値が与えられている．この結果から次元は 3 であると推定される．

表 **6.3** 小学生の読書・計算能力データの次元の推定

| $k$ | 0 | 1 | 2 |
|---|---|---|---|
| $\text{A}_k$ | 16.18 | $-1.34$ | 0.00 |

表 **6.4** 理系志望者の成績データの推定

| $k$ | 0 | 1 | 2 | 3 | 4 | 5 |
|---|---|---|---|---|---|---|
| $\text{A}_k$ | 105.41 | 51.62 | 12.57 | $-2.17$ | $-0.79$ | 0.00 |

## 6.4　正準相関分析——歯の咬耗度データ

歯の咬耗度に関して上顎の左の歯と右の歯についての相関関係をみるため，正準相関分析を適用した．「歯の咬耗度データ」において，これまで，歯の並び順に変数を定めたが，ここでは左右の対称性を理解しやすくするため

$$\boldsymbol{x} = (x_1, x_2, \ldots, x_7)' \equiv (x_7, x_6, \ldots, x_1)',$$
$$\boldsymbol{y} = (y_1, y_2, \ldots, y_7)' \equiv (x_8, x_9, \ldots, x_{14})'$$

と定める. つまり $(x_1, x_2, x_3, x_4, x_5, x_6, x_7)$ のそれぞれの変数には (第 2 大臼歯, 第 1 大臼歯, 第 2 小臼歯, 第 1 小臼歯, 犬歯, 側切歯, 中切歯) が対応している. $(y_1, y_2, y_3, y_4, y_5, y_6, y_7)$ についても同じである. $(\boldsymbol{x}', \boldsymbol{y}')'$ の相関行列を

$$\begin{bmatrix} R_{11} & R_{12} \\ R_{21} & R_{22} \end{bmatrix} = \begin{bmatrix} 1 & r_{x_1 x_2} & \cdots & r_{x_1 x_7} & r_{x_1 y_1} & r_{x_1 y_2} & \cdots & r_{x_1 y_7} \\ r_{x_2 x_1} & 1 & & r_{x_2 x_7} & r_{x_2 y_1} & r_{x_2 y_2} & \cdots & r_{x_2 y_7} \\ \vdots & & \ddots & & \vdots & \vdots & \ddots & \vdots \\ r_{x_7 x_1} & r_{x_7 x_2} & & 1 & r_{x_7 y_1} & r_{x_7 y_2} & & r_{x_7 y_7} \\ r_{y_1 x_1} & r_{y_1 x_2} & \cdots & r_{y_1 x_7} & 1 & r_{y_1 y_2} & & r_{y_1 y_7} \\ r_{y_2 x_1} & r_{y_2 x_2} & \cdots & r_{y_2 x_7} & r_{y_2 y_1} & 1 & & r_{y_2 y_7} \\ \vdots & \vdots & \ddots & \vdots & \vdots & & \ddots & \\ r_{y_7 x_1} & r_{y_7 x_2} & \cdots & r_{y_7 x_7} & r_{y_7 y_1} & r_{y_7 y_2} & & 1 \end{bmatrix}$$

と分割する. ここに, $R_{11}$ は $\boldsymbol{x}$ の相関行列, $R_{22}$ は $\boldsymbol{y}$ の相関行列, $R_{21} = R'_{12}$ は $\boldsymbol{x}$ と $\boldsymbol{y}$ の相関行列である.

$$R_{11} = \begin{bmatrix} 1 & .627 & .355 & .298 & .384 & .379 & .284 \\ .627 & 1 & .330 & .394 & .427 & .409 & .273 \\ .355 & .330 & 1 & .385 & .214 & .313 & .184 \\ .298 & .394 & .385 & 1 & .599 & .421 & .333 \\ .384 & .427 & .214 & .599 & 1 & .484 & .442 \\ .379 & .409 & .313 & .421 & .484 & 1 & .584 \\ .284 & .273 & .184 & .333 & .442 & .584 & 1 \end{bmatrix}$$

$$R_{21} = \begin{bmatrix} .737 & .475 & .318 & .297 & .283 & .360 & .253 \\ .529 & .697 & .251 & .349 & .454 & .473 & .313 \\ .457 & .485 & .649 & .407 & .352 & .369 & .289 \\ .335 & .374 & .276 & .495 & .477 & .419 & .419 \\ .371 & .476 & .212 & .488 & .614 & .374 & .424 \\ .126 & .282 & .114 & .379 & .262 & .352 & .374 \\ .334 & .349 & .246 & .400 & .454 & .326 & .479 \end{bmatrix}$$

## 6.4 正準相関分析——歯の咬耗度データ

$$R_{22} = \begin{bmatrix} 1 & .526 & .298 & .182 & .252 & .085 & .287 \\ .526 & 1 & .443 & .279 & .416 & .166 & .387 \\ .298 & .443 & 1 & .476 & .343 & .100 & .309 \\ .182 & .279 & .476 & 1 & .536 & .199 & .350 \\ .252 & .416 & .343 & .536 & 1 & .392 & .484 \\ .085 & .166 & .100 & .199 & .392 & 1 & .335 \\ .287 & .387 & .309 & .350 & .484 & .335 & 1 \end{bmatrix}$$

$x$ と $y$ の正準相関係数と寄与率・累積寄与率は表 6.5 のようになる.正準相関係数 $r_6$, $r_7$ の値が 0 に近いことから,有用な正準相関は $r_5$ までであると考えられる.実際,次元を推定してみると,表 6.6 から,次元は 5 であると推定される.

表 6.5 正準相関・寄与率

|  | $r_1$ | $r_2$ | $r_3$ | $r_4$ | $r_5$ | $r_6$ | $r_7$ |
|---|---|---|---|---|---|---|---|
| 正準相関係数 | .893 | .642 | .512 | .463 | .373 | .151 | .047 |
| 寄与率 | .431 | .223 | .142 | .116 | .075 | .012 | .001 |
| 累積寄与率 | .431 | .654 | .795 | .911 | .986 | .999 | 1.000 |

表 6.6 歯の咬耗度データの次元推定

| $k$ | 0 | 1 | 2 | 3 | 4 | 5 | 6 | 7 |
|---|---|---|---|---|---|---|---|---|
| $A_k$ | 226.28 | 70.49 | 32.03 | 15.44 | 1.96 | $-5.12$ | $-1.75$ | 0.00 |

第 1 から第 5 までの正準相関変数の係数ベクトルは次のようになる.

表 6.7 正準相関係数ベクトル

|  | $a_1$ | $a_2$ | $a_3$ | $a_4$ | $a_5$ |  | $b_1$ | $b_2$ | $b_3$ | $b_4$ | $b_5$ |
|---|---|---|---|---|---|---|---|---|---|---|---|
| $x_1$ | .365 | $-.860$ | $-.716$ | $-.622$ | .134 | $y_1$ | .390 | $-.784$ | $-.564$ | $-.499$ | .120 |
| $x_2$ | .299 | .622 | $-.130$ | .941 | .004 | $y_2$ | .230 | .690 | $-.558$ | .842 | .045 |
| $x_3$ | .171 | $-.567$ | .849 | .411 | .195 | $y_3$ | .302 | $-.622$ | .828 | .553 | $-.053$ |
| $x_4$ | .196 | .094 | .124 | $-.513$ | $-.661$ | $y_4$ | .189 | .266 | $-.078$ | $-.407$ | .490 |
| $x_5$ | .112 | .405 | .189 | $-.087$ | 1.173 | $y_5$ | .157 | .292 | .044 | $-.188$ | $-.979$ |
| $x_6$ | .101 | .108 | $-.364$ | .359 | $-.702$ | $y_6$ | .169 | .227 | .115 | .022 | .913 |
| $x_7$ | .178 | .197 | .411 | $-.572$ | $-.177$ | $y_7$ | .085 | .061 | .359 | $-.516$ | .168 |

係数ベクトル $a_i$ と $b_i$,特に $i = 1, 2, 4$ の場合,それらはそれぞれよく似た係数ベクトルであり,左右の対称性が指摘される.

## 6.5 正準相関の安定性

$p$ 個の変数 $\boldsymbol{x} = (x_1, x_2, \ldots, x_p)'$ と $q$ 個の変数 $\boldsymbol{y} = (y_1, y_2, \ldots, y_q)'$ との相関性の強さは観測値から求められる正準相関係数によって測られる. $p \geq q$ とすると, $q$ 個の正準相関係数 $r_1, r_2, \ldots, r_q$ $(1 > r_1 > r_2 > \cdots > r_q > 0)$ が求められるが, これらはデータが抽出された集団の母集団正準相関係数 $\rho_1, \rho_2, \ldots, \rho_q$ $(1 \geq \rho_1 \geq \rho_2 \geq \cdots \geq \rho_q \geq 0)$ の推定値と考えられる. 母集団の第 $i$ 正準相関係数 $\rho_i$ の推定値 $r_i$ は, 相関係数の場合と同様, 標本抽出のたびにいろいろな値を示す. 抽出する標本数が大きければ大きいほど, 推定値 $r_i$ は真の値 $\rho_i$ に近いことが期待される.

$(p+q)$ 個の変数 $(\boldsymbol{x}'\,\boldsymbol{y}')$ が $(p+q)$ 次元正規分布をするとき, 第 $i$ 正準相関係数 $r_i$ の分布の近似として, フィッシャーの $z$ 変換統計量の正規近似が知られている. これは, 統計量

$$z_i = \frac{1}{2}\log\frac{1+r_i}{1-r_i} - \frac{1}{2}\log\frac{1+\rho_i}{1-\rho_i}$$

の分布が平均 0, 分散 $1/n$ の正規分布で近似できるという公式である. この近似公式においては, $\rho_i$ が単根である, すなわち, $\rho_i \neq \rho_{i-1}, \rho_{i+1}$ であることが必要である. この公式は, $n$ が大きくて, $p, q$ が小さければよい近似である. しかし, $p$ が大きくなるにつれて近似が悪くなる. $p$ が大きくても利用できる近似公式として, 統計量

$$\tilde{z}_i = \frac{1}{2}\log\frac{1+\sqrt{r_i^2 - c(1-r_i^2)/(2-c)}}{1-\sqrt{r_i^2 - c(1-r_i^2)/(2-c)}} - \frac{1}{2}\log\frac{1+\sqrt{\tilde{\rho}_i^2 - c(1-\tilde{\rho}_i^2)/(2-c)}}{1-\sqrt{\tilde{\rho}_i^2 - c(1-\tilde{\rho}_i^2)/(2-c)}}$$

の分布が平均 0, 分散 $1/n$ の正規分布で近似できることが知られている (Fujikoshi and Sakurai, 2009). ここで, $c = p/n$, $\tilde{\rho}_i = \{\rho_i^2 + c(1-\rho_i^2)\}^{1/2}$ である. この公式を用いるとき, $r_i^2 - c(1-r_i^2)/(2-c)$ の値が負であれば, その値を 0 として公式を用いる.

$z_i$ の正規近似と, $\tilde{z}_i$ の正規近似を比較してみよう. $z_i$ の正規近似を用いたときの $\rho_i$ の信頼区間の構成法を $L$ 法, $\tilde{z}_i$ の正規近似を用いたときの $\rho_i$ の信頼区間の構成法を $H$ 法とよぶことにする. 信頼係数を 95% として作成した 2 つの信頼区間が, 実際どの程度 $\rho_i$ を含んでいるかを, シミュレーションにより調べ

てみた．実験では，$q=3$, $\rho_1=0.9$, $\rho_2=0.5$, $\rho_3=0.3$ とした．また，$n=50$ のとき，$p=3, 7, 17, 27$, $n=100$ のとき，$p=3, 7, 17, 37, 57$ の場合の結果を示している．$L$ 法と $H$ 法のそれぞれで求めた 95%信頼区間に，実際は何%の正準相関係数値が入るかをシミュレーションによって示した．表 6.8 は 0.95 に近いのがよいとされる．

表 6.8 シミュレーションによる $L$ 法と $H$ 法の比較

| $n$ | $p$ | $\rho_1=0.9$ $L$ 法 | $\rho_1=0.9$ $H$ 法 | $\rho_2=0.5$ $L$ 法 | $\rho_2=0.5$ $H$ 法 | $\rho_3=0.3$ $L$ 法 | $\rho_3=0.3$ $H$ 法 |
|---|---|---|---|---|---|---|---|
| 50 | 3 | .917 | .939 | .933 | .956* | .970 | .915* |
|  | 7 | .852 | .935 | .813 | .958* | .937 | .839* |
|  | 17 | .495 | .925 | .173 | .947 | .252 | .890* |
|  | 27 | .095 | .902 | .001 | .917 | .003 | .929* |
| 100 | 3 | .935 | .945 | .946 | .956 | .956 | .867* |
|  | 7 | .909 | .945 | .895 | .958 | .949 | .886* |
|  | 17 | .764 | .943 | .565 | .959 | .544 | .910* |
|  | 37 | .233 | .939 | .007 | .953 | .002 | .931* |
|  | 57 | .007 | .927 | .000 | .933 | .000 | .948* |

$p$ が 3 程度であると $L$ 法も有効であるが，$p$ が大きくなるにつれて，$L$ 法から構成された信頼区間は真の正準相関係数を含まないものになっている．一方，$H$ 法による信頼区間は $p$ が大きくても，また，小さくても妥当な信頼区間であるといえる．$L$ 法は，$p, q$ を固定して，$n$ を大きくしたときの漸近的結果である．これに対して，$H$ 法は，$q$ を固定し，$p/n$ が一定の値 $c$ ($0 < c < 1$) に近づくとしたときの漸近的結果である．なお，表 6.8 において，*印がついている数値は，$r_i^2 - c(1-r_i^2)/(2-c)$ が負になるので，その他を 0 として近似公式を用いたことを示している．

## 6.6 数理的補足——正準相関

### 正準相関の導出——$p=q=2$ の場合

変数が 2 つのグループに分かれていて，第 1 グループに属する変数を $x_1, x_2$ とし，第 2 グループに属する変数を $y_1, y_2$ とする (変数の数が増えても考え方は同じである)．各組の 1 次式

$$u = a_1 x_1 + a_2 x_2$$
$$v = b_1 y_1 + b_2 y_2$$

で相関係数 $r_{uv}$ の最大化と,そのときの係数 $a_1, a_2, b_1, b_2$ を考える.各組の1次において定数項を考えていないが,相関には関係しないので0としている.$r_{uv}$ は

$$r_{uv} = \frac{u \text{ と } v \text{ の共分散}}{\sqrt{u \text{ の分散}}\sqrt{v \text{ の分散}}}$$

である.変数の分散や共分散について,次のような記号を用いる.$x_1$ の分散を $s_{x_1 x_1}$,$x_2$ の分散を $s_{x_2 x_2}$,$x_1$ と $x_2$ の共分散を $s_{x_1 x_2}$,$y_1$ の分散を $s_{y_1 y_1}$,$y_2$ の分散を $s_{y_2 y_2}$,$y_1$ と $y_2$ の共分散を $s_{y_1 y_2}$ と表す.同様に,$x_i$ と $y_j$ の共分散を $s_{x_i y_j}$ とする.同様な記号を変数 $u, v$ の分散・共分散にも用いる.このとき

$$r_{uv} = \frac{s_{uv}}{\sqrt{s_{uu}}\sqrt{s_{vv}}}$$

と表せる.さらに

$$s_{uu} = a_1^2 s_{x_1 x_1} + 2 a_1 a_2 s_{x_1 x_2} + a_2^2 s_{x_2 x_2}$$
$$s_{vv} = b_1^2 s_{y_1 y_1} + 2 b_1 b_2 s_{y_1 y_2} + b_2^2 s_{y_2 y_2}$$
$$s_{uv} = a_1 b_1 s_{x_1 y_1} + a_1 b_2 s_{x_1 y_2} + a_2 b_1 s_{x_2 y_1} + a_2 b_2 s_{x_2 y_2}$$

と書ける.$u$ と $v$ の相関係数は変数をそれぞれ正の定数倍 $cu, dv$ ($c > 0, d > 0$) としても不変であることから,一般性を失うことなく,$u$ の分散 $= 1$,$v$ の分散 $= 1$ としてよく,このとき,$r_{uv} = s_{uv}$ となる.したがって,条件;

$$a_1^2 s_{x_1 x_1} + 2 a_1 a_2 s_{x_1 x_2} + a_2^2 s_{x_2 x_2} = 1$$
$$b_1^2 s_{y_1 y_1} + 2 b_1 b_2 s_{y_1 y_2} + b_2^2 s_{y_2 y_2} = 1$$

のもとで

$$a_1 b_1 s_{x_1 y_1} + a_1 b_2 s_{x_1 y_2} + a_2 b_1 s_{x_2 y_1} + a_2 b_2 s_{x_2 y_2}$$

の最大値とそのときの係数を求めればよい.この条件付き最大値問題は,ラグランジュの未定乗数法により解くことができる.それには,未定乗数 $\lambda_1, \lambda_2$ を用いて,関数

$$\begin{aligned}f(a_1, a_2, b_1, b_2, \lambda_1, \lambda_2) &= a_1 b_1 s_{x_1 y_1} + a_1 b_2 s_{x_1 y_2} + a_2 b_1 s_{x_2 y_1} + a_2 b_2 s_{x_2 y_2} \\ &\quad - \frac{1}{2}\lambda_1 (a_1^2 s_{x_1 x_1} + 2 a_1 a_2 s_{x_1 x_2} + a_2^2 s_{x_2 x_2} - 1) \\ &\quad - \frac{1}{2}\lambda_2 (b_1^2 s_{y_1 y_1} + 2 b_1 b_2 s_{y_1 y_2} + b_2^2 s_{y_2 y_2} - 1)\end{aligned}$$

を考え,$a_1, a_2, b_1, b_2$ のそれぞれについて偏微分し,0とおいた方程式の解が極値にな

## 6.6 数理的補足——正準相関

ることを用いる.$a_1, a_2$ に関して偏微分して 0 とおくことにより

$$\begin{bmatrix} s_{x_1y_1} & s_{x_1y_2} \\ s_{x_2y_1} & s_{x_2y_2} \end{bmatrix} \begin{bmatrix} b_1 \\ b_2 \end{bmatrix} = \lambda_1 \begin{bmatrix} s_{x_1x_1} & s_{x_1x_2} \\ s_{x_2x_1} & s_{x_2x_2} \end{bmatrix} \begin{bmatrix} a_1 \\ a_2 \end{bmatrix}$$

を得る.また,$b_1, b_2$ に関して偏微分して 0 とおくと

$$\begin{bmatrix} s_{y_1x_1} & s_{y_1x_2} \\ s_{y_2x_1} & s_{y_2x_2} \end{bmatrix} \begin{bmatrix} a_1 \\ a_2 \end{bmatrix} = \lambda_2 \begin{bmatrix} s_{y_1y_1} & s_{y_1y_2} \\ s_{y_2y_1} & s_{y_2y_2} \end{bmatrix} \begin{bmatrix} b_1 \\ b_2 \end{bmatrix}$$

を得る.この方程式は,次のベクトルおよび行列

$$\boldsymbol{a} = \begin{bmatrix} a_1 \\ a_2 \end{bmatrix}, \quad \boldsymbol{b} = \begin{bmatrix} b_1 \\ b_2 \end{bmatrix}, \quad S_{11} = \begin{bmatrix} s_{x_1x_1} & s_{x_1x_2} \\ s_{x_2x_1} & s_{x_2x_2} \end{bmatrix}$$

$$S_{22} = \begin{bmatrix} s_{y_1y_1} & s_{y_1y_2} \\ s_{y_2y_1} & s_{y_2y_2} \end{bmatrix}, \quad S_{12} = S_{21} = \begin{bmatrix} s_{x_1y_1} & s_{x_1y_2} \\ s_{x_2y_1} & s_{x_2y_2} \end{bmatrix}$$

を用いると

$$S_{12}\boldsymbol{b} = \lambda_1 S_{11}\boldsymbol{a}, \quad S_{21}\boldsymbol{a} = \lambda_2 S_{22}\boldsymbol{b}$$

と表せる.この関係式から,$\lambda_1 = \lambda_2 (= \lambda$ とおく$)$ および $r_{uv} = \lambda$ を示すことができる.このことから,$\lambda^2, \boldsymbol{a}, \boldsymbol{b}$ は固有値問題

$$S_{12}S_{22}^{-1}S_{21}\boldsymbol{a} = \lambda^2 S_{11}\boldsymbol{a}, \quad S_{21}S_{11}^{-1}S_{12}\boldsymbol{b} = \lambda^2 S_{22}\boldsymbol{b}$$

の解である.$\lambda^2$ は固有方程式 $|S_{12}S_{22}^{-1}S_{21} - \lambda^2 S_{11}| = 0$ の解であり,$|S_{21}S_{11}^{-1}S_{12} - \lambda^2 S_{22}| = 0$ の解でもある.その解を $r_1^2, r_2^2$ $(r_1 > r_2 > 0)$ とし,$\lambda^2 = r_i^2$ のときの $\boldsymbol{a}, \boldsymbol{b}$ の解で,条件を満たすものをそれぞれ

$$\boldsymbol{a}_i = \begin{bmatrix} a_{1i} \\ a_{2i} \end{bmatrix}, \quad \boldsymbol{b}_i = \begin{bmatrix} b_{1i} \\ b_{2i} \end{bmatrix} \quad (i = 1, 2)$$

とする.このとき,$r_{uv}$ の最大値は $r_1$ で,そのときの係数 $\boldsymbol{a}, \boldsymbol{b}$ は $\boldsymbol{a}_1, \boldsymbol{b}_1$ である.これらを係数にもつ 1 次式

$$u_1 = a_{11}x_1 + a_{21}x_2, \quad v_1 = b_{11}y_1 + b_{21}y_2$$

が,第 1 正準相関変数である.

次に 1 次式 $u$ は $u_1$ と無相関で,1 次式 $v$ は $v_1$ と無相関であるとして,相関が最大になる $u, v$ を求めよう.無相関であるという条件は

$$a_1(a_{11}s_{x_1x_1} + a_{21}s_{x_1x_2}) + a_2(a_{11}s_{x_2x_1} + a_{21}s_{x_2x_2}) = 0$$
$$b_1(b_{11}s_{x_1x_1} + b_{21}s_{x_1x_2}) + b_2(b_{11}s_{x_2x_1} + b_{21}s_{x_2x_2}) = 0$$

となる．この最大値問題は，上記の条件を新たに加えた条件付き最大値問題を解くことになる．第 1 正準相関変数を求めたと同様にして，先の固有値問題の解であり，さらに新たな条件を満たすことから，$\lambda^2 = r_2^2$ のときの解になる．したがって，求める最大値は第 2 正準相関係数 $r_2$ となり，そのときの 1 次式は第 2 正準相関変数 $u_2 = a_{12}x_1 + a_{22}x_2, v_2 = b_{12}y_1 + b_{22}y_2$ となる．

### 正準相関――まとめ

正準相関係数は，変数 $\boldsymbol{x} = (x_1, x_2, \ldots, x_p)'$ と $\boldsymbol{y} = (y_1, y_2, \ldots, y_q)'$ との関連性を最も簡潔に表す方法として導入された．いま，$n$ 個の個体について $\boldsymbol{x}, \boldsymbol{y}$ が観測され，$\boldsymbol{x}$ の共分散行列を $S_{11}$，$\boldsymbol{y}$ の共分散行列を $S_{22}$，$\boldsymbol{x}$ と $\boldsymbol{y}$ の共分散行列を $S_{12}$ とする．正準相関分析では，各組の 1 次式

$$u = a_1 x_1 + a_2 x_2 + \cdots + a_p x_p = \boldsymbol{a}'\boldsymbol{x}$$
$$v = b_1 y_1 + b_2 y_2 + \cdots + b_q y_q = \boldsymbol{b}'\boldsymbol{y}$$

を考える．ここに，$\boldsymbol{a} = (a_1, a_2, \ldots, q_p)'$，$\boldsymbol{b} = (b_1, b_2, \ldots, b_q)'$．さらに，このような 1 次式の組 $(u, v)$ で，$u$ と $v$ の相関

$$r(\boldsymbol{a}, \boldsymbol{b}) = \frac{(u \text{ と } v \text{ の共分散})}{(u \text{ の分散})^{1/2}(v \text{ の分散})^{1/2}} = \frac{\boldsymbol{a}'S_{12}\boldsymbol{b}}{(\boldsymbol{a}'S_{11}\boldsymbol{a})^{1/2}(\boldsymbol{b}'S_{22}\boldsymbol{b})^{1/2}}$$

が最大になる値 $r$ とそのときの係数 $\boldsymbol{a}$ と $\boldsymbol{b}$ を求める．最適な $r$ と $\boldsymbol{a}, \boldsymbol{b}$ は

(1) 条件 "($u$ の分散)$= 1$, ($v$ の分散)$= 1$" のもとで，$u$ と $v$ の共分散の最大化としても求められる．(1) の解を $\boldsymbol{a} = \boldsymbol{a}_1, \boldsymbol{b} = \boldsymbol{b}_1$ とし

$$u_1 = \boldsymbol{a}_1'\boldsymbol{x}, \quad v_1 = \boldsymbol{b}_1'\boldsymbol{y}, \quad r_1 = r(\boldsymbol{a}_1, \boldsymbol{b}_1)$$

とおく．このとき，$(u_1, v_1)$ が第 1 正準相関変数で，$r_1$ が第 1 正準相関係数である．次に，

(2) 条件 "$u$ は $u_1$ と無相関，$v$ は $v_1$ と無相関，($u$ の分散)$= 1$, ($v$ の分散)$= 1$" のもとで，$u$ と $v$ の共分散の最大化の解を $\boldsymbol{a} = \boldsymbol{a}_2, \boldsymbol{b} = \boldsymbol{b}_2$ とし

$$u_2 = \boldsymbol{a}_2'\boldsymbol{x}, \quad v_2 = \boldsymbol{b}_2'\boldsymbol{y}, \quad r_2 = r(\boldsymbol{a}_2, \boldsymbol{b}_2)$$

とおく．このとき，$(u_2, v_2)$ が第 2 正準相関変数で，$r_2$ が第 2 正準相関係数である．以下，同様にして，第 $m = \min(p, q)$ までの正準相関変数と正準相関係数

$$(u_i, v_i), \quad u_i = \boldsymbol{a}_i'\boldsymbol{x}, \quad v_i = \boldsymbol{b}_i'\boldsymbol{y}, \quad r_i = r(\boldsymbol{a}_i, \boldsymbol{b}_i); \ i = 1, 2, \ldots, m$$

が定義される．これらは，次の性質をもつ．

(i) $i = 1, 2, \ldots, m$ に対して，$u_i$ と $v_i$ の相関係数は $r_i$ である．その他の組の相関係数はすべて 0，すなわち，$i \neq j$ に対して，$u_i$ と $u_j$，$u_i$ と $v_j$，$v_i$ と $v_j$ の相関はすべて 0 である．

(ii) $i = 2, 3, \ldots, m-1$ に対して，$(u_i, v_i)$ は，条件 "$u$ は $u_1, u_2, \ldots, u_{i-1}$ と無相関，かつ，$v$ は $v_1, v_2, \ldots, v_{i-1}$ と無相関" のもとで，$u$ と $v$ の相関係数が最大になるものである．

なお，正準相関変数の分散は 1，すなわち，($u_i$ の分散) $= 1$，($v_i$ の分散) $= 1$，$i = 1, \ldots, m$ となるように標準化されている．

上記の最適問題 (1)，(2) は，条件付き最適問題を解く方法であるラグランジュ法を適用して解くことができる．正準相関係数の 2 乗は固有方程式

$$|S_{12}S_{22}^{-1}S_{21} - r^2 S_{11}| = 0 \tag{6.3}$$

の解 $r_1^2, \ldots, r_m^2$ として求められる．また，第 $i$ 正準相関の係数ベクトル $\boldsymbol{a}_i, \boldsymbol{b}_i$ は方程式

$$S_{12}S_{22}^{-1}S_{21}\boldsymbol{a}_i = r_i^2 S_{11}\boldsymbol{a}_i, \quad S_{21}S_{11}^{-1}S_{12}\boldsymbol{b}_i = r_i^2 S_{11}\boldsymbol{b}_i \tag{6.4}$$

の解である．なお，係数ベクトルは $\boldsymbol{a}_i' S_{11} \boldsymbol{a}_i = 1$，$\boldsymbol{b}_i' S_{22} \boldsymbol{b}_i = 1$ を満たすように定められる．

各変数 $x_i$ が標準化されている場合には，標本共分散行列 $S_{11}, S_{12}, S_{21}, S_{22}$ を相関行列 $R_{11}, R_{12}, R_{21}, R_{22}$ におきかえればよい．また，観測値が抽出された母集団についての正準相関係数である母集団正準相関係数は，標本共分散行列 $S_{11}, S_{12}, S_{21}, S_{22}$ を母集団共分散行列 $\Sigma_{11}, \Sigma_{12}, \Sigma_{21}, \Sigma_{22}$ におきかえればよい．

### 正準相関と重相関

第 4 章で，目的変数 $y$ を $p$ 個の説明変数 $x_1, x_2, \ldots, x_p$ で説明するための重回帰モデル

$$y = \beta_0 + \beta_1 x_1 + \cdots + \beta_p x_p + e$$

を考えた．このモデルから計算される決定係数 $r^2$，あるいは，重相関係数 $r$ は，$(x_1, x_2, \ldots, x_p)$ と $y$ との正準相関分析において，$q = 1$ で $y_1 = y$ とした場合の正準相関と密接に関係している．$\boldsymbol{x} = (x_1, x_2, \ldots, x_p)$ と $y$ との正準相関分析では，正準相関係数が 1 つ定まり，それを $r_1$ とし，対応する正準相関変数の $\boldsymbol{x}$ に関する係数ベクトルを $\boldsymbol{a}_1$ とする．このとき，$r = r_1$ で，$\boldsymbol{\beta} = (\beta_1, \beta_2, \ldots, \beta_p)$ の最小 2 乗推定量 $\hat{\boldsymbol{\beta}}$ と $\boldsymbol{a}_1$ は比例している．

# A 行列・固有値

## A.1 行　　　列

2つの数, たとえば 2, 5 を縦に並べたもの

$$\begin{bmatrix} 2 \\ 5 \end{bmatrix}$$

を **2 次元列ベクトル**という. また, 2, 5 を横に並べたもの, $[2\ 5]$ を **2 次元行ベクトル**という. 列ベクトル, 行ベクトルを

$$\begin{pmatrix} 2 \\ 5 \end{pmatrix}, \quad (2\ 5)$$

とも表す. 同様に 3 次元, あるいは, より一般に $p$ 次元の列ベクトルや行ベクトルが定義される. 2 次元列ベクトルであることを文中で表すために, $(2\ 5)'$ と書く.

数字を行と列にならべたもの, たとえば,

$$\begin{bmatrix} 2 & 5 \\ 4 & 3 \\ 1 & 6 \end{bmatrix}, \quad \begin{bmatrix} 3 & 2 \\ 1 & 4 \end{bmatrix}$$

を**行列**といい, 前者を $A$, 後者を $B$ と表すことにする. $A$ は $3 \times 2$ 行列, $B$ は $2 \times 2$ 行列とよばれる. $B$ は行の数と列の数が等しく, **正方行列**ともよばれる. 行列の行と列を入れかえた行列は**転置行列**とよばれ, $A'$ あるいは $A^t$ と表す. 正方行列で対角要素がすべて 1 で非対角要素がすべて 0 である行列は**単位行列**とよばれる. たとえば

$$\begin{bmatrix} 1 & 0 \\ 0 & 1 \end{bmatrix}, \quad \begin{bmatrix} 1 & 0 & 0 \\ 0 & 1 & 0 \\ 0 & 0 & 1 \end{bmatrix}$$

は単位行列で, これらを単に $I_2, I_3$ と表す.

2つの大きさの等しいベクトルや行列の和は, 各要素の和として定義される. たとえば

$$\begin{bmatrix} 3 & 2 \\ 1 & 4 \end{bmatrix} + \begin{bmatrix} 1 & 2 \\ 4 & 3 \end{bmatrix} = \begin{bmatrix} 3+1 & 2+2 \\ 1+4 & 4+3 \end{bmatrix} = \begin{bmatrix} 4 & 4 \\ 5 & 7 \end{bmatrix}.$$

いまの場合, 行列 $A$ の列と行列 $B$ の行の数はともに 2 で等しい. このような場合, $A$ と $B$ の積 $AB$ が

$$AB = \begin{bmatrix} 2 & 5 \\ 4 & 3 \\ 1 & 6 \end{bmatrix} \begin{bmatrix} 3 & 2 \\ 1 & 4 \end{bmatrix} = \begin{bmatrix} 2\times 3+5\times 1 & 2\times 2+5\times 4 \\ 4\times 3+3\times 1 & 4\times 2+3\times 4 \\ 1\times 3+6\times 1 & 1\times 2+6\times 4 \end{bmatrix}$$

$$= \begin{bmatrix} 11 & 24 \\ 15 & 20 \\ 9 & 26 \end{bmatrix}$$

として定義される. すなわち, 積 $AB$ の $(i,j)$ 要素は, $A$ の $i$ 行と $B$ の $j$ 列の対応する要素を掛けそれらの和をとったものである.

## A.2 多変量データと基礎統計量の行列表示

変数が多い場合, 平均値, 分散, 共分散, 相関係数などの基礎的な特性値も多くなる. これらをベクトルや行列で表すと, 簡単に表示できる. 5 人の生徒の国語の成績 $x_1$ と数学の成績 $x_2$ (10 点満点) についての次のデータで考えてみよう.

国語と数学の成績データ

| 生徒 | 1 | 2 | 3 | 4 | 5 |
|---|---|---|---|---|---|
| 国語 | 6 | 8 | 6 | 6 | 9 |
| 数学 | 5 | 6 | 4 | 6 | 7 |

これらの成績データを $2\times 5$ の行列 $X=(x_{ij})$ として表す. ここで, $x_{ij}$ は $i$ 番目の科目 (1 番目は国語, 2 番目は数学) の $j$ 番目の生徒の成績である. このとき

$$X = \begin{bmatrix} x_{11} & x_{12} & x_{13} & x_{14} & x_{15} \\ x_{21} & x_{22} & x_{23} & x_{24} & x_{25} \end{bmatrix} = \begin{bmatrix} 6 & 8 & 6 & 6 & 9 \\ 5 & 6 & 4 & 6 & 7 \end{bmatrix}$$

となる. また, $j$ 番目の生徒の成績を

$$\boldsymbol{x}_j = \begin{bmatrix} x_{1j} \\ x_{2j} \end{bmatrix} \quad (j=1,2,\ldots,5)$$

と表すと

$$\boldsymbol{x}_1 = \begin{bmatrix} 6 \\ 5 \end{bmatrix}, \boldsymbol{x}_2 = \begin{bmatrix} 8 \\ 6 \end{bmatrix}, \ldots, \boldsymbol{x}_5 = \begin{bmatrix} 9 \\ 7 \end{bmatrix}$$

と表すことができる.

国語の平均値は 7.0, 数学の平均値は 5.6 で, これらをベクトル

$$\bar{\boldsymbol{x}} = \begin{bmatrix} \bar{x}_1 \\ \bar{x}_2 \end{bmatrix} = \begin{bmatrix} 7.0 \\ 5.6 \end{bmatrix}$$

として表す. $\bar{\boldsymbol{x}}$ は平均ベクトルとよばれる. 次に, $x_1$ の分散 $s_{11}$, $x_2$ の分散 $s_{22}$, および, $x_1$ と $x_2$ の共分散 $s_{12}(=s_{21})$ を求めると

$$s_{11} = \frac{1}{4}\{(6-7)^2 + (8-7)^2 + \cdots + (9-7)^2\} = 2.00,$$

$$s_{22} = \frac{1}{4}\{(5-5.6)^2 + (6-5.6)^2 + \cdots + (7-5.6)^2\} = 1.30,$$

$$s_{12} = \frac{1}{4}\{(6-7)\times(5-5.6) + (8-7)\times(6-5.6)$$
$$+ \cdots + (9-7)\times(7-5.6)\} = 1.25$$

となる. これらを $2 \times 2$ の行列

$$S = \begin{bmatrix} s_{11} & s_{12} \\ s_{21} & s_{22} \end{bmatrix} = \begin{bmatrix} 2.00 & 1.25 \\ 1.25 & 1.30 \end{bmatrix}$$

として表す. $S$ は共分散行列とよばれる. 共分散行列は $S'=S$ を満たす. このような行列は対称行列とよばれる.

また, $x_1$ と $x_2$ の相関係数は

$$r = \frac{s_{12}}{\sqrt{s_{11}s_{22}}} = 0.775$$

であり, これらをまとめた

$$R = \begin{bmatrix} 1 & 0.775 \\ 0.775 & 1 \end{bmatrix}$$

は相関行列とよばれる.

もう 1 つの変数 $x_3$ があり, $x_i$ と $x_j$ の共分散を $s_{ij}$, 相関係数を $r_{ij}$ と表すと, これらは共分散行列, 相関行列として

$$S = \begin{bmatrix} s_{11} & s_{12} & s_{13} \\ s_{21} & s_{22} & s_{23} \\ s_{31} & s_{32} & s_{33} \end{bmatrix}, \quad R = \begin{bmatrix} 1 & r_{12} & r_{13} \\ r_{21} & 1 & r_{23} \\ r_{31} & r_{32} & 1 \end{bmatrix}$$

と表せる.

## A.3 行列式と逆行列

正方行列に対しては行列式が定義されるが, たとえば, $2 \times 2$ 行列

$$\begin{bmatrix} 1 & 2 \\ 3 & 4 \end{bmatrix}$$

の行列式は

$$\begin{vmatrix} 1 & 2 \\ 3 & 4 \end{vmatrix} = 1 \times 4 - 2 \times 3 = -2$$

である. 一般に, $2 \times 2$ 行列

$$\begin{bmatrix} a_{11} & a_{12} \\ a_{21} & a_{22} \end{bmatrix}$$

の行列式は

$$|A| = \begin{vmatrix} a_{11} & a_{12} \\ a_{21} & a_{22} \end{vmatrix} = a_{11} \times a_{22} - a_{12} \times a_{21}$$

で定義される. $|A| \neq 0$ のときは, 正則行列とよばれる. $A$ が正則行列であると,

$$\begin{bmatrix} a_{11} & a_{12} \\ a_{21} & a_{22} \end{bmatrix} \begin{bmatrix} b_{11} & b_{12} \\ b_{21} & b_{22} \end{bmatrix} = \begin{bmatrix} 1 & 0 \\ 0 & 1 \end{bmatrix}$$

となる正方行列 $B = [b_{ij}]$ が一意的に存在する. 行列 $B$ は行列 $A$ の逆行列とよばれ, $A^{-1}$ と表す. いまの場合,

$$A^{-1} = \frac{1}{|A|} \begin{bmatrix} a_{22} & -a_{12} \\ -a_{21} & a_{11} \end{bmatrix}$$

で与えられる. たとえば

$$\begin{bmatrix} 5 & 2 \\ 3 & 4 \end{bmatrix}^{-1} = \frac{1}{14} \begin{bmatrix} 4 & -2 \\ -3 & 5 \end{bmatrix}$$

である.

$x_1, x_2$ を未知数とする連立方程式

$$5x_1 + 2x_2 = 2$$
$$3x_1 + 4x_2 = 1$$

を考えよう. この連立方程式は

$$A = \begin{bmatrix} 5 & 2 \\ 3 & 4 \end{bmatrix}, \quad \boldsymbol{x} = \begin{bmatrix} x_1 \\ x_2 \end{bmatrix}, \quad \boldsymbol{b} = \begin{bmatrix} 2 \\ 1 \end{bmatrix}$$

とおくとき,

$$A\boldsymbol{x} = \boldsymbol{b}$$

と表せる. したがって

$$\boldsymbol{x} = A^{-1}\boldsymbol{b} = \frac{1}{14}\begin{bmatrix} 4 & -2 \\ -3 & 5 \end{bmatrix}\begin{bmatrix} 2 \\ 1 \end{bmatrix} = \frac{1}{14}\begin{bmatrix} 6 \\ -1 \end{bmatrix}$$

である.

3次の場合の行列式は

$$\begin{vmatrix} a_{11} & a_{12} & a_{13} \\ a_{21} & a_{22} & a_{23} \\ a_{31} & a_{32} & a_{33} \end{vmatrix} = a_{11}a_{22}a_{33} + a_{12}a_{23}a_{31} + a_{13}a_{21}a_{32}$$
$$- (a_{11}a_{23}a_{32} + a_{12}a_{21}a_{33} + a_{13}a_{22}a_{31})$$

で定義される. 一般に, $p$ 次の正方行列 $A$ に対して, $|A| \neq 0$ であると**正則行列である**といい, このとき, $AA^{-1} = I_p$ を満たす $A$ の逆行列 $A^{-1}$ が一意的に存在する. 行列式について

$$|AB| = |A| \cdot |B|$$

が成り立つ.

## A.4 固有値・固有ベクトル

正方行列に対して, 固有値と固有ベクトルが定義される. 多変量解析においては, 共分散行列の固有値・固有ベクトルなど, 多くの方法が固有値・固有ベクトルと関係している.

一般に, 正方列 $A$ に対して

$$A\boldsymbol{h} = \ell\boldsymbol{h}, \quad \boldsymbol{h} \neq \boldsymbol{0}$$

を満たす $\ell$ を $A$ の**固有値**, $\boldsymbol{h}$ を固有値 $\ell$ に対応する**固有ベクトル**という. 行列 $A$ が

$$A = \begin{bmatrix} 2 & -2 \\ 1 & 5 \end{bmatrix}$$

の場合で, 固有値と固有ベクトルを求めてみよう. 固有値を $\ell$ とし, 対応する固有ベク

トルを $\boldsymbol{h} = (h_1, h_2)'$ とすると

$$\begin{bmatrix} 2 & -2 \\ 1 & 5 \end{bmatrix} \begin{bmatrix} h_1 \\ h_2 \end{bmatrix} = \ell \begin{bmatrix} h_1 \\ h_2 \end{bmatrix}$$

を満たす.すなわち

$$\begin{bmatrix} 2-\ell & -2 \\ 1 & 5-\ell \end{bmatrix} \begin{bmatrix} h_1 \\ h_2 \end{bmatrix} = \begin{bmatrix} 0 \\ 0 \end{bmatrix}$$

の解である.$\boldsymbol{h} \neq \boldsymbol{0}$ より,固有値は方程式 (**固有方程式**とよばれる)

$$\begin{vmatrix} 2-\ell & -2 \\ 1 & 5-\ell \end{vmatrix} = 0$$

の解である.すなわち,$(2-\ell)(5-\ell) + 2 = 0$,したがって

$$(\ell - 3)(\ell - 4) = 0$$

より,固有値は $\ell = 3$ と $\ell = 4$ である.固有値 $\ell = 3$ に対応する固有ベクトルは

$$\begin{bmatrix} -1 & -2 \\ 1 & 2 \end{bmatrix} \begin{bmatrix} h_1 \\ h_2 \end{bmatrix} = \begin{bmatrix} 0 \\ 0 \end{bmatrix}$$

を満たすから

$$\boldsymbol{h} = \begin{bmatrix} h_1 \\ h_2 \end{bmatrix} = c \begin{bmatrix} 2 \\ -1 \end{bmatrix}$$

となる.ここに,$c$ は 0 でない任意の定数である.固有ベクトルは,通常,長さの平方 $h_1^2 + h_2^2$ が 1 になるように決められる.この場合,$c = 1/\sqrt{5}$ あるいは $c = -(1/\sqrt{5})$ である.同様に,固有値 4 に対応する固有ベクトルは

$$\boldsymbol{h} = \begin{bmatrix} h_1 \\ h_2 \end{bmatrix} = c \begin{bmatrix} 1 \\ -1 \end{bmatrix}$$

となる.$c = 1/\sqrt{2}$ あるいは $c = -(1/\sqrt{2})$ とすると,長さが 1 の固有ベクトルになる.

行列 $A$ が対称行列であると,固有値はすべて実数となる.たとえば

$$A = \begin{bmatrix} 6 & 2 \\ 2 & 9 \end{bmatrix}$$

は対称行列である.固有値を計算すると,$\ell_1 = 10, \ell_2 = 5$ である.固有値の和は 15 で,これは対角要素の和 $6 + 9 = 15$ に等しい.一般に,対称行列であると,

$$対角要素の和 = 固有値の和$$

が成り立つ.

国語と数学の共分散行列 $S$ は, 対称行列であり, さらに, 任意の $\boldsymbol{x}=[x_1, x_2]'$ に対して

$$\boldsymbol{x}'S\boldsymbol{x} = [x_1, x_2] \begin{bmatrix} 2.00 & 1.25 \\ 1.25 & 1.30 \end{bmatrix} \begin{bmatrix} x_1 \\ x_2 \end{bmatrix}$$

を満たし, 0 となる場合は $x_1 = x_2 = 0$ のときである. なぜなら,

$$\boldsymbol{x}'S\boldsymbol{x} = 2x_1^2 + 2 \times 1.25 x_1 x_2 + 1.3 x_2^2$$
$$= 2\left(x_1 + \frac{1}{2} \times 1.25 x_2\right)^2 + \left(1.3 - \frac{1}{2} \times 1.25^2\right) x_2^2 \geq 0$$

となるからである. このような行列 $S$ は **正定値行列** とよばれ, その固有値は正となる.

# B 多変量分布

## B.1 身長の分布と正規分布

　ある年の18歳の女性の身長の全国平均は157.0 cmであり，標準偏差は5.0 cmであった．いま，15400人を抽出し度数分布をかいたところ，平均157.0 cmの周辺にたくさんの人がおり，平均から遠ざかるにつれて人数が少なくなる図B.1のような傾向がみられた．その度数分布で高さを相対度数にとると，分布図と$x$軸とで囲まれた部分の面積は1になる．それに左右対称の富士山型の曲線を当てはめたのが図B.1である．この曲線は正規分布とよばれている確率密度関数である．身長をはじめ座高や腕の長さなどの生物学的な測定量は，多くの場合正規分布が当てはまる．そのほかにも正規分布に従う事象はいろいろあることが知られている．

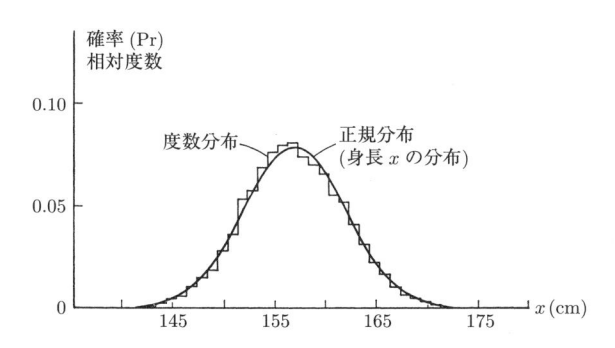

図 B.1　身長の度数分布に正規分布を当てはめた図

　図B.1の曲線は平均157.0 cmを中心に左右対称であり，平均に近いところほど高く，平均から遠ざかるにつれて低くなっている．これは平均157.0 cmに近い女性は非常に多く，その反対に170 cm以上とか145 cm以下の女性は非常に少ないことを意味している．この曲線の特徴は平均から右へ5.0 cm（標準偏差）のところに，図B.2のように右曲がりからから左曲がりに変わっている変曲点があることである．平均を中心に左右対称であることから，平均から左へ5.0 cmのところにももう1つの変曲点が

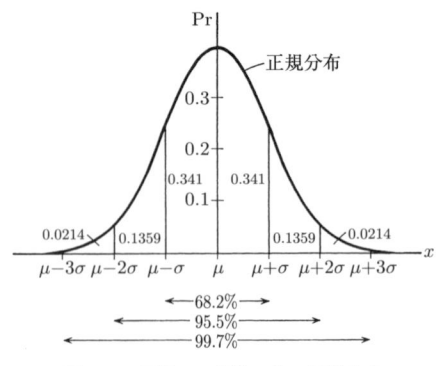

図 B.2 平均 $\mu$, 分散 $\sigma^2$ の正規分布

ある.正規分布は平均 $\mu$ と標準偏差 $\sigma$ (分散 $\sigma^2$) によって決まってしまう分布である.平均 $\mu$, 分散 $\sigma^2$ の正規分布を $N(\mu, \sigma^2)$ で表す.N は, Normal distribution の頭文字である.

生物学的な計測値が正規分布に従うことが多いと述べたが,体重を測ったり赤血球数を計測したりする場合などにおいてみられる測定誤差は,正規分布をすることが知られている.また,母集団分布が正規分布でなくても,標本数がある程度大きいと,標本平均 $\bar{x}$ の分布は正規分布で近似できるし,そのほかにも多くの統計量 (標本 $x_1, x_2, \ldots, x_N$ のみで表されたもの) が正規分布で近似できることが知られている.このように正規分布は利用範囲の広い重要な分布である.

正規分布については次のようなことがいえる.
(1) 平均 $\mu$ を中心にして左右対称なつりがね型をした分布である.このことから,平均 $\mu$ を境にして左右にある曲線の下の部分の面積は等しく, 0.5 である.
(2) $\mu - \sigma$ と $\mu + \sigma$ の間の曲線の下の面積は,曲線の下の全面積の 0.682 (68.2%) である.
(3) $\mu - 2\sigma$ と $\mu + 2\sigma$ の間の曲線の下の面積は,曲線の下の全面積の 0.955 (95.5%) である.
(4) $\mu - 3\sigma$ と $\mu + 3\sigma$ の間の曲線の下の面積は,曲線の下の全面積の 0.997 (99.7%) である.

$\mu - 3\sigma$ より小さい部分の面積と $\mu + 3\sigma$ より大きい部分の面積は,ほんのわずかであるが存在し,この曲線は無限の範囲に広がっている.

いま述べたことは,平均 $\mu$, 分散 $\sigma^2$ がどんな値であっても成り立つ.つまり,正規分布は,平均 $\mu$ と分散 $\sigma^2$ (標準偏差 $\sigma$) が決まれば,分布の型は定まってしまうので

ある. この $\mu$ と $\sigma^2$ のことを母集団の分布を決める指数という意味で, **母数** (パラメータ) とよぶ.

正規分布のなかで特に, 平均 0, 分散 1 の正規分布を**標準正規分布**という. 平均 $\mu$, 分散 $\sigma^2$ の正規分布に従う変量 $x$ は

$$z = \frac{x - \mu}{\sigma}$$

によって標準正規分布に従う変量 $z$ へ変換することができる. 変量 $x$ が正規分布するとき, $x$ から平均 $\mu$ を引き, 標準偏差 $\sigma$ で割ったものが標準正規分布 N(0,1) に従うというこの事実はよく用いられる. また, 逆に, 平均 $\mu$, 分散 $\sigma^2$ の正規分布に従う変量 $x$ は, 標準正規分布に従う変量 $z$ から

$$x = \sigma z + \mu$$

によって構成される. 図 B.3 は 18 歳の女性の身長 $x$ の分布を標準正規分布 $z$ に変換したときの $x$ と $z$ との座標関係を表したものである.

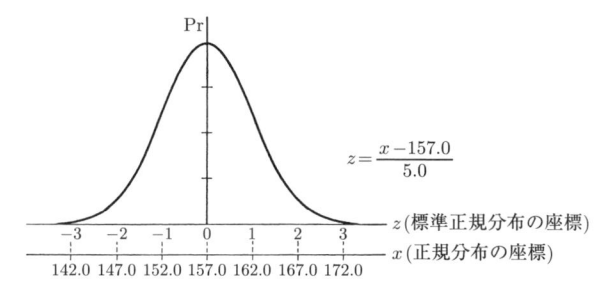

図 **B.3** 正規分布 $x$ の座標と標準正規分布 $z$ の座標の関係

変量 $x$ が正規分布 $\mathrm{N}(\mu, \sigma^2)$ に従うとき, 確率密度関数は

$$f(x) = \frac{1}{\sqrt{2\pi}\sigma} \exp\left\{-\frac{1}{2\sigma^2}(x-\mu)^2\right\}$$

と表せる.

## B.2　2次元正規分布

2 変量 $x_1$, $x_2$ が 2 変量正規分布に従っている場合を考えよう. Galton (1886) は親の身長 $x_1$ と子の身長 $x_2$ に関する 928 組のデータについて考察し, 2 変量正規分布の発見に繋がることを指摘している. 具体的には, それぞれの変量を階級分けして得ら

れるクロス表をもとに，親の身長をクラスごとに固定し，対応する子供の身長のクラスごとの平均値や分散を調べた．このような平均値や分散は，親の身長を与えたときの子供の身長の「条件付き平均値」，「条件付き分散」とよばれる．また，各分割の人数が大体等しくなるような分割についても調べた．その結果次のことを指摘した．

(1) 親の身長が与えられた場合の子供の条件付き平均値は，ほぼ直線となる．
(2) 親の身長が与えられた場合の子供の条件付き分散は，ほぼ一定となる．
(3) 各分割の人数が大体等しくなるような分割の中点の軌跡は，ほぼ楕円形である．

このような性質は，2次元正規分布の特徴でもある．一般に，2次元正規分布は

$$x_1 \text{ の平均 } \mu_1, \quad \text{分散 } \sigma_1^2$$
$$x_2 \text{ の平均 } \mu_2, \quad \text{分散 } \sigma_2^2, \quad x_1 \text{ と } x_2 \text{ の共分散 } \sigma_{12}$$

によって決まってしまう．変量 $x_2$ をある値，たとえば 0 とおくと，2 変量正規分布は図 B.2 のような 1 次元正規分布のような関数となる．変曲点の高さ $c$ に着目して，2 変量正規分布を $x_1, x_2$ 平面に平行に高さ $c$ のところで切った切り口は図 B.4(b) のような楕円になっている．

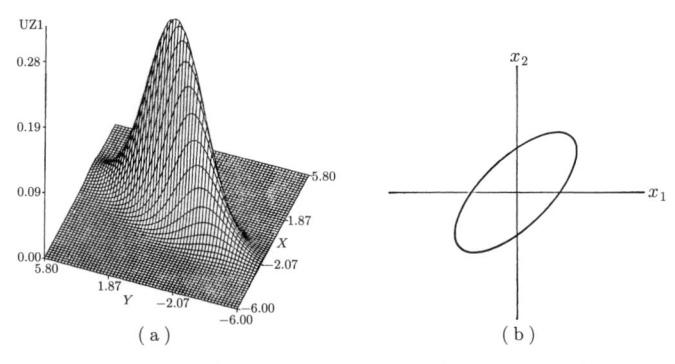

図 B.4  2 変量正規分布 (a) と $x_1, x_2$ 平面と平行な平面での切片の図 (b)

変曲点である高さ $c$ のところでの切り口と述べたが，$c$ をほかの値にしても切り口は楕円であることがわかる．楕円の長軸の方向を決めるのは分散 $\sigma_{11}, \sigma_{22}$ と共分散 $\sigma_{12}$ であり，楕円の平坦さの程度は，相関係数

$$\rho_{12} = \frac{\sigma_{12}}{\sqrt{\sigma_{11}}\sqrt{\sigma_{22}}}$$

の大きさと関係している．母相関係数が 1 に近ければ近いほど，楕円は平たくなる．また長軸の勾配は $\rho_{12}$ が正のとき正，$\rho_{12}$ が負のとき負となる．共分散は

$$\sigma_{12} = \sqrt{\sigma_{11}}\sqrt{\sigma_{22}}\rho_{12}$$

と書けることから，2 変量正規分布は

$x_1$ の平均 $\mu_1$，分散 $\sigma_1^2$

$x_2$ の平均 $\mu_2$，分散 $\sigma_2^2$，$x_1$ と $x_2$ の相関係数 $\rho_{12}$

によって決まってしまうということができる．$x_2$ と $x_1$ の直線的な関連性の強さを表している相関係数 $\rho_{21}$ は，$x_1$ と $x_2$ の相関係数 $\rho_{12}$ に等しいことから，$\sigma_{12} = \sigma_{21}$ が推察できよう．

$(x_1, x_2)$ が 2 変量正規分布に従っていると，$x_1$ は正規分布 $\mathrm{N}(\mu_1, \sigma_1^2)$ に従い，$x_2$ も正規分布 $\mathrm{N}(\mu_2, \sigma_2^2)$ に従っている．また，Galton (1886) によって指摘された (1), (2) は，より一般に，$x_1$ を与えたときの $x_2$ の条件付き分布も正規分布に従い，**条件付き平均および条件付き分散**はそれぞれ

$$\mu_2 + \frac{\rho\sigma_2}{\sigma_1}(x_1 - \mu_1), \quad \sigma_2^2(1 - \rho^2)$$

となる．

一般に $p$ 変量 $x_1, x_2, \ldots, x_p$ の $p$ 変量正規分布は，それぞれの平均 $\mu_1, \mu_2, \ldots, \mu_p$ と共分散行列 $\Sigma$，すなわち

$$\boldsymbol{\mu} = \begin{bmatrix} \mu_1 \\ \mu_2 \\ \vdots \\ \mu_p \end{bmatrix}, \quad \Sigma = \begin{bmatrix} \sigma_{11} & \sigma_{12} & \cdots & \sigma_{1p} \\ \sigma_{21} & \sigma_{22} & \cdots & \sigma_{2p} \\ \vdots & \vdots & \ddots & \vdots \\ \sigma_{p1} & \sigma_{p2} & \cdots & \sigma_{pp} \end{bmatrix}$$

により決まってしまう．$p$ 行 $p$ 列の行列 $\Sigma$ は**母共分散行列**とよばれる．対角線上にある要素 $\sigma_{ii}$ は変量 $x_i$ の分散であり，$\sigma_{ij}$ は $x_i$ と $x_j$ の共分散である．2 変量の場合と同様に，$\sigma_{ij}$ は $x_j$ と $x_i$ の共分散 $\sigma_{ji}$ と等しい．共分散行列 $\Sigma$ は

$$\sigma_{ij} = \sigma_{ji} \quad (i, j = 1, 2, \ldots, p)$$

を満たすから，対角要素 $\sigma_{11}, \sigma_{22}, \ldots, \sigma_{pp}$ に関して対称である．その意味で $\Sigma$ は対称行列であるといわれる．$p$ 変量正規分布は $\mathrm{N}(\boldsymbol{\mu}, \Sigma)$ と表される．

多変量解析において，結果の信頼性や安定性を理論的に調べる際に，多変量正規分布は重要な役割を果たす．

## B.3　数理的補足——多変量正規分布

変量 $(x_1, x_2)$ は正規分布に従い，平均を $\mu_1, \mu_2$，分散を $\sigma_1^2, \sigma_2^2$，共分散を $\sigma_{12}$ とす

る．これらの母数は平均ベクトル，共分散行列として

$$\boldsymbol{\mu} = \left[ \begin{array}{c} \mu_1 \\ \mu_2 \end{array} \right], \quad \Sigma = \left[ \begin{array}{cc} \sigma_{11} & \sigma_{12} \\ \sigma_{21} & \sigma_{22} \end{array} \right] = \left[ \begin{array}{cc} \sigma_1^2 & \rho\sigma_1\sigma_2 \\ \rho\sigma_1\sigma_2 & \sigma_2^2 \end{array} \right]$$

とまとめられる．

変量 $(x_1, x_2)$ から独立な標準正規分布に従う変量 $(z_1, z_2)$ を構成するには，変換

$$z_1 = c_{11}(x_1 - \mu_1) + c_{12}(x_2 - \mu_2)$$
$$z_2 = c_{21}(x_1 - \mu_1) + c_{22}(x_2 - \mu_2)$$

を行えばよい．ここで，係数 $c_{11}, c_{12}, c_{21}, c_{22}$ は，行列

$$C = \left[ \begin{array}{cc} c_{11} & c_{12} \\ c_{21} & c_{22} \end{array} \right]$$

と表すとき，$C\Sigma C' = I_2$，あるいは，$C'C = \Sigma^{-1}$ を満たすものである．逆に，変量 $(z_1, z_2)$ から変量 $(x_1, x_2)$ を構成するには，上の関係式から，変換

$$x_1 = c^{11} z_1 + c^{12} z_2 + \mu_1$$
$$x_2 = c^{21} z_1 + c^{22} z_2 + \mu_2$$

を行えばよい．ここに，係数 $c^{11}, c^{12}, c^{21}, c^{22}$ は $C$ の逆行列の要素，すなわち

$$C^{-1} = \left[ \begin{array}{cc} c^{11} & c^{12} \\ c^{21} & c^{22} \end{array} \right]$$

である．

変量 $(x_1, x_2)$ の確率密度関数は

$$f(x_1, x_2) = \frac{1}{2\pi\sigma_1\sigma_2\sqrt{1-\rho^2}} \exp\left\{ -\frac{1}{2(1-\rho^2)} Q \right\}$$

と表せる．ここに，

$$Q(x_1, x_2) = \left(\frac{x_1 - \mu_1}{\sigma_1}\right)^2 - 2\rho\left(\frac{x_1 - \mu_1}{\sigma_1}\right)\left(\frac{x_2 - \mu_2}{\sigma_2}\right) + \left(\frac{x_2 - \mu_2}{\sigma_2}\right)^2.$$

確率密度関数が一定値となる点の軌跡は等高線とよばれるが，これは，$c$ を定数として

$$Q(x_1, x_2) = c$$

を満たす点の軌跡である．この軌跡に対して，平行移動と直交回転による変換

$$\left[ \begin{array}{c} u_1 \\ u_2 \end{array} \right] = \left[ \begin{array}{cc} \cos\theta & -\sin\theta \\ \sin\theta & \cos\theta \end{array} \right] \left[ \begin{array}{c} x_1 - \mu_1 \\ x_2 - \mu_2 \end{array} \right]$$

を考える.このとき,適当に $\theta$ を選ぶと

$$\frac{u_1^2}{\lambda_1} + \frac{u_2^2}{\lambda_2} = c'$$

となる.ここに,$\lambda_1, \lambda_2$ ($\lambda_1 \geq \lambda_2 > 0$) は $\Sigma$ の固有値である.したがって,等高線は,中心 $(\mu_1, \mu_2)$ の楕円であることがわかる.

$p$ 変量 $\boldsymbol{x} = (x_1, x_2, \ldots, x_p)'$ が正規分布 $N(\boldsymbol{\mu}, \Sigma)$ に従うと,その確率密度関数は

$$f(\boldsymbol{x}) = (2\pi)^{-p/2} |\Sigma|^{-\frac{1}{2}} \exp\left\{-\frac{1}{2}(\boldsymbol{x} - \boldsymbol{\mu})' \Sigma^{-1} (\boldsymbol{x} - \boldsymbol{\mu})\right\}$$

と表せる.$p = 2$ のときは,

$$|\Sigma| = \sigma_1^2 \sigma_2^2 (1 - \rho^2)$$
$$(\boldsymbol{x} - \boldsymbol{\mu})' \Sigma^{-1} (\boldsymbol{x} - \boldsymbol{\mu}) = \frac{1}{1 - \rho^2} Q$$

となる.

$p$ 変量正規分布 $N(\boldsymbol{\mu}, \Sigma)$ からの大きさ $N(= n + 1)$ の標本から求められる $p$ 変量平均ベクトルを $\bar{\boldsymbol{x}}$ とし,$p \times p$ の標本共分散行列を $S$ とする.このとき,$\bar{\boldsymbol{x}}$ は,

$$\text{平均} = \boldsymbol{\mu}, \quad \text{共分散行列} = \frac{1}{N} \Sigma$$

の $p$ 変量正規分布に従う確率変数である.一方,

$$A = (N - 1)S = \begin{bmatrix} a_{11} & a_{12} & \cdots & a_{1p} \\ a_{21} & a_{22} & \cdots & a_{2p} \\ \vdots & \vdots & \ddots & \vdots \\ a_{p1} & a_{p2} & \cdots & a_{pp} \end{bmatrix}$$

の分布はウィシャート分布であるが,より正確には自由度 $n$,共分散行列 $\Sigma$ の ($p$ 変量)ウィシャート分布とよばれ,その分布は $W(n, \Sigma)$ と表される.$p = 1$ のとき,$a_{11}/\sigma_{11}$ は自由度 $n$ のカイ 2 乗分布 $\chi_n^2$ に従い,

$$a_{11} = \sigma_{11} \chi_n^2$$
$$= u_1^2 + u_2^2 + \cdots + u_n^2$$

と表せる.ここに,変量 $u_1, u_2, \ldots, u_n$ は互いに独立で,それぞれ平均 0,分散 $\sigma^2$ の正規分布に従う確率変数である.カイ 2 乗分布の自由度は $N$ ではなく,$n = N - 1$ である.これは,

$$a_{11} = (x_{11} - \bar{x}_1)^2 + (x_{12} - \bar{x}_1)^2 + \cdots + (x_{1N} - \bar{x}_1)^2$$

と $N$ 個の 2 乗和であるが, 個々の成分がひとつの制約

$$(x_{11} - \bar{x}_1) + (x_{12} - \bar{x}_1) + \cdots + (x_{1N} - \bar{x}_1) = 0$$

をもっていることによる.

$p$ 変量の場合は,

$$A = \boldsymbol{u}_1 \boldsymbol{u}_1' + \boldsymbol{u}_2 \boldsymbol{u}_2' + \cdots + \boldsymbol{u}_n \boldsymbol{u}_n'$$

と表せる. ここに, 変量 $\boldsymbol{u}_1, \boldsymbol{u}_2, \ldots, \boldsymbol{u}_n$ は互いに独立で, それぞれ平均 $\boldsymbol{0}$, 共分散行列 $\Sigma$ の正規分布に従う確率変数である.

# 文　献

1) Akaike, H. (1973). Information theory and an extension of the maximum likelihood principle. *2nd International Symposium on Information Theory* (B. N. Petrov & F. Csáki Eds.), 267–281, Akadémiai Kiadó: Budapest.
2) Anderson, T. W. and Bahadur, R. R. (1962). Classification into two multivariate normal distributions with different covariance matrices. *Ann. Math. Statist.*, **33**, 420–431.
3) Anderson, T. W. (1963). Asymptotic theory for principal components. *Ann. Math. Statist.*, **34**, 122–148.
4) Anderson, T. W. (2003). *An Introduction to Multivariate Statistical Analysis* (3rd ed.). Wiley.
5) Fujikoshi, Y. and Sakurai, Y. (2009). High-dimensional asymptotic expansions for the distributions of canonical correlations. *J. Multivariate Anal.*, **100**, 231–242.
6) Fujikoshi, Y., Ulyanov, V. V. and Shimizu, R. (2010). *Multivariate Statistics: High-Dimensional and Large-Sample Approximations*. Wiley.
7) 藤越康祝, 杉山髙一 (2012). 多変量モデルの選択. 朝倉書店.
8) 福水健次 (2010). カーネル法入門—正定値カーネルによるデータ解析—. 朝倉書店.
9) Galton, F. (1886). Regression towards mediocrity in hereditary stature. *The J. Anthrop. Inst.*, **15**, 246–263.
10) Ghosh, D. (2003). Penalized discriminant methods for the classification of tumors from gene expression data. *Biometrics*, **59**, 992–1000.
11) Girshick, M. A. (1939). On the sampling theory of roots of determinantal equations. *Ann. Math. Statist.*, **10**, 203–224.
12) 芳賀敏郎, 竹内　啓, 奥野忠一 (1976). 重回帰分析における変数選択の新しい基準. 品質, **6**, 35–40.
13) Harman, H. H. (1976). *Modern factor analysis* (3rd ed., Revised). University of Chicago Press.
14) Hastie, T., Tibshirani, R. and Friedman, J. (2008). *The Elements of Statistical Learning* (2nd ed.). Springer.
15) Hoerl, E. and Kennard, R. W. (1970). Ridge regression: Applications to nonorthogonal problems. *Technometrics*, **12**, 69–82.
16) 市川雅教 (2010). 因子分析. 朝倉書店.

17) 岩崎謙次ほか (1979). 多変量解析法による着尺地と服地の分類. 東京都立繊維工業試験場研究報告書, **28**, 15–22.
18) Kendall, M. G. (1975). *Multivariate Analysis*. Charles Griffin.
19) Konishi, S. (1979). Asymptotic expansions for the distributions of statistics based on the sample correlation matrix in principal component analysis. *Hiroshima Math. J.*, **9**, 647–700.
20) Konishi, S. and Sugiyama, T. (1981). Improved approximations to distributions of the largest and the smallest latent roots of a Wishart matrix. *Ann. Inst. Statist. Math.*, **33**, 27–33.
21) 小西貞則, 北川源四郎 (2004). 情報量規準. 朝倉書店.
22) Mallows, C. L. (1973). Some comments on $C_p$. *Technometrics*, **15**, 661–675.
23) Mardia, K. V., Kent, J. T. and Bibby, J. M. (1979). *Multivariate Analysis*. Academic Press.
24) 松尾太加志, 中村知靖 (2002). 誰も教えてくれなかった因子分析. 北大路書房.
25) McLachlan, G. J. (1973). An asymptotic expansion of the expectation of the estimated error rate in discriminant analysis. *Austral. J. Statist.*, **15**, 210–214.
26) McLachlan, G. J. (1992). *Discriminant Analysis and Statistical Pattern recognition*, Wiley.
27) McLachlan, G. J., Do, K. -A. and Ambroise, C. (2004). *Analyzing Microarray Gene Expression Data*, Wiley.
28) Rao, C. R. (1973). *Linear Statistical Inference and Its Applications* (2nd ed.). Wiley.
29) Rencher, A. C. (2002). *Methods of Multivariate Analysis* (2nd ed.). Wiley.
30) Sakurai, T., Kan, T. and Fujikoshi, Y. (2009). Variable selection criteria based on multiple correlation coefficient in regression model. *Journal of Statistics and Applications*, **4**, 265–279.
31) 佐藤義治 (2009). 多変量データの分類—判別分析・クラスター分析—. 朝倉書店.
32) 塩谷 実 (1990). 多変量解析概論. 朝倉書店.
33) Siotani, M., Hayakawa, T. and Fujikoshi, Y. (1985). *Modern Multivariate Statistical Analysis: A Graduate Course and Handbook*. American Science Press.
34) Sugiura, N. (1978). Further analysis of the data by Akaike's information criterion and the finite corrections. *Comm. Statist. A. Theor. Meth.*, **7**, 13–26.
35) Sugiyama, T. (1967). On the distribution of the largest latent root of the covariance matrix. *Ann. Math. Statist.*, **38**, 1148–1151.
36) Sugiyama, T. (1971). Tables of percentile points of a vector in principal component analysis. *J. Japan Statist. Soc.*, **1**, 63–68.
37) 杉山髙一, 尾崎 公ほか (1976). 歯の咬耗度による年齢推定に関する重回帰分析. 応用統計学, **5**, 123–138.
38) Sugiyama, T. and Tong, H. (1976). On a statistic useful in dimensionality reduction in multivariable linear stochastic systems. *Comm. Statist. A*, **5**, 711–721.
39) 杉山髙一, 牛沢賢二 (1979). 主成分分析における固有ベクトルの信頼性について. 応用統計学, **8**, 73–80.

40) 杉山髙一 (2003). 統計学入門. 絢文社.
41) 杉山髙一, 牛沢賢二 (1982). 統計データの読み方. 東洋経済新報社.
42) 杉山髙一 (1983). 多変量データ解析入門. 朝倉書店.
43) Sugiyama, T. (1986). A note on significance level of F test of stepwise variable selection in two-group discriminant analysis. *Bull. Facul. Sci. and Eng. Chuo Univ.*, **29**.
44) 杉山髙一, 藤越康祝, 杉浦成昭, 国友直人 総編集 (2006). 統計データ科学事典. 朝倉書店.
45) 杉山髙一, 藤越康祝 編著 (2009). 統計データ解析入門. みみずく舎.
46) Sugiyama, T., Ogura, T., Takeda, Y. and Hashiguchi, H. (2013). Approximation of upper percentile points for the second largest latent root in principal component analysis. *Int. J. Knowl. Eng. Soft Data Paradigms*, **4**, 107–117.
47) 豊田秀樹 編著 (2012). 因子分析入門—R で学ぶ最新データ解析. 東京図書.
48) Wakaki, H. (1994). Discriminant analysis under elliptical populations. *Hiroshima Math. J.*, **24**, 257–298.
49) 柳井晴夫, 前川真一, 繁桝算男, 市川雅教 (1990). 因子分析—その理論と方法. 朝倉書店.
50) 柳井晴夫 (1994). 多変量データ解析法. 朝倉書店.

# 索　引

## 欧　文

AIC 規準　93, 94, 109, 127, 144

$C_p$ 規準　145

F 分布　81

Girshick 近似　42

## あ　行

当てはまりのよさ　164
当てはめ値　12

一般化最小2乗法　189
因子数の選択　179, 189
因子得点　180
因子負荷量　30, 168, 169, 174
因子負荷量行列　168, 185
因子プロット　176
因子分析　168
因子分析モデル　174

ウィシャート分布　9, 221

重みつき主成分分析　28

## か　行

回帰からの残差　122
回帰からの偏差　113
回帰係数　117
　　——の推定と平方和　157

回帰推定　190
回帰による平方和　125, 160
回帰法　181
回転　174, 186
　　主成軸の——　37
　　——の自由性　175
カイ2乗分布　8
頑健性　99
漢字テストの分析　30

逆行列　211
共通因子　168, 174
共通因子分解　175, 186, 187
共通因子ベクトル　168, 185
共通性　175
共分散　9
共分散行列　210
行列　208
行列式　211, 212
曲線的な強い関連性　3
寄与率　16, 74, 119, 126, 175, 198

クロスバリデーション法　70
群間分離度　72
群間平方和　72
群間平方和積和行列　73
群間変動行列　73
群内平方和　72
群内平方和積和行列　73
群内変動行列　73

計算機実験　102

決定係数　119, 127

交差検証法　70
高次元判別問題　55
誤差　110, 113
誤差平方和　127
誤判別確率　93
　　――の推定　70, 108
誤判別表　69
誤判別率規準　94
固有根　16
固有値　16, 51, 212
固有ベクトル　16, 212
　　――の信頼性　45
　　――の分布　51
固有方程式　213

## さ　行

最小 2 乗法　173, 188
最適性
　　主成分の――　49
最適なモデルを探す問題　125
最適な予測式　51
最適な割当ての方式　54
最尤推定法　178
最尤法　171, 188
最良の判別基準　60
残差分散　121, 123, 160
残差平方和　12, 117, 123, 160
　　――の和　160

次元　198
次元縮小を伴う線形判別関数　70
次元縮小を伴う判別関数　106
次元縮小を伴う判別分析法　74
事後確率　106
シミュレーション　102
斜交モデル　187
主因子法　173, 189
重回帰式　110, 115, 120
　　数理的補足　157
　　――の決定係数　126

重回帰モデル　110, 115, 120
重相関係数　119, 121
自由度再調整済み重相関係数の 2 乗　127
自由度調整済み重相関係数の 2 乗　127
主成分回帰法　136, 151
主成分軸の回転　37
主成分スコア　35
主成分分析　13
　　数理的補足　48
主成分分析法　15
条件付き分散　218, 219
条件付き分布　219
条件付き平均　219
条件付き平均値　218
少数個の合成特性　55
情報損失　51
情報量　18
情報量規準　164
信頼区間　41, 128
　　――と検定　161
信頼係数　128

推定誤差　122

正規分布　215
正準相関　195
　　数理的補足　203
　　――と重相関　207
　　――の導出　203
成績データ　1
正則行列　211, 212
正定値行列　214
正方行列　208
説明変数　110
　　――の選択　136
先験確率　59
潜在因子　168
全体の平方和　125
選択される変数の数を限定する方法　147
全分散　16
　　――の分解　171
全平方和　160

相関行列　210
相関係数　1
　　数理的補足　10
　　——の安定性　4
　　——の分布　6
総分散　16

## た　行

第1主成分　14
第1正準相関係数　193, 194
第1正準相関変数　193, 194
対称行列　210
第2主成分　14
第2正準相関係数　193
第2正準相関変数　193
多次元的特性　13
多重共線性　130
　　——の指標　132
多変量データの行列表示　209
単位行列　208

逐次計算法　98, 147
逐次法　80, 88, 136
直線的な関連性　1

追加情報の検定　107

低次元空間表現　35
適合性検定　179, 189
データの配置換え　13
手のデータ　4
転置行列　208

等高線　220
独自因子　169, 174
独自因子ベクトル　185
独自係数　171
特殊因子　169

## な　行

2次元行ベクトル　208
2次元列ベクトル　208

2変数の回帰分析　115
2変量正規分布　9
2変量標準正規分布　57, 105

## は　行

バートレット推定　190
バートレット法　181
歯の咬耗度　32
バリマックス回転　177
バリマックス回転法　172
バリマックス法　41
判別効率　81
判別に役立つ変数(要因)の選別　55
判別分析　54
　　数理的補足　105

筆跡鑑定のデータ　76
1つ取って置き法　70
被服のデータ　25
標準化回帰係数　145
標準化判別係数　93
標準化予測2乗誤差　167
標準正規分布　217
標準偏差　123
標本正準相関係数　198
標本標準偏差　7
標本分散　7

プロマックス回転　188
分散拡大係数　132
分散最大化　48
分離直線　71

平均ベクトル　210
平方和・積和行列　9
変換(回転)　177
偏差積和　2
偏差平方和　2
変数減少計算法　98
変数減少法　147
変数減増法　136, 141
変数選択　93

変数増加計算法　98
変数増加法　147
変数増減法　81, 136, 141
偏相関行列　156
偏相関係数　154

母共分散行列　219
母集団正準相関係数　198
母数　217

### ま　行

$(-2) \times$ 平均対数予測尤度　166
マハラノビスの距離　55, 56, 58, 105

みかけ上の相関　155

目的変数　110
モデルの複雑度　165

### や　行

予測値　12

### ら　行

ラグランジュの未定乗数法　49, 204

リッジ回帰　162
リッジ推定値　133
リッジ推定量　163
立方根近似　42

累積寄与率　16, 198

連立方程式　211

ロジスティック回帰モデル　103
ロバストネス　99

## 著者略歴

**杉山　髙一**
- 1940 年　東京都に生まれる
- 1965 年　東京理科大学大学院理学研究科修士課程修了
- 現　在　中央大学名誉教授
　　　　　創価大学客員教授
　　　　　理学博士

**藤越　康祝**
- 1942 年　広島県に生まれる
- 1966 年　広島大学大学院理学研究科修士課程修了
- 現　在　広島大学名誉教授
　　　　　理学博士

**小椋　透**
- 1981 年　東京都に生まれる
- 2010 年　中央大学大学院理工学研究科博士課程修了
- 現　在　三重大学医学部附属病院
　　　　　臨床研究開発センター講師
　　　　　博士（理学）

---

シリーズ〈多変量データの統計科学〉1
## 多変量データ解析

定価はカバーに表示

2014 年 11 月 20 日　初版第 1 刷

|  |  |
|---|---|
| 著　者 | 杉　山　髙　一 |
|  | 藤　越　康　祝 |
|  | 小　椋　　　透 |
| 発行者 | 朝　倉　邦　造 |
| 発行所 | 株式会社　朝　倉　書　店 |

東京都新宿区新小川町 6-29
郵便番号　162-8707
電話　03(3260)0141
FAX　03(3260)0180
http://www.asakura.co.jp

〈検印省略〉

ⓒ 2014〈無断複写・転載を禁ず〉　　中央印刷・渡辺製本

ISBN 978-4-254-12801-7　C 3341　　Printed in Japan

**JCOPY** 〈(社)出版者著作権管理機構 委託出版物〉

本書の無断複写は著作権法上での例外を除き禁じられています．複写される場合は，そのつど事前に，(社)出版者著作権管理機構（電話 03-3513-6969, FAX 03-3513-6979, e-mail: info@jcopy.or.jp）の許諾を得てください．

前広大 藤越康祝・前中大 杉山高一著
シリーズ〈多変量データの統計科学〉4
## 多変量モデルの選択
12804-8 C3341　　　　Ａ５判 224頁 本体3800円

各種の多変量解析における変数選択・モデル選択の方法論について適用例を示しながら丁寧に解説。〔内容〕線形回帰モデル／モデル選択規準／多変量回帰モデル／主成分分析／線形判別分析／正準相関分析／グラフィカルモデリング／他

東大 国友直人著
シリーズ〈多変量データの統計科学〉10
## 構造方程式モデルと計量経済学
12810-9 C3341　　　　Ａ５判 232頁 本体3900円

構造方程式モデルの基礎，適用と最近の展開。統一的視座に立つ計量分析。〔内容〕分析例／基礎／セミパラメトリック推定(GMM他)／検定問題／推定量の小標本特性／多操作変数・弱操作変数の漸近理論／単位根・共和分・構造変化／他

統数研 福水健次著
シリーズ〈多変量データの統計科学〉8
## カーネル法入門
―正定値カーネルによるデータ解析―
12808-6 C3341　　　　Ａ５判 248頁 本体3800円

急速に発展し，高次のデータ解析に不可欠の方法論となったカーネル法の基本原理から出発し，代表的な方法，最近の展開までを紹介。ヒルベルト空間や凸最適化の基本事項をはじめ，本論の理解に必要な数理的内容も丁寧に補う本格的入門書。

前広大 藤越康祝著
シリーズ〈多変量データの統計科学〉6
## 経時データ解析の数理
12806-2 C3341　　　　Ａ５判 224頁 本体3800円

臨床試験データや成長データなどの経時データ(repeated measures data)を解析する各種モデルとその推測理論を詳説。〔内容〕概論／線形回帰／混合効果分散分析／多重比較／成長曲線／ランダム係数／線形混合／離散経時／付録／他

前北大 佐藤義治著
シリーズ〈多変量データの統計科学〉2
## 多変量データの分類
―判別分析・クラスター分析―
12802-4 C3341　　　　Ａ５判 192頁 本体3400円

代表的なデータ分類手法である判別分析とクラスター分析の数理を詳説，具体例へ応用。〔内容〕判別分析(判別規則，多変量正規母集団，質的データ，非線形判別)／クラスター分析(階層的・非階層的，ファジィ，多変量正規混合モデル)他

日大 蓑谷千凰彦著
## 一般化線形モデルと生存分析
12195-7 C3041　　　　Ａ５判 432頁 本体6800円

一般化線形モデルの基礎から詳述し，生存分析へと展開する。〔内容〕基礎／線形回帰モデル／回帰診断／一般化線形モデル／二値変数のモデル／計数データのモデル／連続確率変数のGLM／生存分析／比例危険度モデル／加速故障時間モデル

丹後俊郎・山岡和枝・高木晴良著
統計ライブラリー
## 新版 ロジスティック回帰分析
―SASを利用した統計解析の実際―
12799-7 C3341　　　　Ａ５判 296頁 本体4800円

SASのVar9.3を用い新しい知見を加えた改訂版。マルチレベル分析に対応し，経時データ分析にも用いられている現状も盛り込み，よりモダンな話題を付加した構成。〔内容〕基礎理論／SASを利用した解析例／関連した方法／統計的推測

阪大 足立浩平・中京大 村上 隆著
シリーズ〈行動計量の科学〉9
## 非計量多変量解析法
―主成分分析から多重対応分析へ―
12829-1 C3341　　　　Ａ５判 184頁 本体3200円

多変量データ解析手法のうち主成分分析，非計量主成分分析，多重対応分析をとりあげ，その定式化に関する3基準(等質性基準，成分負荷基準，分割表基準)の解説を通してこれら3手法および相互関係について明らかにする。

日大 蓑谷千凰彦著
## 正規分布ハンドブック
12188-9 C3041　　　　Ａ５判 704頁 本体18000円

最も重要な確率分布である正規分布について，その特性や関連する数理などあらゆる知見をまとめた研究者・実務者必携のレファレンス。〔内容〕正規分布の特性／正規分布に関連する積分／中心極限定理とエッジワース展開／確率分布の正規近似／正規分布の歴史／2変量正規分布／対数正規分布およびその他の変換／特殊な正規分布／正規母集団からの標本分布／正規母集団からの標本順序統計量／多変量正規分布／パラメータの点推定／信頼区間と許容区間／仮説検定／正規性の検定

上記価格（税別）は 2014 年 10 月現在